农 耕 史 话

张建树 著

中国农业出版社

北 京

图书在版编目（CIP）数据

农耕史话/张建树著．—北京：中国农业出版社，
2019.5（2021.4重印）
ISBN 978-7-109-25436-7

Ⅰ.①农… Ⅱ.①张… Ⅲ.①农业史－中国 Ⅳ.
①S-092

中国版本图书馆 CIP 数据核字（2019）第 073827 号

中国农业出版社出版
（北京市朝阳区麦子店街 18 号楼）
（邮政编码 100125）
责任编辑 姚 红

北京中兴印刷有限公司印刷　新华书店北京发行所发行
2019 年 5 月第 1 版　2021 年 4 月北京第 2 次印刷

开本：700mm×1000mm 1/16　印张：12.75
字数：220 千字
定价：45.00 元
（凡本版图书出现印刷、装订错误，请向出版社发行部调换）

自序 千古文明赖农耕

　　中国的历史是农民写的。

　　这不仅因为中国是个农业大国，农民的规模和数量历来宏大无比，还因为中国是个农业古国，农民是最早出现的一种社会职业。

　　中国的农耕文化悠久而深远，追本溯源，最早的农业记述来自古典史籍的神话传说。相传古代有位神农氏，为农业创始之神。他制耒耜，植五谷，尝百草，疗民疾，使人们由游猎走向农耕，由蒙昧走向文明。

　　《周易·系辞下传》说："庖牺氏没，神农氏作，斫木为耜，揉木为耒，耒耜之利，以教天下。"意思是说伏羲氏（即庖牺氏）去世，神农氏继起，他砍削树木制成耒耜的铧头，揉弯木条制成耒耜的曲柄，用这种翻土的利器，教导天下百姓耕作。

　　《淮南子·修务训》又说："古者民茹草饮水，采树木之实，食蠃蚌之肉，时多疾病毒伤之害，于是神农乃始教民播种五谷，相土地宜，燥湿肥硗高下，尝百草之滋味，水泉之甘苦，令民知所辟就，当此之时，一日而遇七十毒。"意思是：古代先民最初过着"茹草饮水、采树木之实、食蠃蚌之肉"的生活。改变这种生活方式的是神农氏，他"教民播种五谷。"为此他不辞辛苦，亲自察土地之燥湿、肥瘦、高低，"尝百草之滋味"，品"水泉之甘苦"，多次中毒历尽艰辛。

　　《白虎通·卷一》也有这样的记载："谓之神农何？古之人民皆食禽兽肉，至于神农，人民众多，禽兽不足，于是神农因天之时，分地之利，制耒耜，教民农作，神而化之，使民宜之，故谓之神农也。"这段记载说明神农之名的来历，由于他发明了农业，"教民农

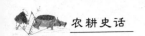

作"，所以"谓之神农也"。

这个神农氏生活于何时？《庄子·盗跖》说："神农之世，卧则居居，起则于于，民知其母，不知其父。"这告诉人们神农时代应是母系氏族社会。那么神农氏是谁？活动于何地？距今又有多久远？对此史学界历来说法不一，歧义颇大。围绕神农氏是谁，就有几种说法：一是炎帝说，持这种意见者认为：神农即炎帝，神农氏是炎帝建立的王朝，炎帝是这个王朝的首领；二是烈山氏说，持此说者把烈山氏与神农氏相提并论，谓神农即烈山氏，认为神农氏的发祥地是厉山（即今湖北随县），厉山即烈山，山下有个洞，相传乃神农诞生处，神农氏由此而出；三是神农独立说，持此论者认为神农氏是伏羲之后、炎帝之前的一个部落首领，他统御了2 000年，传位70代，距今7 000～5 000年。由于有这些不同的说法，神农氏的源流及活动地域更是众说纷纭，其中有陕西宝鸡说、甘肃天水说、山西上党说、湖北随县说、河南伊川说，等等。至于神农所处的时代，持炎帝说者认为，神农王朝，凡八世，统御520年或530年，始于公元前3218年或前3228年，终于公元前2699年，距今5 200余年。持烈山氏说者认为，神农氏从长江中游的湖北起步，沿长江向上游扩展到四川地区，形成了大溪文化，而下游则发展到江浙地区，创造了兴盛一时的河姆渡稻作文化，距今约7 000～5 000年。这一说法与神农独立说在年代上颇为相近。

受篇幅所限，笔者不能展开叙述，但在神农氏是谁的问题上，笔者倾向于神农独立说，即神农氏是伏羲之后、炎帝之前的一个部落首领。这个部落延续近2 000年，它的衰落之期正是炎帝部落的崛起之时。它们在时间上前后交叠，在地域上彼此相承，距今上限7 000年，下限5 000年。这一时段，虽说农业已出现数千年，但恰好处于锄耕农业的起步阶段，正是耒耜开始用于农业的年代，这与神农氏"斫木为耜，楺木为耒"的记载是相吻合的。至于其活动范围，甘肃天水说、陕西宝鸡说、山西上党说、湖北随县说、河南伊川说大致都能成立。这是因为，神农氏可能经历由北向南或由南向北的发展历程。如果发祥于陇东黄土高原，必然是由北而南，途经陕西、山西、河南，进而挺进长江两岸，在那里开疆拓土，焚林开荒。如果原出于湖北烈山，则是由南而北，逐步向黄河流域发展。无论哪种途径，都不可能是神农一世完成的，至少经历了几个世代，甚或是由多个支族通过迁徙逐步完成的。神农部落延续时间长，代际多，活动范围广，纵跨了长江、黄河两大流域。而炎帝部落时间短，代际少，活动范围主要在黄河、淮河流域。

依此推论，伏羲、神农、炎帝是史前农业文明的三个里程碑。他们在时间上彼此衔接，在地域上相合相异。伏羲氏的发祥地在西北黄土高原，活动范围在黄河流域，以龙为图腾崇拜，故被后世誉为"神龙始祖"。他在位 115 年，传 15 世，统御 1 260 年，距今约 8 000～6 800 年。实行农耕渔牧并举，甘肃天水境内的大地湾文化遗址，应是伏羲部落早期的活动场所。伏羲时代衰落，神农氏继起，他"承苞羲之业""继天为王"。该部落联盟疆土辽阔，《淮南子·主术训》记述："昔神农之治天下也……其地南至交趾（今岭南），北至幽都（今北京），东至旸谷（东海），西至三危（今甘肃敦煌），莫不听从。"相传神农为"人身牛首"，故以牛为图腾。河北武安磁山遗址、河南新郑裴李岗遗址以及浙江余姚河姆渡遗址，应是这一时期的重要遗迹。神农之后是炎帝，他继承了神农时代的农业技术经验，利用黄河流域有利的农业生产条件，率领族部由粗放式经营向精细化经营过渡，耕作工具进一步改进，农业生产稳步推进。炎帝部落以羊为图腾，"凡八代，共五百三十年，而轩辕兴焉。"距今约 5 200～4 700 年。笔者赞同弘亿所著的《至简中国史》中关于神农氏的表述："战国时期的古书，往往把炎帝和神农混淆成一个人，其实他们在时代上差别很大。"按相关史料推算，神农起码早于炎帝 2 000 余年，他们之间"不当身相接"。就是说完全是不同时代的两个人。大体而言，此期正是"三皇"统御与交替的发展期。伏羲乃人文始祖，列为三皇之首，之后是女娲氏，女娲之后则为神农氏，神农氏又历经若干代，才是炎帝。

一

相传神农是一个对中华民族贡献巨大的历史人物，除了发明农耕外，还发明了医术。他教民使用工具、播种五谷、尝百草、创医药，对中华民族的生存繁衍和发展作出了重要贡献。民间传说的神农主要功绩有：

制耒耜，植五谷，奠定了农业生产的基础，解决了民以食为天的大事，开创了人类的农耕文明。

尝百草，疗民疾，发明了医术，被誉为中医药之祖。

立市廛，开交易，聚天下之货，以物易物，开拓和形成了最初的市场。

种桑麻，制衣裳，变树叶、兽皮遮身为桑、麻布帛做衣裳，这是人类由蒙昧向文明迈出的重要一步。

神话和传说是人类朦胧的记忆，剥去其外壳，便是历史的写照与记述。其实神农氏不是神，而是一个历史时代，是中国社会第一个产业——农业发生和确立的时代。在农业开始以前，是游猎阶段。相传，有巢氏"构木为巢，以避群害，昼拾橡栗，夜栖树上"；燧人氏"钻木取火，教民熟食，以避腥臊"；伏羲氏"结绳以为网罟，以佃以渔，教民以猎"。伏羲之后为神农，"斫木为耜，揉木为耒"，教民种植谷物，就正式进入农业时代，中华文明的历史，从此开始了。所谓有巢氏、燧人氏和伏羲氏，代表了原始时代渔猎采集经济由低到高发展的几个阶段，而神农氏则代表了原始农业发生和确立的整个时代。

神农氏更非一代人，而是一个历史过程。一个若干代人不断探索和演进的过程。因为时间的久远，加上没有确切的文字记载，对于那些史前的人物事件，往往就在口耳相传的过程中，逐渐失去原来的面貌，出现混乱与错位。许多的人和事，逐渐被压缩到一个点面上，把若干个部落、众多首领、智者创造的文明成果，统统归结到一个特定的人物身上。所谓神农氏，实质上是原始人类集体斗争的业绩被加工浓缩之后的化身。

考古学家的发现证实了这个时代与过程，证实了这个群体的伟大实践。在距今 8 000 年，原始文明已经如满天星斗璀璨夺目，大地湾文化、磁山文化、裴李岗文化、河姆渡文化、兴隆洼文化，以及后来的仰韶文化、马家窑文化、良渚文化、龙山文化等，展现出区域性、多元性的特点，几乎遍布我国的黄河两岸、大江南北。

20世纪50年代末，在天水境内发现的大地湾文化遗址，是迄今为止渭河流域最早的新石器文化。该遗址共有四层堆积，年代最早的一期文化，距今8 000～7 000年。这一时期已发现中国先民制造的彩陶，同时发现了种植的粮食作物——黍，可谓是我国北方发现的最早的原始农业。该文化遗址，就时代与地理位置而言，与伏羲氏族的活动时期、活动地点相吻合，可见中国农业的产生远早于神农时代。

地处黄河北岸的河北武安磁山遗址和河南新郑裴李岗遗址，把我国黄河流域栽培粟（谷子）的历史，提前到距今8 000年左右。在这两个遗址中，有密集的堆存粮食的窖穴，经鉴定，所藏粮食为旱地作物粟。从窖存粮食数量看，当时的种植面积已有相当规模。此外，两个遗址均出土了加工粮食所用的石磨盘、石磨棒以及田间劳动所用的石铲、石斧、石镰等农具。表明当时农业的耕作水平已很高，以种植业为主的农耕文明已经形成。在裴李岗遗址中，还发掘了陶器，同时还发现有许多狗、猪的遗骨，表明这些动物已开始家养。

在长江流域，1973年冬在浙江余姚发掘的河姆渡遗址，更令世人惊叹。该遗址留下了极丰富的稻作遗存，无论是在建筑遗迹上，还是在废墟的灰烬、灰土及烧焦的木屑残渣中，到处可见到稻谷。在400平方米的探方中，稻根、稻秆、稻壳、稻粒等堆积物厚达20～50厘米，折成稻谷超过120吨。稻谷遗存虽已碳化，但大多仍保留了完整的谷粒外形，颗粒大小已接近于现代栽培稻。经鉴定，这种稻谷属栽培稻的籼亚种中晚稻型水稻，距今约6 900～6 700年。据专家推测，这样的稻种，至少已经过一两千年的驯化，由此可知其耕作活动起码有八九千年甚或近万年的历史。从出土的其他器件看，当时河姆渡人使用的生产工具已十分先进。用哺乳动物肩胛骨制成的骨耜，安上木柄即可进行水田耕作，稻熟时使用骨镰收割，骨镰用兽类的肋骨制成，一端绑上木柄就可使用。此外，从出土的

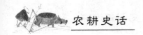

家畜骨骼还可以看出，当时的河姆渡人已有了自己的饲养业，畜种主要是猪、狗和水牛。

随着地下发掘的不断发现，我国先民的农耕活动，时间在不断地向前推移，地区在不断地延伸扩大。20世纪80年代末，在距今9 000年的湖南澧县彭头山遗址中，发现了包含在陶片和红烧土中的碳化稻谷，是当时人们在制陶和砌墙时掺入的稻壳。江西万年仙人洞遗址，据C_{14}测定距今8 500年左右。在这个遗址的洞穴中，出土有英砂粗陶，驯养的家畜兽骨，表明当时的农业已达到相当的水平。几年前，在湖南道县玉蟾岩遗址，又发现了距今10 000年的栽培稻。这是迄今中国最早的稻作遗存之一，为探索我国农业的起源提供了最新资料。

二

这些埋藏于地下的历史"巨书"，不但把史籍中遥远的传说变成活生生的事实，而且直接引领今人跨入距今近万年的历史长河，去追寻和研究农业文化发展的轨迹和脉络。可以说它是最真实、最丰富的史料记述，每一处遗址、每一件遗存都打着时代的烙印。把这些遗址、遗存串联起来，就是一部鲜活的中国农业早期发展史。从这部"史书"中，大致可以勾勒出中国农业产生和发展的格局。

距今12 000～8 000年，为农业的萌芽期。湖南道县玉蟾岩的古栽培稻和江西万年仙人洞的稻谷遗存，应是农业起源的直接证据。它表明我国的原始农业已经起步，与原始农业紧密相关的经济生活已经形成。这些遗址中发现有磨光的石锛、石斧和适用于刀耕作业的砍砸削石器，同时还可见到用于松土、除草或收割的穿孔蚌器、角锥等。栽培则以稻谷为主，其发展趋势已由山地丘陵向河谷平原过渡，种植、养殖、渔猎并存。既发现有最早的人工栽培稻标本，也发现有大量的贝壳堆积遗存，饲养的动物主要有猪、狗等少数畜种。人们已经学会烧制陶器，但器型简单，制作粗糙，技术还比较落后。原始的宗教祭祀活动开始出现，动植物都可能是崇拜的对象或图腾。文明的曙光已经出现，社会的经济面貌已经或正在发生革命性的变化。

距今 8 000～6 500 年，为农业的发展期。从渭河流域的大地湾遗址到黄河流域的河南裴李岗遗址、河北磁山遗址以及浙江余姚河姆渡遗址，都是这一时期的最好见证。这一时期有大量的黍粟和稻谷出土，表明当时的种植业已有了相当的规模与分布，农业已是先民经济生活的重要支柱。同时制陶、建筑技术也有了相应的发展，房基、窑穴、墓地等村落遗迹随处可见，且已形成一定的布局和规模。生产工具大有改进，已出现磨制精良的石铲、石刀、石斧、石镰和多种形状的石磨盘、石磨棒。饲养业也已出现，有猪、狗、鸡甚至牛的饲养。

距今 6 500～4 000 年，为农业的成熟期。遍布于黄河、长江两大流域及辽河流域、珠江流域的文化遗存为这一时期的农业作了最好的注脚。其中最具代表性的有：黄河中游的仰韶文化、黄河上游的马家窑文化、黄河下游的大汶口文化、长江中游的大溪文化、长江下游的马家浜文化、山东中原地带的龙山文化、辽河流域的红山文化等。这一时期的农业有了长足的进步，种植作物日益丰富，黍粟稻谷栽培遍及各地，且发现有多种蔬菜种子遗存，耕作工具进一步改进，原始的粗放式经营开始向精细化经营过渡，很多地方渐次进入锄耕农业阶段，农业和畜牧业已经能够为人类提供必要的食物。人口也有相应的发展，有血缘关系的氏族组成众多的部落，到处涌现出较大的定居村落。制陶技术已相当成熟，不但制作精良，器型、纹饰也多姿多彩。人们的生产、生活场景愈益广阔，除农耕外，还涉猎采集、渔猎、饲养、酿造、制陶、制革、纺织、编织和建筑等多个领域。一些部落已进入阶级社会，并出现早期的国家雏形，标志着文明社会的开始。

以上三个时期，分别构成我国原始农业的历史全貌，时间跨度约 6 000～8 000 年，几乎涵盖了整个新石器时代。从已发掘的考古资料证实，我国大多数地区的原始农业是从采集、渔猎经济中产生发展的，种植业由小到大，逐步上升到核心地位，家畜饲养随种植业的发展而发展，采猎经济由主变辅，逐步让位于种养业。人们的

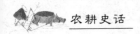

生存状况也发生了较大的改观，由过去的迁徙不定，过渡到相对定居的生活状态。这一点，从许多遗址发掘的大量陶器中也得到充分的印证。一般认为，陶器是定居农业的产物，是衡量原始农业发展程度的标志之一。

三

原始农业是农业的第一个历史形态，当它发展到一定程度时，便让位于传统农业。传统农业相对于原始农业，是一个更高的历史形态。中国的传统农业，上迄夏初，下至清末，浩浩荡荡4 000余载，纵贯奴隶制、封建制两个社会形态。传统农业以使用畜力牵引或人工操作金属农具为标志，生产技术建立在直观经验的积累上，其典型形态是铁犁牛耕，其技术特色是精耕细作。在这一历史长河中，如果以精耕细作技术的形成和发展为标志，我国传统农业可划分为这样几个阶段：①夏、商、西周、春秋。②战国、秦汉、魏晋南北朝。③隋、唐、宋、元。④明、清。它们分别是精耕细作的萌芽期、完善期、成型期和扩展期。原始农业、传统农业其实都是农业依次演进的历史形态，它们同属于古代农业的范畴。中国古代发达的具有强大生命的农业，正是中华文化得以持续发展的最深厚的根基，也是中华文明火炬长明不灭的主要奥秘之一。

可以说农业的产生和确立，是人类历史上最辉煌、最壮观的创举，它是人类认识和控制自然的最初胜利。因为只有对环境、气候、动植物的习性有相当的了解，才能在一定程度上控制它们、利用它们，生产出自己所需要的产品。它标志着我国先民开始由顺应自然到积极地干预自然，由采猎自然的食物到通过自己的劳动增殖天然产品，由掠夺经济到生产经济的重大转变。标志着中国社会从此跨入文明时代。伴随着农耕文化的萌芽和苗壮成长，农业逐渐成为国计民生的基础产业，成为世人安身立命的根本，成为社会发展的主导。从那时至今，尽管时代在不断变迁，社会在不断进步，科学技术也在迅猛发展，但农业这个产业的基础地位及其历史使命始终没有改变。自古至今，还没有哪个行业能出其右而取而代之。神农氏及其后世子孙，继承和发扬先人开创的事业，一代一代奋斗不息，创造了震惊世人的农耕文明，描绘了光辉灿烂的历史画卷，谱写了令人兴奋不已而又备尝艰辛的壮丽篇章。纵观农业发展近万年的历史，它哺育了华夏儿女，孕育了古代文化，支撑了现代文明，承载了社会进步。没有农业，一切社会发展皆无从谈起。一部悠久的华夏农业史，在一定程度上就是一部博大精深的东方文明史。

与农业相伴而行的是为它付出艰辛的农民。他们世代传承，始终与农业共命运、同兴衰。农业是他们生命所依的物质家园，同时也是他们精神所寄的文化乐园。他们辛勤的劳作与奋斗，不仅壮大和发展了自身，而且肩负了巨大的历史责任，推进了社会的文明进步。可以说，他们是世人的衣食父母、养命之源。

让我们循着他们的足迹，去结识他们吧！

作　者

2019 年 3 月

目　录

上篇 农民与农业

层林燔燔烟霞绕，焰过处，尽沃土。遂起稼穑，旷野遍稻粱。千古悠悠自成史，历沧桑，裨后世。

黄壤荒原辟庐井，神州风，四海雨，润华夏土，神农嫡胄功。农桑树畜皆放彩，仓廪实，衣食足。

——张建树《江城子》

刀耕火种生荒制

中国农业的兴起，首先应归功于火的发明和对火的利用。我们知道，古代先民为获得生存，主要从事采集和渔猎，由于当时人口较少，食物来源相对充分，人们采集和捕获到的食物不仅可以满足自己的需要，还有剩余供老弱病残者享用。但是随着人口的增多，需要更多的食物来源，于是先民把目光锁定在数目庞大的野兽群上，围猎逐渐成为先民内部主要的经济行为。但围猎与采集捕鱼不同，不仅需要更多的人参与，且还有一定的危险，就当时的生产力水平而言，也没有先进的工具和利器。应该说，中国先民是不乏智慧的，他们巧妙地利用了当时最有威力的、已经应用娴熟的自然力——火。用火来驱逐野兽，在长满野草杂树的猎场上，四周点火，利用火势，把野兽驱赶至猎场中心，大火过后，树木与野兽俱焚，人们不但获得了丰富的肉食，同时也获得一片片燃烧殆尽的土地，土地上覆盖着厚厚的灰烬，既熟化了土壤，又增加了养分，在这样的空地上撒下种子，就会长出庄稼。于是一种新的耕作制——刀耕火种应运而生了。

刀耕火种这种耕作方式是利用石刀、石斧等工具砍伐森林和荒草，然后放火焚烧，借助火的力量清除杂草和树木，随后在布满草木灰的土地上，用尖头竹木扎穴，播撒种子，等待收获。后人描述这种状况："所种之地，唯以刀斧伐木，纵火焚烧，砍伐在前，焚烧在后，用竹木尖锥扎孔成眼，播撒种子，自生自实，成熟收打。"

这一生产方式的出现，绝不是偶然的。它是当时生产力条件下农业的必经之路，是人类开发土地资源，开展大规模种植业生产的重要步骤，是农业经济兴起和发展的历史性突破。它使人类的生产活动和食物构成发生重大变化，第一次摆脱了狩猎采集经济中"人民众多，禽兽不足"的困扰，开辟了依靠自己的劳动获得生存发展的新时代。

刀耕火种这种原始型农业，由石刀、石斧、火焚和尖头竹木棍棒构成最基本的技术要素。石刀、石斧主要用来砍砸树木杂草，加上火焚技术，切实解决了早期土地开发与扩张的主要难题，成就了大规模的土地垦殖，使人类走上以农作物种植为主的道路。在刀耕火种出现之前，追逐和猎取野兽、寻找盛产野生果实的活动，是人们维持生存的主要方式。而刀耕火种的出现起到了划时代的作用，它使农业种植成为一种普遍的农作形态，把农耕文化普遍地撒向了人间。

一

那么刀耕火种这种耕作方式出现于何时？历来说法不一。据文献记载，神农的发祥地在今天的湖北烈山。《国语·鲁语》说："昔烈山氏之有天下也，其子曰柱，能殖百谷百蔬。"《孟子·滕文公》一书也有"烈山泽而焚之"之语。有学者认为烈山氏就是神农氏，或者是神农部落的一个氏族。而"烈山泽而焚之"就是放火烧山的意思。关于"柱"，有人直接把它解释为打穴点种的尖头竹木。也有学者考证认为"柱"是神农一世的次子，被神农任命为农官，管农耕事。《路史·禅通记》说："柱，神农子也，七岁有圣德，佐神农氏，历千谷原，铭百草，又以从事于畴，殖百蔬，区百谷……于是神农之功广而天下殷赈矣。"如此说来，烈山氏可能是神农氏的别名，抑或是其支族的名称。柱为神农之子。它说明两点：①刀耕火种农作制出现于长江流域地带，与神农所处的时代是吻合的，证明这个部落的早期曾经采用过这种耕作方法。②长江流域与黄河流域不同，开发相对较晚，当长江流域放火焚山、垦辟荒地之时，黄河流域地带早已进入锄耕农业阶段。因此神农氏在其子柱的协助下，率领族人在此开始了大规模的焚林开荒。但这仅是传说，是我国远古时代确实经历过刀耕农业阶段所留下的历史足迹，决不能认为刀耕火种是由神农创始的。事实上，这种耕作制远早于神农之前，在神农时代已遍及中国很多地带，尤以长江流域最为普遍，不少遗址都充分证明了这一点。如新石器时代早期的洞穴遗址，就很可能处于刀耕农业阶段。这些遗址没有出土大型翻土农具，但许多遗址都有磨光的石斧和可以套在挖土棒上使用的穿孔砾石，而它正是刀耕农业阶段的主要农具。

据史学家推论，这种耕作制产生于10 000～7 000年前，那时的中国虽然已进入新石器时代，但仍处于母系氏族社会，受生产力低下等因素的制约，人们过着迁徙不定的生活，由妇女带领氏族成员共同劳动，在山林草莽中，使用石刀、石斧砍伐林木，放火焚烧，开拓土地，播撒谷物，以开辟新的食物来源，扩张自身的生存空间。这种耕作方式，延续很久，影响深远。从现有的考古资料看，南方的刀耕农业有明显的线索可寻，北方的原始农业最初是否经历过砍烧和刀耕方式，现仍无迹可寻。但从前仰韶文化诸遗址中出土的大量石斧看，可能也经过砍伐林木、清理耕地的阶段。这是因为石斧除了它自有的功能与用途外，还是砍倒烧荒农业必不可少的工具。从时间上看，刀耕农业在南方的经历尤为漫长，不仅在原始农业的萌芽期，及至商周秦汉甚或近代，还能看到它的影子。据《史记·货殖列传》记载："楚越之地，地广人稀，饭稻羹鱼，或火耕而水耨。"成书于西汉的《盐铁论》也说："荆、扬（之地），伐木而树谷，燔莱而播粟，火耕而水耨。"这些文献表明，前汉时期，当我国黄河流域已普遍进入犁耕阶段，江南一些地方却还停留在火耕阶段。由于生产工具的落后，使人们面对田间骄横的野草无法予以清除，只好采用"火耕水耨的办法"。在秋收后或春播前，农人们或放水把野草淹死，或放火把它们烧掉。这样既抑制了野草的滋生繁衍，也达到了增加天然肥料的作用。"火耕"之法无须细说，它就是刀耕火种；而"水耨"之法，很大程度上是得益于江南水系发达、水田较多的缘故，通过大水浸田或漫灌，把野草淹没腐烂在田间。处于我国湘西、湘南、粤北、桂西深山密林深处的瑶族居民，从秦汉到隋唐，一直从事着刀耕火种的山地农业。他们居无定所，"食尽一山移一山"，每到一山，均以氏族或家族为单位集体号地耕种。耕作粗放，广种薄收，狩猎仍占据相当的比重，收获物共同享用，长期过着原始公社的生活。有些少数民族聚居的地方，及至近代仍有放火焚林的线索可寻。如清朝末期滇西北的独龙族"虽间有伕牛，并不用之耕田，惟供口腹。农器亦无锄犁，所种之地，惟以刀伐木，纵火焚烧，用竹锥地成眼，点种苞谷。"仍是典型的刀耕农业。

刀耕农业是极其粗放的，其生产过程只有种和收两个环节，由于当时还没有发明如石铲、石锄和耒耜之类的翻耕农具，自然也就谈不上什么田间管理。"焚林而田，刺田而种"，接下来便等待收获了。于是便出现这样一些情形：一是年年易地，即在砍烧利用一年后，就弃耕撂荒而易地。这是因为当年开拓的土地，土壤熟化，养分充足，可达到当年丰收，但经日晒雨淋、作物吸收及养分自然流失，地力很快消耗殆尽，加之缺乏耕锄农具，杂草蔓延生长，迅速形成新的群落，很快侵蚀覆盖了土地，使其重新沦为荒地。由于缺少相应的生产工具，清除这些杂草比重新焚林开荒所付出的成本还要大，这样迫使人们不得不抛荒，把已垦的土地还给自然界，重新选择茂盛的林地。这种情形，就把人

们的耕作活动限定在林地农业上，限定在一年一作和一年一换上。无疑，这样的耕作方式土地利用率很低，学术界将其称为生荒制。所谓生荒，是指初次垦殖的土地，即"处女地"，同时也指垦种一年或一季即弃耕，长期难以复垦的土地。二是人随地迁，一处林地砍伐焚烧种植一年再重新选择适宜的林地砍种，砍种之后的土地被抛荒，待较长时期的林木恢复后才能再次砍种，自然决定了人们居无常所，只能随砍种林地的变动而变动，今年种此，明年种彼，人们随地而迁来徙去，飘忽不定。所以后人又把它称之为迁徙农业。

二

生荒农作制虽然是农业史上的一个重要里程碑，但它却是一种十分原始而落后的农业形态。它的原始性和落后性，就在于它是一种掠夺性耕作方式。在这种耕作制下，虽然通过草木焚烧，增加了土壤肥力。但这种增加是短暂而有限的，只能对当年生产发挥一些作用，这样就更加促使人们依赖焚林开荒，把它作为扩垦拓荒的唯一有效途径，不得不年复一年地焚烧大片的森林。而大片森林面积的垦殖，导致水土流失加剧，环境恶化，生态失衡。可以说，这种耕作形态本身就是对大自然的消耗和掠夺。这种掠夺式耕作，今人已难想象其情景，但透过一些典章史籍，还是能看到它的影子，据《尚书·尧典》记载，尧舜时代，"汤汤洪水方割，荡荡怀山襄陵，浩浩滔天"。无疑，这是对洪水肆虐横行的描绘，可以说，它与植被的破坏不无关系。以至于到尧舜时代不得不派大禹父子去治理水患，这大概不能仅仅理解为只是一种神话传说。

不过，历史向来如此，美好与丑陋并存，先进和落后共融。丑陋中包含着美好，落后中孕育着进步，以刀耕火种生荒制为特点的农业形态，在今人看来是落后的，但我们绝无任何理由非议那个时代，更不能随意责难为之付出辛劳的古代先民。可以说，他们对环境的影响与破坏，不过是一种历史的局限。正如美国学者理查德·托尼所说："每一代人都必须撰写属于自己的历史。"不能不看到，正是生荒农作制使人类走上了农业经济为主的发展道路，出现了初始的以农为业的农民群体，在他们的艰辛劳作和勤奋实践中，在他们一代一代的接续传承中，使我们的农业跨越历史的长河，走向日益繁荣的今天，这正是生荒农作制的伟大意义所在。

耒耜之器利天下

中国农民的伟大之处，就在于不停顿地变革求新。原始先民经过一代又一代的艰苦探索和实践之后，终于在石刀、石斧和尖头竹木的基础上发明、创造了木锄、石锄、石铲和耒耜等翻土农具。这类翻耕农具的出现，使垦荒和翻耕获得锐利的工具，从而引起耕作方法的某些变革，成为生荒农作制向熟荒农作制过渡的动力。虽然它仍未完全冲破砍伐焚烧的樊篱，但已突破了刀耕农业对于天然林地的依赖，实现了砍烧后几年内的连续种植。

熟荒农作制下的种植业，又被称为"锄耕农业"。锄耕农业与刀耕火种农业的主要区别在于：在生产工具上，刀耕农业的主要工具是石刀、石斧和尖头竹木，而锄耕农业则发明使用了锄、铲、耒、耜等类翻土农具，尽管这类农具仍以木、石、骨、蚌为材质，但人们已可用它平治水土和耕翻农田。在生产技术上，刀耕农业的技术重点是林木和荒草的砍烧，而锄耕农业的技术重点则由林草砍烧转向土地的加工耕锄。在土地资源的利用上，刀耕农业采取的是年年砍烧、年年易地的抛荒制，而锄耕农业实行的是尽可能连续耕作的熟荒制。在生活方式上，刀耕农业过着居无定所的迁徙生活，而锄耕农业则走上了相对稳定的定居生活。

一

锄耕农业的时间跨度很长，约处于距今 8 000～4 000 年的时段，史学界把它细分为前期、中期、后期三个阶段。这一时期，有众多的遗址得到充分的证实。如裴李岗遗址、磁山遗址、半坡遗址、河姆渡遗址等，都相继出土了大量的、磨制精良的石铲、石锛、石锄、石镰及耒耜工具。而在庙底沟文化遗址中，石铲数量显著增加。石铲是锄耕农业首要的生产工具，对翻土整地有很好的作用。史学界多数学者认为，庙底沟遗址的耕作方式，是中国农业进入锄耕农业的开端。而在此前的农业中，都不免带有刀耕火种的痕迹。在后续的龙山、红山等遗址中，还出土了石镢。镢是一种体型较厚的大锄，是专门用来垦辟荒地、斫除根株的重要工具。20 世纪 80 年代发掘的陕西宝鸡北首岭遗址，就出土了耒耜朽木的痕迹，因年代久远朽而成灰。此外在关桃园遗址出土了骨耜，在石咀头遗址出土了木耒，又在北首岭遗址中发掘出了角锄、骨铲。浙江河姆渡遗址上的骨耜，是用牛等大型动物的肩胛骨制作的，在骨臼部着柄，形状和用法已经接近现在的铁锹了。其考古年代为距今 7 000～5 600 年，这与史籍中神农氏"斫木为耜，揉木为耒，耒耜之器，以利天下"的记述在时间、地域上是一致的。不仅如此，许多典籍也有如是记述。《周书》曰："神农作陶冶斧，破木为耒耜锄耨，以垦草莽，然后五谷兴。"《诗经》中的"菑、新、畬"等字样，就是对耜耕农业阶段熟荒制早期的具体描述。《尔雅·释地》说，"一

岁曰菑",是指刚刚垦耕出来的田;"二岁曰新田",是指垦后耕种第二年的田;"三岁曰畬",是指垦后耕种第三年的田。说明这时的人们可以在几块地上轮流种植,不必年年流动到别处去开新荒。最初的熟荒制,土地利用层次是很低的,连续耕种二三年后就不能再种了。这是因为早期的翻土工具依然原始简陋,野草、杂灌的生长远快于人们在土地上的劳作,土地的开发加工程度依然很低。加之人工培肥地力的观念还未形成,不得不依赖于天然生成的自然肥力。不能种的土地怎么办?只有撂荒另行择地而耕。它表明当时改良土壤和保存地力的条件还未具备,刀耕火种的痕迹依然存在。

这不足为奇。锄耕农业本身也有一个产生、发展乃至完善的过程,而不可能是一蹴而就。在锄耕农业的前期,翻土工具不仅原始简陋,其作业效能也是很低的;发展到中期,使用工具日渐增多,性能也在不断提高,作业水平随之得到改观,但因仍限于石、木、骨器的打磨上,耕作质量仍受限制;到了后期,人们制作工具的能力已然娴熟,打磨的工具愈益精致锋利,功能也愈加完备,大量使用骨、石材质磨制的农具。

大约从公元前 4 000 年或稍晚一些时候开始,各地的农业有了进一步的发展。分布于江浙一带的崧泽文化和后续的良渚文化的居民,不但已经有了用作翻土开垦、中耕、收割的一整套石质农具,同时还发明了石犁。这种犁用薄石板加工而成,呈对称的弧边等腰三角形。耕作水平有了长足的进步,精耕细作的农业技术正在孕育中,已接近和跨入文明时代的门槛。显然,锄耕农业的出现,很大程度上是得益于生产工具的改进与提高。这一时期农业生产力发展的重要标志,是出现了石铲、石锄、石镢、耒耜等翻土、松土农具。尤其是耒耜的出现和使用,极大地改善了农业的耕作水平和质量。人们用它翻土、除根、播种、挖筑沟洫、平整土地,是农业生产中至关重要的整地工具。

二

耒耜的使用,上溯"神农",下延秦汉,上下数千年。最初的耒耜,其实是两种农具,耒是尖刃器,下端为尖锥式,是由原始先民点种用的尖头竹木演变而来,主要用来挖掘植物的根茎和扎孔播种,以后在下端安一横木便于脚踏和入土,称为单齿耒,再后来单尖变双尖,称为双齿耒。耜是平刃器,其下端为平叶式,类似于后世"锹"的形状,但刃部比锹窄,是挖土、起土的重要工具。耜由耒演变而来,但制作比耒复杂,需要用石斧、石刀将整段木材劈削成圆棍形的柄和板状形的刃。早期的耒耜都是木质的,《周礼·地官·山虞》说:

"仲春斩阳木，仲夏斩阴木，凡服耜，斩季材，以时入之。"表明当时耒耜制作皆用木材。木质耒耜在使用中极易磨损，后来逐步改用动物的骨或石材制作其下端的刃，安在木柄上使用，就成为骨耒、骨耜或石耒、石耜。它们比木耒、木耜坚固耐磨，作业功效也更好。

可见，原始的耒和耜是两种形制不同的工具。耜扁平刃故加工在砍削；耒尖锥刃，砍削较易。后人概括说，讲耒只言其长，不言其宽；讲耜既言其长，更言其广。耒耜的使用年代很长。在北方新石器早期的河北武安磁山遗址和河南新郑裴李岗遗址以及辽宁、内蒙古等地的遗址都出土了很多石耜，距今都在七八千年以上。而木质的耒耜起始更为久远。在南方出土骨耜最多的是浙江余姚河姆渡遗址，距今也在 7 000 年左右。到夏商西周时期，耒耜已成为一种广泛使用的农具，不仅石、骨材质的耒耜大量涌现，且已出现一定数量的青铜耒耜。

耒耜在我国农业发展史上占有特殊重要的地位，它不但是锄耕农业阶段的主要农具，而且对我国后世铁农具的形成，具有重大的影响。后世发展的铁锹、铁镢、铁铲、铁锄、铁犁等，均可溯源于耒耜。耒耜在我国古代被广泛应用，与我国主要农业起源地之一黄河流域的自然条件有关。因为黄河流域绝大部分地区覆盖着原生的或次生的黄土，黄土是由极细的土沙组成，疏松多孔，土层深厚，节理条达，加之地势开阔，林木稀疏，极易于在使用简陋工具的条件下进行垦耕，手推足跖式发土的耒耜在这里充分发挥了它的作用。

我国先民在主要使用耒耜的情况下，不仅垦辟了大量的农田，还用它进行了大规模的农田沟洫治理。所谓农田沟洫，就是在农田中开沟作垄，形成拦水蓄水和灌溉排水相结合的农田水利系统。它上起夏禹治水之时，延续至春秋战国时代，以容水备旱防涝为主要目的。其大致做法是：在田间按一定间隔挖掘一条条小沟，称为畎，挖畎的土堆到两边的田面上，形成一条条高垄，称为亩。畎用于拦蓄降雨，更利于排水，亩上种植作物，以防涝渍。据《吕氏春秋》介绍："亩欲广以平，畎欲小以深，下得阴，上得阳，然后咸生。"垄上种植做到"横行必得，纵行必术"，以利通风透光和中耕除草。通过这种技术，建立起行列整齐，疏密相宜，通风透光的作物群体结构，不仅改变了涝渍返碱的土壤环境，而且创造了良好的农田小气候。

农田沟洫体系的建立和形成是由当时的农业生态环境决定的。众所周知，原始农业是从山地丘陵逐渐向江河两岸的平野川谷发展的。人们喜欢选择川泽河谷附近较为低湿的土地耕种，是因为这些地方肥沃宜农，而且比较湿润，可以在相当程度上缓解干旱的威胁。但是这种选择也带来或出现诸多新的问题。

以往人们从事山地耕作时，水患对农业生产的威胁不是很大，现在却形成突出问题了。如低地的积水，雨季的水势漫漶，盐碱的侵蚀危害，等等。当时的《后稷》书就曾发出这样的诘问："子能以洼为突乎？子能藏其恶而辑之以阴乎？子能使保湿安地而处乎？"用现在的话来说就是，你能使低洼下湿地变高吗？你能去掉它的盐碱而使土地保持润泽吗？你能使土壤保墒而不发生水土流失吗？可见排水洗碱，防止洪水漫溢，保持土壤湿润，减轻水土流失在当时的农业生产中是多么重要而迫切，解决问题的办法就是开挖田间沟洫。因为沟洫不但能直接排除洪涝，还可以拦蓄降雨，大大减轻雨后地面径流对土壤的冲刷，起到保土、保水、保肥的作用。同时，把农田修成高垄，还可以起到压碱抑碱的作用。

此外，使用耒耜耕作，还在一定程度上改变了人们的劳动方式，形成了农夫之间相互配合的简单协作关系。在农田沟洫耕作下，我国民间的广大地区曾出现一种耦耕作业形式。其特点是两人为一组，使用耒耜等工具挖掘农田沟洫。《诗经》中描述了众多农夫在籍田上耦耕的场面，所谓"十千维耦""千耦其耘"，就是对这种劳动场面的生动写照。人们在开挖沟洫时，用尖锥刃的耒和扁平刃的耜要翻起较大的土块，仅靠一人的力量是相当困难的，必须实行二人以上的并耕，依靠同力协作，才能发挥作用，提高效率。少于二人显然是不方便的，多于二人又会在狭窄的沟畎内互相挤碰。因此两人合作是最适宜的。这种二人二耜并耕的方式，就是最初的耦耕。耦耕制反映了当时先民的一种合作意识，体现了先民征服自然、改造自然的能力和勇气。

耒耜等翻土农具的使用，是锄耕农业的显著标志，它上承刀耕农业之余脉，下开犁耕农业之先河，是我国农业发展史上十分重要的过渡阶段。可以说我国先民是带着耒耜进入传统农业时代的。耒耜应用于农业生产，不但具有特殊的意义，而且经历了一个由简单到复杂，由低劣到高端的缓慢发展过程。在先民们不断求新变革的探索中，它向两个方向延伸发展，一是演变为锹、锸、镢、铲、锄等日常应用的田间作业农具；二是嬗变为专门用于耕翻土地的犁耕农具，以至在犁耕出现后的很长时间内，仍然沿用耒耜这一古老的名称，如唐代陆龟蒙所著的江东犁农书，仍将其称为耒耜，书名被冠以《耒耜经》。关于耒耜如何向耕犁演变，后文将专门叙述。

翻土作亩话犁耕

任何社会的生产，都是以生产力的变革和发展为前提的。而在生产力诸要素中，生产工具的变革与发展又起着至关重要的作用。在我国，原始农业向传统农业转变的过程中，耒耜、耦耕、农田沟洫，仍然是这一时期农业的主要标志。而最进步的工具，是由耒耜演变而来的锸、铲、镬、锹、锄、犁铧等，并逐渐由金属农具代替木、石、骨、蚌等材质的农具。

在距今 5 000 年的马家窑文化遗址中已有铜器发现，龙山文化遗址已进入铜、石并用时期，甘肃玉门火烧沟文化遗址中出土的铜斧、铜镬和铜镰，是我国已知最早的铜农具。在各地的商周遗址中，也陆续出土了青铜斧、青铜镬、青铜耜、青铜锸、青铜铲、青铜镰、青铜铚等农器。1990 年在江西新干县大洋洲商墓里出土了两件青铜犁铧，一件宽 15 厘米，长 11 厘米，高 2.5 厘米；另一件宽 13 厘米，长 9.7 厘米，高 1.7 厘米。均呈三角形，上面铸有花纹，其形制已和后世的铁犁铧相似，这是迄今发现最早的金属犁耕农具。

不过，青铜器具的出现，只证明了当时冶炼、铸造技术的成熟，而真正用于农业生产的农具相当稀少，大量的青铜用来铸造奴隶主贵族的生活日用器皿和国家祭祀所用的礼器，而民间所用的农具仍以木、石、骨、蚌材质为主。此时出现的青铜耕犁，大概只是天子率三公、九卿、诸侯躬耕籍田时使用的农具。但青铜农具的出现却已预示着优质高效的铁器时代即将到来，农业器具将发生重大变革。

——

前文已经说过，我国的耕犁是由耒耜脱胎而来的。耒是"手耕曲木"，耜是跖土器具。若用于拖曳掘土，就是耕犁了。可见犁架源于耒，犁铧则源于耜，两者的简单组合就构成原始形态的耕犁。在我国耒耕被犁耕所取代，是一个漫长的过程。在长江下游的冲积平原上，从原始社会末期的良渚文化至商周时期的湖熟文化遗址中，都出土过不少石犁铧。石铧一般用片状页岩制造，呈等腰三角形，中间穿一孔，缚于木耒上使用，从磨损的痕迹看，已是当时常态化的耕作农具。

大约从春秋战国开始，铁器作为一种新的劳动资料进入生产领域，木、石耒耜被铁刃武装起来，或者与锸铲合流，或者演变为犁铧。这一时期在耕播和收获方面，木石工具依然存在，青铜农具时有发现，铁器逐步上升为主导地位。战国时期出现了 V 形铁刃犁铧，大约是安装在木犁口上使用。这种犁铧，在今河南辉县固围村魏墓与河北易县燕下都均有发现。这是一种新式农具，用于翻土时比铲、锸、镬等要强得多，象征铁器时代的开始。其他铁农具有镬、镰、锸、锄、铲、手耙等，基本上已能适应开垦、耕翻、除草、收割等生产环节的要求。其中以铁镢、铁锄最为多见，成为个体农民使用最普遍的农具。

铁刃犁铧的出现和使用，标志着中国农业进入铁耕时代。所谓铁耕，即"以铁为犁用之耕"。这种翻土农具不仅极大地提高了作业效率，也带动和促进了牛耕的发展。我们知道早在原始社会的新石器时代，水牛、黄牛和牦牛等，已作为家畜被驯化饲养，进入锄耕农业阶段，已经有了牛拉木、石犁耕的记载。从诸多史籍中可以看出，最初的"犁"并非这种字样，或写作"耟"，或写作"耒"。"耒"者，划也，从古字义上讲，是分开的意思。犁在问世之初，形制简陋，只能划土开沟，不能垡土，故取其意叫"耒"。其犁铧又是由耟演变而来，故也叫"耟"。而后世之所以称"犁"，正是"牛"与"犁"的结合。"犁"字，从牛、从禾、从刀，其象形意义就是指耕牛、稼禾、犁刃，它把牛耕的全部含义体现出来了。"犁"字最早出现于春秋末期，在《论语》中就曾出现"犁牛"一词，表明牛已经应用于耕田。不过牛耕虽然出现较早，但在很长时期内仍以木、石牛犁为主。无论是耕作质量，还是耕作效率，都还难尽人意。很大程度上限制了牛耕的作用。而铁刃耕犁的出现和使用，才使其相得益彰，达到完美的结合。

但是春秋及至战国，铁犁牛耕的发展，只是初步的，对它不宜作过高的估计。现今河北、山东、山西、河南、陕西、内蒙古等地都有战国铁铧出土，但数量有限。相对于其他铁农具，所占比例很小，且形制比较原始，只能划沟破土，不能翻土作垄，依然留存着从耟演变而来的痕迹，直到西汉中期，情况才发生了变化。在出土的西汉中期以后的铁农具中，犁铧的比例明显增加。陕西关中是汉代铁铧出土集中的地区之一，铁铧形制多样，大小不一。其中有一种长 40 厘米左右，重 9~15 千克之间的巨型大铧，有人曾对其进行过复制试耕，认为是"数牛挽行"用以开沟破土、挖渠引水的。另一种是小型铁铧，用以中耕除草、壅土培根或开沟作垄。还有一种是长约 30 厘米，重约 7.5 千克的舌形大铧，铧上安有犁壁，既有向一边翻土的菱形、瓦形壁，也有向两侧翻土的马鞍形壁，是一种用于大田生产的耕犁。这一时期的耕犁已趋于完整和定型，除了铁铧外，还有木质的犁床、犁梢、犁辕、犁箭、犁衡等部件。犁床较长，前端安装铁铧，后部拖行于犁沟内以稳定犁架；犁梢倾斜安装于犁底后端，供耕者扶犁推进；犁辕从犁梢中伸出，前端加横杆，称为犁衡；犁衡的两端分别搭在两头牛的肩上，用以牵引耕牛，称"肩轭"；犁箭连接犁床和犁辕，起固定和支撑作用，构成一个完整的耕犁框架，故称其为"框形犁"。因使用二牛耕作，俗称"二牛抬杠"，也即文献中所说的"耦犁"。至此牛耕在黄河流域广大地区获得大面积推广，作业效率显著提高，铁犁牛耕在农业生产中的主导地位真正得以确立，牛被人们视为"耕农之本，百姓之所仰，为用最大"，我国真正意义上的牛耕时代到来了。

此时，铁犁牛耕已广泛应用于农田翻土，其功能远大于其他耒耜类农具。不仅具有较强的切土、碎土、翻土、移土的性能，且能将地面上的残茬、败叶、杂草、虫卵等掩埋于地面下，有利于消灭杂草和减轻病虫害。不过虽然铁犁的使用推广已很普遍，但并不排斥由耒耜演变而来的铁铲、铁镢、铁锹、铁锄、铁镰等工具。在干旱山区，由于它轻便适用，仍是掘土、挖沟的重要工具。在南方等水田地区，其耕作方法主要是"火耕水耨"，整地主要靠铲、锸、镢、锹等农具，使用犁耕很少。

西汉铁犁主要体现在以下几方面：①犁身全部铁化，称为全铁犁，厚薄适度，坚固耐用；②犁口锋利，角度缩小，锐利适用；③规格定型化，因不同需要分大、中、小三型，适合不同环境、地类使用；④犁铧犁壁化，犁壁又称犁镜，便于翻土、起垄。"二牛抬杠"是当时一种科学的耕田形式，也是一种最普遍的形式。在山西平陆枣园村、甘肃武威磨咀子、江苏睢宁双沟、陕西米脂与绥德、内蒙古和林格尔、山东滕县宏道院与黄家岭、广东佛山澜石的两汉壁画中，都有这样的牛耕图或木陶模型。崔寔在其《政论》一书中也说："今辽东耕犁……既用两牛，两人牵之，一人将耕。"

随着时间的延伸，牛耕技术又有新的进步与发展。到西晋时除"二牛抬杠"的耦犁外，又出现单牛拉犁耕作的方式。进入南北朝之后，单牛拉犁已占主导地位，当时一牛挽拉一犁的现象相当普遍，耕犁也在不断改进，相继出现了长辕犁、短辕犁等多种犁型，逐渐向着更有利于个体小农使用的方向发展。如齐地出现的蔚犁，操作比长辕犁更灵便，适用于多种用途和多种土壤类型。

二

耕犁的成熟形态是曲辕犁，它首先出现于唐代的江南地区，故又称江东犁。据《耒耜经》对它的描述，曲辕犁有很多明显的优势与特点：耕犁由铁制的犁镵、犁壁和木制的犁底、压镵、策额、犁箭、犁辕、犁梢、犁评、犁建、犁盘等共11个部件构成。犁辕由直辕改曲辕，故称曲辕犁。犁辕前端增加了犁盘，犁盘两端以绳索与牛轭连接，增加了耕犁的灵活性和摆动性。犁辕弯曲、缩短，减轻了犁具重量，又有可以旋转的犁盘，特别适于在小田块中转弯，克服了直辕犁"回转相妨"的弊端。此外增设了犁箭、犁评和犁建，可以调节耕地的深浅，且犁底加长，操作时犁体平稳，特别适用于水田耕作。犁镵尖锐而窄长，又可在坚硬和黏重的土地上使用。可见曲辕犁比前代耕犁有很大的改进，不仅适用于江南水田，也适用于旱地农田。从《耒耜经》中可以看出，唐代晚期江南地区使用这种犁已相当普遍。

后世的人们在此基础上又进行了局部改进。改进后的耕犁，摆动更加自如，操作更加灵活，调节耕深耕幅的功能愈加完备，翻垡碎土的效果愈加显著。这些功能与特点既满足了精耕细作技术的要求，也适宜于个体小农掌握使用，以至到宋、元时代已成为全国通用的主要耕犁了。伴随着犁耕的推广与普及，一系列用于碎土覆种、平整土地、镇压保墒的整地农具相继产生，并与牛耕相匹配，形成我国南北各具特色、成龙配套的新型耕作技术体系。

在北方黄河流域的广阔旱地上，出现了"耕—耙—耱"一整套以保墒防旱为主要内容的耕作措施。它大约起始于秦汉，成形于魏晋。其基础首先是翻耕，翻耕后随即进行整地，使农田土壤达到地面平整和土块细碎。最初使用的是耱，也叫"磨"，用来磨平地面和磨碎土块。《氾胜之书》中所说的"平磨其块"或"磨平以待种时"，指的就是这种耱。耱的雏形是用一根圆形木棍安上木辕，用牛拖拉，继之则在长方形木架上缠以藤条或细枝木条，用以磨田，成为后世常用的一种农具。但在北方旱地上仅靠耱还不足以弄碎土块，经过人们不断的实践和探索，大约到魏晋南北朝时期，又发明了铁齿耙。这种耙有弄碎较大土块的功效，形制大致分为两种，一种是人字形钉齿耙，另一种是长条形钉齿耙，皆以畜力牵引。于是，在我国北方地区逐步形成了耕后有耙，耙后有耱三位一体的耕作体系。耙耱能使土壤细碎，上虚下实，有利于保墒防旱。

而在南方的水田作业中，大约从西晋到唐代则形成了"耕—耙—耖"的另一种耕作体系。耕、耙不再赘说，耖是一种类似于耙的农具，只是将钉齿加长加密而成耖。耕耙后用耖，主要作用是"疏通田泥，混匀泥浆，稳定泥层"，使"泥壤始熟"，达到熟化水田土壤的目的。耖起源于晋，大约在唐代即已成形，至宋走向成熟，到了明、清已然普及。江南水田在耕翻耙耖之后，还要用碌碡滚压，碌碡原为石制旱地农具，在北方除用于土壤镇压提墒外，还用于麦禾登场后的碾压脱粒。后移用于南方水田，改为木制，用牲畜牵拉在田中滚动，将土块碾碎压实。

其实，自有铁犁牛耕以来，我国传统农具的更新与改进便持续不断。西汉武帝时，一种专用于农田播种的机械——耧犁——开始使用推广。耧犁由三个小型犁并排成装，每个小型装有一只铁制耧角，耧角中空，上通耧斗，斗中盛种子。播种时一牛拽引，一人扶耧，一边开沟，一边下种，种子自耧斗经耧足下播。且行且摇，种乃自下。在此之前播种都用手工，没有专门的播种农具。耧犁的发明与使用，极大地提高了播种的速度和质量，它能同时完成开沟、下种、覆土三道工序，使播深、播幅和密度均匀一致。据东汉崔寔的《政论》记述，此耧"三犁共一牛，一人将之，下种挽耧，皆取备焉，日种一顷。"可见其作业效率之高，无与伦比。此后从适应不同地形的需要出发，又出现了独脚耧、两脚耧，甚至四脚耧。宋元时，又增添了施肥的功用，开沟、下种、覆土、施肥同步进行，一功收四效，作业效率大为提高。宋代王安石曾写诗赞美这种耧犁："富家种论石，贫家种论斗，贫富同一时，倾泻应心手"。另外在河南洛阳和济源的汉代古墓中还出土了一种陶风扇车，表明当时的农民已发明使用上了人工风力扇车。

开渠戽水泽农亩（上）

清代著名的治水专家慕天颜，在 1871 年呈给同治皇帝的一则奏章中说："兴水利，而后有农功；有农功，而后裕国。"的确，在中国广袤的土地上，每一个地方的崛起，都与水利事业的发展密不可分；每一个地方的兴盛，都与农田灌溉的活动息息相关。在此基础上，成就了农业的繁荣，国家的富庶。

我国农田水利灌溉事业起源很早，最远可追溯到夏商西周。最初的灌溉可能是利用天然的泉流，在地势较高处寻找水源，而后引入农田灌溉。《诗经》中所说的"相其阴阳，观其流泉""滮池北流，浸彼稻田"，就是对这种小型自流灌溉的形象描述。这大概是中国先民最初引水灌田的范例，而且是当先用于稻田。那时的黄河流域不少地方都可种稻，但稻田数量不多，农田灌溉限定在小型的、零散的局部范围。在自流灌溉非常有限的情况下，人们为应对干旱的威胁，还借助各种原始器具"负水浇稼"。在天然河川湖泽中，修筑人工堤防，兴建小型蓄水池塘，提水灌溉。《庄子·外篇》中的"凿隧而入井，抱瓮而出灌"，就是对当时灌溉方式的一种真实写照。所谓凿隧入井，泛指人工修筑的沟洫、池塘或拦水设施；所谓抱瓮出灌，即是用陶罐取水灌田。"瓮"即陶罐，大概是当时最普遍的盛水器皿了。随后又出现另一种提水工具——戽斗。"戽斗，挹水器也，当旱之际，乃用戽斗。"戽斗构造简单，用柳条编成，形状似桶，桶上裹泥，穿上长绳，由两人站立两端，手执长绳，忽松忽紧，忽降忽掣，从沟洫、河塘中反复淘水，顺势倾入农田。显然，此法较之抱瓮灌田有了较大的进步，可连续汲水，较陶罐省力。

一

大约在春秋时期，农田灌溉出现了一种先进的提水工具，这便是至今在某些地方仍可见到的桔槔。桔槔的装置很简单。取一根长杆，把中间固定在较高的树杈或支架上，长杆的一头挂水桶，另一头绑一块大石头，汲水时，把挂水桶的一头向下拉，使桶垂入井或池中，桶中汲水后轻轻上提，在长杆另一端石头的重压下，不费多大力气，水桶即被提起，然后倾入田中。桔槔采用的是杠杆原理，"引之则俯，舍之则仰"。比最初的一些提水工具省力多了。可以"日浸百畦，用力甚寡而见功多"。桔槔发明于商汤时代，春秋得到广泛应用和推广。

从"抱瓮浇田"到"桔槔汲水"，是灌溉技术的一大进步，从中我们看到了中国先民的巧思妙想。它使用方便，操作简单，凡临水之地都可应用，深受人们的欢迎，及至后世"濒水灌园之家多置之。"桔槔的使用推广，大大提高了农田精耕细作的水平，在田畦整治、渠系配套、园圃化生产方面都有很大的进步和发展。

春秋战国后，随着劳动生产力的迅速提升，水利灌溉成为农业生产的重大内容。灌溉之利所带来的增产效应，大大激发了人们的积极性，一个以蓄水开渠引水灌溉为特征的新时代相继出现。最早用于农田灌溉的大型水利工程，出现在春秋战国时期的楚国，这就是著称于世的芍陂，一座以灌溉为目的的大型水利工程。它由多条河流汇聚，"积而为湖，谓之芍陂，陂周一百二十许里""陂有五门，吐纳川流"，可灌溉农田 4 万余顷。主持修建芍陂的一说是春秋中期的孙叔敖，一说是战国初期的子思，无论是谁，都为当地农业的发展打下了坚实的基础，同时也揭开了我国大型水利工程的序幕。

随后的大型灌溉工程是漳河引水工程，由战国时期的西门豹和继任者史起主持兴建。西门豹任魏国邺省长官时，破除了存在于民间为河神娶亲的迷信，惩罚了地方绅士与官吏，动员农民开挖了 12 条渠道，从漳河引水灌溉农田。此后的继任者史起，又组织民众疏通了渠道，达到了更好的灌溉效果。人们赞誉他们："决漳水兮灌邺旁，终古舄卤兮生稻粱""西门溉其前，史起溉其后，惠泽长留，相伯仲也。"

另一个最著名的水利工程，出现于秦昭王时期，它就是由蜀郡太守李冰主持兴建的都江堰。都江堰坐落岷江之上，沿途山高谷深，水流湍急。每到夏秋之交，山洪暴发，水患无穷。杰出的水利专家李冰因势利导，精心设计，组织和领导了这一著名工程。这个灌溉工程，把岷江分成两条水道，一为内江，一为外江，"引溉成都十余县之田畴以万亿计"，达到了"旱则引水浸润，雨则杜塞水门"的双重效果，使成都平原变成了"陆海"，成为举世闻名的"天府之国"。李冰其人也被后世誉为"中国灌溉之父"。可以毫不夸张地说，成都平原的富饶，就是得益于这个系统工程，它为这一地区的繁荣打下了牢固的基础，时至今日，仍然发挥着巨大的作用。

二

随着秦汉封建帝国的建立，我国农田水利建设进入了新的阶段，秦朝历史短暂，但在水利事业上并不逊色。秦王嬴政元年始建郑国渠，引泾水灌溉。它的落成，为陕西关中地区奠定了雄厚的物质基础，使泾水流域变成了肥美富饶的农田，成了秦国富国强兵的重要经济区。司马迁在《史记·河渠书》中完整地讲述了这个故事："韩闻秦之好兴事，欲罢之，毋令东伐，乃使水工郑国间说秦，令凿泾水，自中山西邸瓠口为渠，并北山，东注洛三百余里，欲以溉田。中作而觉，秦欲杀郑国。郑国曰：'始臣为间，然渠成亦秦之利也。'秦以为然，卒使就渠。渠就，用注填阏之水，溉泽卤之地四万余顷，收皆亩一钟。于是关中为沃野，无凶年。秦以富强，卒并诸侯，因命曰郑国渠。"其大意是，当时的韩国为阻止秦国东伐，策划了一个削弱秦国的阴谋，命韩国水利专家郑国赴秦引泾开渠，结果渠就功成，反使关中收灌溉之利，秦日渐富庶，更有能力征讨、吞并东方各诸侯。

郑国渠的受益之地主要在关中，而著名的秦国将领蒙恬北逐匈奴收复河南地（今宁夏和内蒙古部分地区）之后，组织军队和当地民众"凿渠引黄灌田"，兴建了最早的宁夏秦渠，开创了我国引黄河水灌田的先例。

真正农田水利建设高潮的兴起是在汉代，尤其是汉武帝时代。为解决京城粮食供应问题，以关中为中心，大举发展灌溉事业。关中的一些主要河流，渭河及其支流泾水、洛水等都得到利用。汉武帝元鼎六年（公元前111年）开辟六辅渠，以溉郑国渠旁"高卬之田"。太始二年（公元前95年）又建引泾白渠。由赵中大夫白公主持，引泾水首起池阳谷口，流经泾阳、三原、高陵，终达临潼，全长200里，溉田4 500余顷，号为白渠。竣工之后，民得其利，地得富饶，农民拍手称快，发歌赞美："田于何所？池阳谷口，郑国在前，白渠起后。举锸成云，决渠为雨，泾水一石，其泥数斗，且溉且粪，长我禾黍，衣食京师，亿万之口。"此后，该渠历经千余年不废，久用不衰。

同时，地处黄河下游的齐地也出现灌田万余顷的大灌区和分布不等的小型灌溉陂池，带动当地生产迅速发展，很快成为富庶之地，故有"东秦"之称。在广袤的西北和新疆地区同样出现较大规模的灌溉工程，"朔方、西河、酒泉，皆引河溪川谷以溉田"。西汉后期及至东汉，农田水利建设的重心逐步东移，向汉、汝、淮、江等流域发展。汉元帝时，河南南阳在汉水支流唐白河上砌石

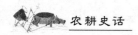

筑坝壅水，建成了规模宏大的钳庐陂，又在陂旁开了六道石砌的水门，号称"六门陂"，形成了陂渠串联、可控可灌的大型灌溉工程，灌溉面积总计20 000余顷。东汉燕赵之地的狐奴（今北京东北）引潮白河灌溉，开辟稻田8 000余顷。顺帝永和五年，会稽山阴（今浙江绍兴上虞）利用特定地形，因地制宜修建了一座人工蓄水湖泊，取名鉴湖，可灌农田900余顷，开创了江南大型蓄水灌溉工程的最早记录。

三

汉代以后，我国农田水利灌溉事业步入持续发展的阶段。从魏晋到隋唐宋元及至明清，发展重心由北向南递次推进，由中原向四周辐射扩散，地域分布愈益广阔，新的灌溉渠系不断开发，老旧工程多次修复，灌溉规模日益扩大，在全国范围内逐渐形成由北到南、从西到东各具特色的若干农业灌区。

关中灌区。以改造、修复、扩建古老灌渠为特点，大力整治原有灌溉渠系。东晋时前秦苻坚征发3万农夫，对郑国渠进行了一次修整。西魏大统年间修治了一次白渠。唐代古老灌区进行了大规模的修复和扩建，渠系分布加密，郑白渠由原来的两条支渠增加到三条，后又在中白渠上修建了刘公四渠，使灌区焕发出新的生机，灌溉面积显著增加。这些稠密的灌溉网，使关中成为富庶之地。

河套灌区。以西套宁夏引黄灌区最具特色。自秦渠之后，汉代又建汉延渠，北魏时开艾山渠。唐代修筑唐徕、御史、尚书、光禄、特进等渠。元代在此基础上进一步修复，建成正渠10条，支渠68条，灌田9万余顷。清代新修大清、惠农、昌润渠，与原有汉延、唐徕合称河西五大渠，溉田217万亩。使昔日的沙漠之洲成为"因渠以溉、水春河漕""地绕五谷，尤宜稻麦"的"塞上江南"。

黄淮海灌区。该区地势平坦，农业灌溉最远可追溯至西门豹治邺。此后又引涞水、易水灌溉，使境内涿州、新城一带广受其利。汉晋时，在汝南（今河南汝南）、九江（今安徽寿县）引淮水灌田各万余顷。南北朝时期，兴建济源枋口、辉县百门陂、浚县同山陂、安阳万金渠等水利工程。进入唐代，除修复扩建漳渠、芍陂、万金渠等古旧工程外，还相继开发了蓟州弧山陂、安阳高平渠、息县玉梁渠等工程，灌田均在3 000顷以上。灌区内广开稻田，兴建碾硙，一功多利。北宋自建隆起，以京师大梁为中心，疏通了汴河、黄河、惠民河、广济河，既收溉田之利，又获防洪排涝之功。此后在与契丹的对峙中，在界河以南利用天然湖泊和沼泽，于雄州、莫州、霸州等地兴筑堤堰600余里，形成一条西起保定、徐水，东至海滨的淀泊带，利用淀泊之水广种水稻。元明两代，该地水利事业未见功业，虽有举措，但局限于小打小闹，修修补补，致使许多渠系一度废弛。清康熙年间，组织民工用时 10 年把黄河故道修复，使黄淮一带大片农田恢复生产。雍正年间大兴营田屯垦，发展稻田，在滦州、玉田等地营造水田 6 000 余顷，后又扩展至天津、邢台等地。

太湖灌区。该区地势低洼，临江近海，历史上涝多于旱。兴建农田水利就是筑圩浚浦，修堤御水。迟自春秋战国，这里已有围湖造田的记载；秦汉时期，随着渠道和堤防的兴建，围田进一步拓展；东晋时，塘浦圩田已初具规模，大小沟渠逐渐加密，纵横交错，乃有横塘纵浦之称。唐中叶，修复了长124 里的捍海塘堤，接着又修筑了华亭海塘，使钱江与长江一线联结起来，大大减轻了太湖东部的海浸和涝害，圩田生产进一步得到发展。唐代宗时在嘉兴设置"二十七屯"，使该地成为著名的产粮区，出现了"嘉禾一穰，江淮为之康；嘉禾一歉，江淮为之俭"的景象。五代吴越时期塘浦圩田进一步巩固发展，使太湖形成"五里七里一纵浦，七里十里一横塘的圩田体系"。堤岸高厚，塘浦深阔，"一河一浦，皆有堰闸""浚三江，治低田，以御洪涝；蓄水泽，治高田，以抗暵旱"，水旱灾害显著减少，形成"湖苏熟、天下足"的泰康局面。

开渠戽水泽农亩（下）

我国先民在长期的治水实践中，不但注重江河湖泊等地表水的开发利用，通过修筑陂塘堰坝、排灌渠道，建成几乎涵盖全国的大中型农田灌溉体系（前文所述多系此类工程）。而且非常重视溪谷泉涧等地下水的开采利用，通过引涧导溪，凿井提水，蓄泉浚渠，呈现出星罗棋布、小型多样的各种水利灌溉设施，尤以泉灌、井灌、塘灌或井泉双灌最为突出。它以小规模集群或单家独户为前提，因地制宜，趋利避害，扬长补短，顺势而为，"寸地尺水皆利用，百亩十亩不言弃"，形成"有溪无不润，有泉皆可泽，有井起行雨"的壮丽景观。

所谓泉灌，就是利用溢出于地面的地下水浇灌农田。我国古代的水利灌溉，就是起始于泉灌。相传泉灌最早出现于周代，周族的先祖公刘带领族人在豳地（今陕西旬邑县）"相其阴阳，观其泉流"，引泉水灌溉农田，开创了我国引泉灌田的先例。

我国的泉源不算丰富，但分布很广，几乎各地都有。历史上的引泉灌溉，北方以山西、陕西、河南最为突出，南方以福建、四川、云南较为显著。据

《诗经》记载，山西太原晋祠泉在战国时已用来溉田。北魏《水经注·河水四》记载，山西荣河一带有瀵泉，古人壅其流，蓄为陂，引陂水种稻。唐贞观年间，山西文水县出现"民相率引文谷水"大面积灌溉农田的局面，而"文谷水"（今称文峪河）来自交城庞泉沟之天然泉水，水源丰饶，水质清冽，常年畅流不息。到唐开元年间，该县已建成栅城渠、甘泉渠、荡沙渠、灵长渠、千亩渠等灌溉渠系，"俱引文谷水，灌田数千顷"。此后又逐步向下游延伸，汾阳、孝义等县的河谷地带相继得益。山西的泉水多分布于汾河两侧的山麓中，居高临下，自流灌溉汾河沿线平原。历史上有名的泉水有大同的司马泉，太原的晋祠泉，临汾的龙祠泉、郭庄泉，赵成的霍泉和绛州的鼓堆泉。它们都以开发较早，灌溉面积大而著称于世。明代学者顾炎武曾说："自太原而南，其泉溉田最多、利民久者，莫若晋祠之泉；自平阳西南，其泉溉田最多、利民久者，莫若龙祠之泉；自绛州以北，其泉溉田最多利民久者，又莫若鼓堆之泉。"山西是个干旱少雨的地方，当地农民历来重视小泉小溪的利用。及至清初，全省有49个州县引泉灌溉，"灌田数万顷"。

而在陕西，秦始皇时代就开始在冬季利用骊山温泉种植瓜菜。瓜菜可先时而熟，供给宫廷。汉武帝时，在渭河以南修建灵轵渠、湋渠，引自然溪流和泉水灌溉武功、周至一带农田。《水经·渭水注》说，汉代长安县西南有"飞渠引水入城"工程。"飞渠"就是渡槽，这是见于史册的最早引水工程。唐代进一步开发京畿温泉，用温泉浇灌的面积大幅增加，种植的瓜菜除供应皇宫，还可上市交易。明代曾在泾河地带开发大小龙山的泉水，灌池阳、长安等地农田8 000余顷。

与此同时，南方地区的小型陂塘水利工程也得到充分的发展。从汉代起，陂塘在汉水、淮河流域就有发展，东汉后开始向长江以南地区推进。据史料记载，此时的浙江长兴"西湖"，注入方山泉水，溉田3 000余顷。隋唐以后南方陂塘更加繁荣，农民自发的治水热潮风起云涌，"蓄陂塘以潴之，置堤闸以止之"，形成了"低田不怕涝，高田不怕旱，遇到水旱年份也能丰收"的局面。云南大理在南诏时期，在点苍山修筑"高河"水库，导引山泉灌田数万顷。当时曲靖以西，水田已经相当普遍，不但平坝川地，高原山区也引泉灌溉，"二里一村，三里一场，水田弥望，大似江南，灌溉之利，最为显著。"至于其他小型工程，更是数不胜数。据《陈旉农书》记载，江南一带农人在高处众水汇流处开凿陂塘，塘池须足够的深阔，以多蓄水，扩大自流灌溉面积。大约十亩划出二三亩凿塘蓄水，筑高大堤岸，堤上种桑栽柳，塘中植菱养鱼，既保护了堤岸，又可获多种收益。"旱得决水以灌溉，潦即不致弥漫害稼，（稼禾）力致其常稔也"，这种情形一直延至明清。此时南方小型陂塘堰坝渐成普及之势，"民间所自为溪涧水荡难以计数。"据统计明代中叶，仅江西一省就有陂塘数万个，而到清代，南方各省的塘坝大都在千万以上。

一

在引泉筑陂的同时，井灌也随之得到发展。所谓井灌，就是凿井提水以浇灌农田。中国凿井的历史很早，史册中就有"黄帝穿井""伯益作井"的传说。据考古发掘，新石器时代的中晚期已有了原始水井。浙江余姚河姆渡遗址就发现一口方形的木构水井，距今约 5 700 年。在黄河中下游地区的河北邯郸涧沟、河南汤阴白营、洛阳矬李、山西襄汾陶寺以及长江下游的江苏吴县澄湖、昆山太史淀、嘉兴雀幕桥等聚落遗址中也分别发现了木构水井和圆形土井，证明"黄帝穿井"的传说并非虚构。最初的水井主要供生活饮用，随之形成了人们聚井而居的居住方式和以同井之人为一耕作单位的劳动管理方式。我国的井田制就是在此基础上应运而生的。水井用于灌溉约在商汤时，史载伊尹"教民田头凿井以溉田"。春秋战国时井灌已有较大的发展，《吕氏春秋》《庄子》《说苑》等书中都有记述。在燕国故地（即今北京房山）和楚地纪南故城（今江陵西北）都发现了大量的井群。到秦汉时，中原地区大田井灌有了较快发展，《氾胜之书》多处有利用井水浇灌作物的记载。魏晋时北方平原已广布井群，凿井溉田出现高潮。

明清两代北方渠堰大多废弛，凿井费省工简，农户易于举办，在地方官的倡导下，凿井灌溉有了突飞猛进的发展，尤以晋、冀、豫、鲁、陕五省为最。当时人称山西"井利甲于诸省"，是最早最大受益于井灌的省份。到了清代，陕西井灌发展迅速，据乾隆二年统计，全省有旧井 76 000 余口，新开井 32 000 余口。"井灌之利普惠秦地。"时任陕西巡抚的陈宏谋慷慨道："凡一望青葱烟户繁盛者，皆属有井之地。"此期，"冀地的井灌亦蓬勃兴起，霸州、庆云、盐山、正定、栾城、藁城、晋州、无极等州县多赖井灌。"出任河北布政使的王心敬曾搞过调查：农民凿水井一眼，深 3 丈左右，需银 7～10 两，添置水车也需银 10 两，两项合计不过 20 两，而每口井可灌田 20～40 亩，如果粪溉及时，耕耨工勤，一井之力，可获百石，而且常年可种蔬菜，旱年仍得丰收，故农民凿井溉田之势日盛。

在凿井技术方面，最初出现的井多为弧形圈木构井和圆形土井。西周时出现了石砌井，春秋战国时有了陶竹和柳条圈井。汉以后开始出现砖砌井。明清时，大口径的水车井增多，井深常达数丈、数十丈，井的出水量明显增加。在井的种类上，平原或地下水丰盛的地方，多开凿水井；在山区或水源奇缺之地，人们又发明了一种旱井，用以拦蓄下雨时地面形成的径流。这种井多在农家田头院宅，主要解决人畜用水，有少量用于农田灌溉。而我国西部地区还出现一种竖井暗渠的"坎儿井"。据说这种井起源于汉武帝时的陕西商颜山，在开凿龙首渠时形成。很快推广到甘肃、新疆等地，以新疆应用最广。据《史记》记载，从汉代起新疆农民就在天山南北的坡面上穿凿一个个竖井，当竖井挖到应有深度时，开始向两端拓展，形成地下暗渠，并将一个个竖井连接起来，使山中潜流汇集成泉，而后开挖明渠引入农田。这种独特的灌溉方式，包括集群竖井、地下暗渠和地面明渠3个部分。开凿竖井以截取山中潜流，贯通暗渠以汇集地下水源，挖掘明渠以引水浇灌农田。它在当地历代相承，至清不衰。清道光年间，吐鲁番、托克逊、哈密一带，仍有坎儿井百处之多。坎儿井的暗渠最长可达14公里，最短也有3公里，每道坎儿井一般能灌田几十亩到几百亩。

二

中国农民的创造力是无穷的，他们在兴建农田水利工程的同时，不但注重工程技术的创新，而且重视提水灌溉工具的改进。由于地形的限制，引泉自流灌溉毕竟是少数，大多数的水利灌溉设施必须借助相应的提水工具，才能实现应有的效果。尤其是井灌，没有相应的提水工具几乎是无法利用的。"古者抱瓮而汲，后世桔槔而汲"，都是老旧原始的灌溉方式。随着水利工程技术的提高和用水量的增加，原始的灌溉形式不适应了，一种与竖井相适应的提水工具辘轳问世了。

辘轳起源很早，应用于农田灌溉始于秦汉。《齐民要术》讲"井别作桔槔、辘轳，井深用辘轳，井浅用桔槔。"唐宋时辘轳使用已相当普遍。宋代王祯《农书》对它描述颇详："井上立架置轴，贯以长毂，其顶嵌以曲木，人乃用手掉转，缠绠于毂，引取汲器。"随着它的广泛使用，人们对其不断加以改进。最初的辘轳没有曲柄，提水并不省力。约在宋时安装了曲柄，提水变得轻松自如了。同时还出现了一种双辘轳，即在轮轴上系两条绳，向相反方向缠绕，两绳各系一汲器，转动时，虚者下，盈者上，一上一下，次第不辍，提水效率显著提高。这种便利的提水工具，被人们誉为"送水天使"。不但在传统农业时代广泛使用，及至今日依然屹立在一些农村的村头地旁，成为古老农村的一道特有的"风景"。

大约在东汉末期，又出现了一种半机械的自动提水工具装置——水车。水车又称翻车、筒车、踏车或龙骨车，是古代先民利用齿轮和链唧筒原理汲水、戽水的排灌机械。在水泵出现之前，它是最先进的提水工具，在农田灌溉中发挥着巨大的作用。水车的应用同样经历了一个由简单到复杂的过程。三国时开始用水车进行园圃灌溉，"童儿转之，灌水自覆"，表明使用的是手摇水车。由于水车提水功效高，"功百倍于常"，很受世人欢迎，到唐代已成为农村最主要的灌溉机械。唐人陈廷章在他的《水轮赋》中说：用木制的轮子，架设在流水之上，利用水流速力，冲击轮子转动，提水上升，就可达到"钩深之远""积少之多"。在水车形制上唐代也有较快发展，不但有手转水车，还出现了脚踏、水转水车。脚踏水车一般为两人踩踏，但到了宋代，已出现 4 人踏车，甚至有 7 人踏车，"踏车激湖水，车众湖欲竭。"生动地描写出它从河湖池塘中提水灌溉的情景。宋元之际，还创造了利用水流为动力的水转水车，这种水车充分利用水流冲力，可日夜运转，作业时间长，汲水量大，灌溉效率更高。

为了把水引到远处，宋元时又发明了连筒和架槽，连筒是用粗大的竹竿，去掉里面的节，一根根连接起来，随地势高下，用木石架起，跨涧越谷，把水引到很远的地方。架槽的功能与连筒相似，只是用以引水的是木槽而已。《王祯农书》曾生动地描述："大可下润于千顷，高可飞流于百尺，架之由远达，穴之则潜通，世间无不救之田，地上有可兴之雨。"明清时，随着井灌的兴起，水车在北方井灌区也得到日益广泛的应用，"凡有井之地，皆置有水车。"而江苏沿海的农民还发明了一种风力水车。这种风车有两种，一为六帆幅，一为八帆幅。清代周庆云的《盐法通志》对八帆幅水车有较详细的记录："风车者，借风力回转以为用也，车凡高二丈余，直径二丈六尺许，上安布帆八叶，以受八风。中贯木轴，附设平行齿轮。帆动轴转，激动平齿轮，与水车之竖齿轮相搏，则水车腹叶周旋，引水而上。"可见它的高效与实用，更胜一筹。

千百年来，我国农民在兴修水利方面的丰功伟绩和在灌溉工程方面的巧思妙想，使农业的命脉——水利得以流畅，历史上天工水旱交乘，灾害频仍的局面得到极大的改观。

粪壤滋培地常新

在农民的心目中，土壤是农作物的好朋友，又是农作物的家。为了使农作物能在土壤中"安居乐业""子孙兴旺"，保证农作物在土壤中吃得好，喝得足，住得舒服，就要在土壤上多下些功夫，不断增加土壤营养，培肥地力，为农作物创造良好的生长发育条件。但严格地讲，在土壤结构中，土和壤是有其特定含义的，它们是同一范畴的两个不同概念。《周礼》一书中说："以万物自

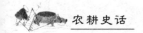

生焉，则言土……以人耕树艺焉，则言壤"。可见"土"就是自然土壤；"壤"则是经人的耕种而熟化的"土"，也就是耕作土壤或农业土壤。它阐明了"土"具有能使万物自生的自然肥力，而"壤"则除自然肥力外，还因"人耕而树艺"培育形成的人工肥力。

一

在长期的农业生产实践中，我国农民对土壤肥力的认识逐步深化。远古时代，农业在粗放耕作条件下，"刀耕火种""火耕水耨"所残留的草木灰等留在地里，起到肥料的作用。尽管当时的人们对它的认识并不十分明确，是一种无意识的行为，或者说只是土地垦殖中形成的副效应，但它在客观上却起到了培肥土壤的作用。我国先民真正为农田施肥，始至殷代，相传伊尹创造区田法，"教民粪种"。甲骨文中已有"尿""粪"等字的出现，并有施肥增产的卜辞。可见培肥改土技术在我国不仅发明很早，而且是农业生产中的重要环节。

春秋以降，施肥技术开始应用于黄河流域农业区。野草不仅可"任其腐朽而肥田"，而且能通过人工堆沤而施用。同时人们渐渐利用人畜粪便作基肥或种肥，开始了不同土壤施用不同肥料的探索。《周礼·地官》中说："凡粪种，骍刚用牛，赤缇用羊，坟壤用麋，渴泽用鹿，咸泻用貆，勃壤用狐，埴垆用豕，强槛用蕡，轻爂用犬……粪其地以种禾。"意思是说，用不同的动物粪便施于土质不同的土壤，使土质收到化恶为美的效果。进入战国，肥料的使用日益广泛，当时的人们要求"积力于田畴，必具粪溉"。"多粪肥田"已是"农夫众庶之事"了。土壤肥力的遗失已能得到迅速的补偿，"薄田变良田，硗土变沃壤"，从而引起了耕作制度的深刻变革，人力培肥土壤已占居相当的地位，土地潜力得到较好的发挥。

汉代，施肥不仅定型化且日趋精细化，肥料除用作基肥和种肥外，还用于追肥和溲种。据《氾胜之书》记载，此时基肥已是播种前集中施用的肥料，多采用大田漫撒，通过犁耕翻入土中，同时也有沟施和穴施。而种肥，是随种子一同下种的肥料，专供种子发芽出苗时使用，追肥则是为满足作物生育期养分的需要，在不同生育阶段追施的一种速效性肥料，多以腐熟的人粪尿为主。而溲种，即是用蒸煮后的肥料拌种，主要作用是增强作物耐旱抗寒能力，提高其防虫防病效果。

到了魏晋南北朝，人们不但可以充分利用自然界中的野草压制绿肥，而且已开始人工种植绿肥。如西晋郭义恭在《广志》里记载："苕草，色青黄，紫花，十二月稻下种之，蔓延殷盛，可以美田，叶可食。"这是说用苕草作绿肥，

· 22 ·

既可肥田，又可食用。北魏著名农学家贾思勰在《齐民要术》中也提到："凡美田之法，绿豆为上，小豆、胡麻次之。"同时他还介绍了各种农作物与绿肥轮作的方法，大大扩展了我国农田施肥的范围。

唐代，农民已懂得使用各种肥料和农药，以提高土地的生产力。在肥料种类方面，除了传统的绿肥外，人粪、蚕沙等也已作为基肥与追肥使用。在江南，已开始圈养耕牛，从而得到大量厩肥。晚唐苏州一带农民已经使用商人从长沙等地贩来的农药捕除害鸟，有效制止了为害甚大的"禽暴"之患。

宋代，农田施肥进一步走向成熟。南宋农学家陈旉在总结民间积肥、用肥实践的基础上，提出了"地力常新理论"。他在《陈旉农书》中指出："凡田土种三五年，其力已乏……若能时加新沃之土，以粪治之，则益精熟肥美，其力当常新壮矣。"《陈旉农书》中设置专篇阐述肥料问题，提出了"用粪犹用药"的精辟理论，把农田施肥和看病服药相类比，对不同土质、不同作物、不同肥料，采取"对症下药"的处置方法。他还鼓励农户建造"粪屋"，用以积制粪肥，这一经验一直流传到现在。

这时农民农田施肥的探索与使用日益广泛，给土地追加能源的施肥活动日益高涨。据南宋程泌的《洺水集》记载："每见衢、婺之人，收蓄粪壤，家家山集，市井之间，扫拾无遗。故土膏肥美，稻根耐旱。"由于当时粪肥需要量大，积肥的人日益增多，促使粪肥转化为商品，出现了经营粪肥的专业户。南宋吴自牧在《梦粱录》中就有这样的记载，京师杭州的积肥专业户，走街串巷收集各家的粪便，然后车装船载，来往穿梭于水陆交通之中，散售于广大农户。

明清两代，农业经济不断发展，农民对施肥问题愈加重视，在积肥、制肥和施肥方面都有较大的发展。明代著名学者徐光启在《粪壅规则》中记录了各地造肥、施肥的技术，总结出农民因地制宜巧施粪肥的各种经验。他在《农政全书》中特别提到泥粪的作用，指出在南方水多的地方，使用泥粪更方便。如柑橘"冬月以河泥壅其根，夏时更溉以粪壤。必能使其生长茂盛。"此外，"泥肥也宜于北方棉田，唯生泥，棉所最急。农谚说：'生泥好，棉花甘国老'"。明末清初的《沈氏农书》对农田施肥作了进一步的理论概括，把基肥施用称为"垫肥"，追肥称为"接力"，同时还总结出看苗、看地施肥的一系列技术措施。

二

我国农民为发展生产千方百计扩大肥源，日积月累，聚少成多，创制出种类繁多、难以计数的有机肥。粗略概括，可归纳以下几类：

一是人粪尿，古称大粪或茅粪。这种肥料的应用，肇始于殷商时代。它源于人们自身的废弃物，之所以称其为粪，据《说文》解释，粪的本意是"弃除"。由于人们把自身便溺的弃物用作肥料，"粪"就逐渐成为肥料的专称了。可见人粪尿是农家最早施用的肥料之一。它既可作基肥、种肥，腐熟后还可用作追肥或溲种。其肥效尤为显著，是培肥地力的上等肥料。

二是畜禽粪肥。汉代的《氾胜之书》即记载有涸肥（圈厕中的粪尿）、厩肥（牲畜粪肥）、鸡粪、蚕粪、碎骨等肥料。众所周知我国的饲养业几乎是和种植业同步发展的。饲养业的发展为种植业提供了广阔的肥源。我国先民从掌握"地可常新、壅粪肥田"的道理之后，就形成了重视畜禽饲养的习惯，尤其重视猪、羊的饲养。《氾胜之书》中所说的"涸中熟粪"即是猪圈中所沤制的粪肥。《沈氏农书》总结民间养殖时说，种田不养猪，犹如秀才不读书。该书提到，养一头猪，一年可得粪80担。孙宅揆在《教稼书》中记载，农户猪圈外设粪池，与猪圈相通，"凡家下刷洗之水及扫除烂柴草、厨下灰土或仓底烂草、场边烂糠之类，俱置其中。"夏天注入雨水，猪常来践踏，久之即成粪。俗话说"猪脚底下出好粪""有钱难买猪踩泥"，正是中国农民长期养猪肥田的经验之谈。

三是杂肥。《陈旉农书》提到，"凡扫除之土，燃烧之灰。簸扬之糠秕，短蒿落叶，积而焚之，沃以粪汁，积之既久，不觉其多。"该书分别列举了火粪、泥粪、草粪、苜蓿以及草木灰、马蹄角灰，洗鱼水、淘米泔水、稻麦糠、豆萁等多种有机肥料。《王祯农书》还提到："一切禽兽毛羽亲肌之物，最为肥泽，积之为粪，胜于草木。"明代袁了凡在《宝坻劝农书》中也记述了苗粪、草粪、毛粪、灰粪、泥粪等多种粪肥，并指出诸多粪肥中"泥粪为上"。据该书记载，当时还有用乌桕、油麻、豆渣、糠渣、酒糟、豆屑等制造的饼肥。

四是绿肥。绿肥是我国农村广泛采用的有机肥料，也是农田应用最早的肥料。最初的绿肥以天然杂草为原料，大约在南北朝时已由人工广泛种植，品种有绿豆、苕草、芜菁、苜蓿等。明清时，又新增天蓝、梅豆、豌豆、莱菔子等。尤其是在南方，湖泊沼池星罗棋布，水生绿肥资源丰富，农民自古就有种植沤制绿肥的习惯。其中有一种水生植物，名苕华，具有很好的固氮作用，肥田效果显著。

由于我国农民善于积制肥料，到宋元时，农村有机肥已达60多种，及至明清又发展到140多种。源源不断的有机肥料，为农业的发展提供了不竭的动力。

在粪肥使用上，农民历来注重使用腐熟的肥料。2 000多年前的《氾胜之书》就记载，如果使用生粪，反而杀伤植物，所以生粪要经过"沤渍"，使之腐烂发酵，才易于植物吸收。历代农民从生产实践中总结出多种沤制腐熟的方法。《宝坻劝农书》中就记载了六种造肥法，即踏粪法、窖粪法、蒸粪法、酿粪法、煨粪法、煮粪法。其中"蒸粪法"为最常见的一种。方法是先设置粪屋，把秸秆、蒿草、灰土、糠秕、落叶投进去。随即覆盖密封，使其发热，乃至腐烂为熟粪。明代耿荫楼的《国脉天民》也说，在农舍附近的空地上"修治垣屋"，待雨时灌进腥秽之水，再把腐草、枯叶等随时填进去，"日久糜烂"而后成粪。

三

在施肥技术上，我国农民一向很讲究合理科学用肥。除满足作物生育需要，巧施基肥、追肥、种肥之外，还坚持因时因地因作物制宜，看地施肥，看苗施肥。清人杨双山、郑世铎曾把农民的这种实践活动，概括为时宜、土宜、物宜的"三宜之法"。所谓时宜，即看季施肥，不同时令施用不同的肥料；所谓土宜，即因土用肥，不同土壤施以不同的肥料；所谓物宜，即看作物及苗情长势施肥，不同作物、不同长势施以不同和不等量的肥料。这种完备的施肥法则，蕴涵了朴素的辩证法，可谓是上应天时，下顾地利，中合物性之宜。更为可贵的是，我国农民在肥料的施用中，还考虑和兼顾到与生态环境的统一。在江南鱼米之乡，农户用圈粪肥桑，桑叶喂蚕，蚕粪养鱼，鱼池中泥粪施稻田、桑田、竹田……实行农牧结合，水陆互养，形成生物间的良性循环，既发展了多种经营，又注重了生态平衡。

总括数千年农业发展的历程，我国农民在向大自然索取的斗争中，通过合理的耕作与施肥，创立了一套完整的独具特色的施肥技术体系，走上了一条以用地养地相结合的农业发展之路。可以说我国农民是率先进行土壤培肥，保持"地力常新壮"的实践者。这一成就，令创立"矿物质归还理论"的德国农业和化学家李比希惊叹不已。他在《化学在农业和生理学上的应用》一书中高度评价道：中国的农业"是以经验为指导的，长远地保持着土壤肥力，借以适应人口的增长而不断提高其产量，创造了无与伦比的农业耕作方法。"不仅如此，中国农民在漫长的施肥实践中，就地取材，多途并举，以经济实用，费省效宏，种类多样，环保无害并可循环利用的有机物为肥源，使土地长期保持了"精熟而肥美，久耕而不衰"。实践充分证明，有机肥不仅肥效长，可持续，且无害，无污染。长期施用既可增加土壤有机质含量，改善土壤结构和性状，增强耕地的抗逆抗灾能力，又可改善和平衡土壤营养，保持地力常新常壮，实现

稳定增产。数千年来，正是农民这种不懈的探索和实践，以及由此形成的传统美习，为土地注入了鲜活的生命，为农业提供了不竭的动力，使我国农业获得持久的繁荣。美国著名学者西姆科维奇在《再论罗马的衰落》一文中曾这样讲到："中国的经验证明了，即使不去补充无机肥料，这种存在于狭小地面上的集约农业——靠劳动投入、精工细作、增加自然肥源，也能使农业无限期地维持下去。这便是在古老文明中，何以罗马衰败了，而中国却意外地获得了成功。"

去劣培优育嘉种

选种育种技术，是人类改变农业生物性状，使之适应自然环境和生产需要的主要手段。在我国，农作物种子的栽培选育，还要从农耕文化起源以及发展的初期谈起。早在新石器时代，我国先民已开始稷的驯化栽培，而且从稷中培育出黍（糜子）这个新的变种。在山西、河北、甘肃、青海等地新石器遗址中，曾多次发现过黍、稷的炭化物，表明我国黄河流域是黍稷的发源地。黍、稷是同一类作物，黍具有黏性，俗称"软糜子"，而不黏之黍则为稷，也叫"糜子"，是黍的直接祖先。《说文》云："稷有黏、穄之分，黏者谓之黍，穄者谓之稷"。穄的古音读"柴"，是粗硬的意思。黍稷是我国北方最早驯化栽培的作物，"稷为五谷之长，故陶唐之世，名农官为后稷。其祀五谷之神，与社相配，以稷为名。"

黍作为稷的驯化品种，一经问世，就成为古代淮河流域重要的粮食作物之一，其栽培历史在 8 000 年以上。农业早期阶段，耕作技术水平较低，黍以其生育期短、耐瘠、耐旱，与杂草的竞争力强等优势被广泛种植。战国时期的孟子就曾提到，在我国北方，因地处高寒，不生五谷，黍早熟，故独生之。《齐民要术》则把它作为新开荒地的先锋作物："凡黍穄田，新开荒者为上""耕荒毕……漫掷黍穄……明年，乃中为谷田"。甘肃大地湾、内蒙古兴隆洼等新石器早期遗址中，就发现黍的大量遗存。

—

差不多与黍同时，在我国黄河中下游地区还出现一种古老的农作物——粟，北方俗称谷子，植株称"禾"，果实去壳后叫"小米"，在距今 8 000 年的河北武安磁山和河南新郑裴李岗遗址中，均有大量发现。粟的祖先叫"莠"，俗称狗尾草，是遍布于北方各地的一种野草，至今仍随处可见。在种植粟的田间，人们可以经常见到一种类似于粟的杂草，在幼苗期，即使是有经验的老农也难于区别它与粟的不同。狗尾草经过长期驯化而演变为可供人工栽培的粟之后，仍然保持了野生状态时耐瘠薄、耐干旱、自生能力强的特性。更为其他农作物所不及的是，它防霉防蛀，极耐储藏。正如史书所说："五谷中，惟粟耐陈，可历远年。"丰年储藏，以备凶年，是防灾度荒的一种粮食极品。因而种植范围很广，西起甘肃、青海，东至山东、台湾，北至辽宁，西南至西藏、云南，都有它的身影。而以黄河流域的陕、晋、豫、冀、鲁最为普遍。由于其种植久远与普遍，培育的品种丰富多彩。西晋郭义恭的《广志》里记述了 12 个品种。北魏贾思勰的《齐民要术》中又补充新品种 86 个。其中有芒、耐风、免雀暴的 24 个；"中租大谷" 38 个；早熟、耐旱、免雀暴的 14 个；晚熟、耐水的 10 个。这些品种已具有诸多优良性状和丰产的性能，有较强的抗逆功能，且能满足不同地类不同气候条件下生产的需要。

与淮河流域不同，长江流域的先民最初驯化的原始农作物是水稻，是从野生稻驯化演变而来。野生稻在我国分布很广，很早以前的遗迹中就有遗存。现已查明的野生稻共有 3 种，即普通野生稻、药用野生稻和疣粒野生稻。其中普通野生稻是栽培稻的祖先。

我国稻作农业的起源相当悠久，在湖北、安徽、江苏、浙江、广东等地新石器遗址中，均发现大量的稻谷、稻禾、稻壳遗存，表明当时长江和珠江流域已普遍种植水稻。我国先民在复杂的地理气候条件下，经过几千年持续驯化栽培，逐步形成积累了众多适应各种生态环境条件下的稻作类型和品种。在《管子·地员篇》中即记载了 19 个水稻品种，以后的历代史书中也都有水稻品种的记述。到了唐宋，水稻品种日益多样化。唐中叶起北人南迁，进一步促进了南方稻作农业的发展。宋之后已经明确有籼、粳、糯品种的名称和早稻、中稻、晚稻的稻作类型。北宋曾安止所纂的《禾谱》中，记载了江西水稻品种 46 个，其中籼粳稻 21 个，糯稻 25 个。明代黄省曾的《稻品》记载了太湖地区水稻品种 35 个。清代的《古今图书集成》收录记载了 16 个省的水稻品种 3 400 多个。这些品种和类型，是人们长期种植、选择的结果。其中有适于酿酒的糯稻品种，特殊香味的香稻品种，特殊营养价值的紫糯和黑糯，特别适于煮粥的品种，适于深水栽培不怕水淹的品种，茎秆强硬不易倒伏的品种，适于盐碱地种植的品种，适于山区种植且多芒不怕鸟兽为害的品种，等等。

二

比上述作物稍晚又相继出现菽、麦、秫等多种粮食作物。"菽"是各种豆类的总称，包括黄豆、青豆、黑豆等。后来也专指大豆，是经野生大豆驯化而来的。它的栽培历史，可能早到新石器中晚期，至今已有 4 000 余年。在我国东北、黄河、长江流域均有种植。大豆因不易保存，考古发掘发现较少。迄今发现有吉林永吉乌拉街出土的碳化大豆，距今有 2 600 年左右，是目前出土最早的大豆。山西侯马出土的 10 粒战国时大豆，外形与现在的大豆相似。另外在湖南长沙马王堆、贵州赫章、河南洛阳、广西梧州、湖北江陵、甘肃敦煌均出土过汉代的大豆。大豆被誉为"田中之肉"，具有全价蛋白的美称，有培肥土壤的作用，《王祯农书》称其为"济世之谷"。

"麦"是小麦、大麦、燕麦、黑麦的总称。商代甲骨文中的"麦"，就包括小麦和大麦。《诗经》中常常"来""牟"并称，"来"指小麦，"牟"指大麦。最新考古资料证实，我国栽培麦类的历史非常悠久，甘肃民乐县东灰山遗址中，就发现了碳化大麦的籽粒，经 C_{14} 测定，距今 5 000 年之久，是迄今发现的最早大麦遗存。大麦有稃麦和裸麦两大类，我国可能是裸麦的主要发源地。裸大麦因地区不同名称各异，如北方称米麦，长江流域称元麦，淮北称淮麦，青藏高原称青稞。我国青海、西藏、四川和甘肃是大麦栽培的主要地区。小麦的驯化栽培，源于小麦草和亲缘相近的其他野麦草杂交而成，最终形成了最早的小麦栽培品种。据考古发掘，新疆孔雀河流域新石器遗址出土的碳化小麦，距今近 4 000 年。甘肃民乐县西灰山遗址出土的碳化小麦，距今也近 4 000 年，可见其栽培历史非常久远。殷商西周时小麦栽培已分布于黄淮流域，春秋战国已扩展到内蒙古南部及云南等地。

"秫"专指高粱。原产于非洲西部，它每到一地很容易和当地的野生种或杂草型亲缘杂交，进而产生新的变种。中国可能是在这个传播过程中产生了自己的变异品种，现在还没有发现它的野生祖本。从考古发掘看，在山西万荣荆村新石器遗址曾发现高粱种粒炭化物，距今约 6 000 年；郑州大河村新石器遗址（仰韶晚期）中，曾发掘了一瓮高粱；甘肃民乐东灰山遗址也发现了高粱种粒炭化物。如果鉴定可靠，表明高粱在我国有悠久的栽培历史。从种植品种上看，主要有密穗型和散穗型两种类型。密穗型种植广泛，籽粒供食用或用作饲料；散穗型可作扫帚，故又名帚高粱。此外，还有茎秆含糖可榨糖的高粱，有糯性强可酿酒的糯高粱。我国古代对高粱的利用是多方面的，除了食用和作饲料外，主要用来酿酒，茎秆则用来织席、作篱、作燃料，籽粒、籽壳还有药用价值。《王祯农书》说，高粱一身"无有弃者，亦济世之良谷，农家不可阙也"。

那么，我国先民是如何培育这些作物品种的？应该说选种育种是我国古代农业的优良传统。在长期的生产实践中，我国农民在提高农作物自身生产能力方面，积累了非常丰富的经验。把农作物品种的优劣与否，视作农业收成好坏的关键因素。《诗经·大雅》中已有"诞降嘉种"的记载，所谓嘉种就是良种。《吕氏春秋》也提出"橐数节而茎坚""粟圜而薄糠"的选种标准。战国人白圭也曾说："欲长钱，取下谷；长石斗，取上种。"意思是想赚钱，要收购便宜的粮食；想增产粮食，要采用好的种子。表明在春秋战国时期，我国农民已认识到采用良种的重要性。

成书于汉代的《氾胜之书》首次记载了选种留种技术，认为麦子成熟时要"择穗大彊者"，贮藏麦种时应"取干艾杂藏之，麦一石，艾一把，藏于瓦器、竹器中，顺时种之，则收常倍。"而粟（谷子）的留种方法是"取禾种，择高大者……把悬高燥处，苗则不败。"种子生虫是由于"伤湿"和"郁热"所致，储藏种子应选择通风干燥处。

《齐民要术》对选种留种技术作了系统的记载。该书在《收种》第二篇中强调，选留种子首先要防止混杂。混杂的种子，不但成熟迟早不一，影响出米率，而且不容易舂杵均匀。防止品种混杂的方法，无论"粟、黍、穄、粱、秫，都要年年分别收获"。收时要挑选长得好的、颜色纯净的穗头，割下来，挂在高燥处，单独收藏。这种方法类似于现在的"穗选法"。选好的穗子，到春天要单独脱粒，播种时，要与相类作物分开，单独下种，单独留种，以供来年大田种植。这一措施，同现在的种子田相似。对留种的种子田要勤加管理，特别要增加锄地（中耕）的次数，因为"锄多则无秕"。种子田收割的穗子要最先脱粒，分别窖藏。因为窖藏更能保持恒温干燥，显著提高种子的出芽率。《齐民要术》还注意到早熟矮秆的品种要比晚熟高秆的品种产量高："早熟者苗短而收多，晚熟者苗长而收少。"这是对矮秆品种有高产能力的最早记录。该书还首次提到，作物的产量和质量往往是矛盾的，二者难以兼有，"收少者，美而肥；收多者，恶而息也。"美和恶指作物的品质，息指出实率。这种产量和质量的矛盾现象，直至现代仍是育种工作中所要解决的难题。

除禾谷类作物外，《齐民要术》对瓜类选种也有精辟的论述："食瓜时，美者收取。"意思是吃瓜时遇到味道好的，就留作种子。还说，留种要留"本母子"。瓜刚长几片叶子就开花结实的早熟瓜叫"本母子"；蔓长二三尺时，叫"中辈瓜"；蔓长足了，最后结的瓜叫"晚辈瓜"。用本母子瓜作种，其后代开花结果也早。凡是留种的瓜，要截去两头，取中部的种子留种。理由是，靠近瓜蒂一头的种子结的瓜往往弯弯曲曲而细小；靠近尾部的种子，也往往短而歪；只有瓜身中部的种子最具生长优势。这一经验类似于现代提倡的"优选法"。

　　唐宋以迄明清，选种留种的理论和实践又有进一步的发展。宋代已有利用突变单株进行品种选育的事例。相传，当时的长江下游有个水稻早熟品种，名叫"六十日"，从种到收只需两个月。据《蓬岛樵歌》记载："'六十日'水稻，名救公饥。相传有一孀妇，居贫乏食，摘稻中先熟者，以养翁姑，因传其种。"可见民间利用自然突变单株选育新品种，已成普遍之事。明代耿荫楼的《国脉民天》，把五谷、豆果、蔬菜的种子比作人之父，把土壤比作人之母。"母要肥，父要壮，必先仔细栋种。"所谓"栋种"，等于现代的"粒选"，"即颗颗粒粒皆要仔细栋肥实光润者"，这是比穗选更进一步的选种方法。对于菜果类作物的留种，该书强调要进行人工疏摘，如茄子只留一茄，瓜则只留一瓜，豆则只留十多个荚。这与后世提倡的疏花疏果方法是相同的。疏花不仅能提高坐果率，对增大果形、果实也有一定的作用。

　　此外，为了改变某些作物的性状与品质，我国先民还首创了先进的人工无性嫁接技术。这一技术，可以追溯到更远的时代。春秋战国时流行"橘逾淮而北为枳"的说法，就是最好的印证。枳和橘是类缘相似的两种植物，枳比橘耐寒。当时南方的橘农用枳作砧木，用橘作接穗，培育出优良橘树品种。当人们把这种橘树品种移植到北方时，接穗（橘）因气候寒冷而枯死，而砧木（枳）却能继续存活。北方人不知其然，误以为橘化为枳。它告诉我们，早在春秋战国时代，我国先民已掌握了相应的嫁接技术。汉代的《氾胜之书》全面记载了葫芦接大瓜的经验。《齐民要术》则详细介绍了梨树、枣树的嫁接原理。后世人们对它的运用日益广泛，元代《王祯农书》对此作了系统总结，在嫁接技法上，介绍了身接、根接、皮接、枝接、靥接等方法。该书指出："一经接博，二气交通，以恶为美，以彼易此，其利有不可胜言者。"清代陈淏子在《花镜》中也说，运用嫁接方法，"花小者可大，瓣单者可重，色红者可紫，实小者可巨，酸苦者可甜，臭恶者可馥，是人力可以回天，唯接换之得其传耳。"

三

　　值得一提的是，我们的先民在探索和驯化作物品种的同时，还大量吸收外来的栽培植物与品种。自秦汉以来，我国即开始了农作物的相互传播。先是在不同区域内互通有无，或进行异地换种。别小觑这种简单的措施，它却对防止品种退化，保持作物优良性状有着重要作用。汉武帝时，张骞两度出使西域，引进不少农作物品种，对我国的种植构成产生了较大影响。据明代李时珍的《本草纲目》记述，张骞引进的农作物品种有葡萄、苜蓿、红花、蚕豆、豌豆、大蒜、芫荽、茄子、黄瓜、西瓜、西葫芦、胡萝卜等总计二十余种。唐末及五代时期，我国南方率先引进了一年生棉花，并开始了由南到北的推广种植；宋代，又引进了占城稻；明代，陆续引进了玉米、番薯、马铃薯、花生、向日葵、辣椒、烟草等多个农作物，其中多数已跃升为我国大田生产的主干作物。清代，从欧洲引入了番茄、甘蓝等蔬菜作物，极大地丰富了我国的蔬菜种植。

引种带来的丰富多彩的作物品种，不仅为农业提供了广阔的发展空间，而且对我国的社会经济生活产生了巨大的影响。它促进了农作物种植的多样化，满足了不同地区的特异化种植，既丰富了人们的生活，又为不断增加的人口提供了物质基础。其中玉米、甘薯、马铃薯的传入与推广影响最巨。从16、17世纪陆续传入之后，便逐渐成为我国广泛种植的主要粮食作物。尤其是玉米的推广种植，刚引进时仅限于西南地区种植，到清中叶已传播到全国大多数省份，在北方某些地区甚至超过粟和高粱，成为主要的粮食作物。清人严如煜说它"种一收千，其利甚大"。甘薯与玉米一样，也是一种高产作物。据清人陆耀的《甘薯录》说，当时人们栽种甘薯"亩可得数千斤，胜种五谷几倍"，且耐旱、耐涝、耐瘠薄，病虫害又少，相当稳产。到清中叶，无论南方还是北方，甘薯已成了穷人的主食。马铃薯的传入稍晚，大约在17世纪传入福建，以后又传到长江流域，到18世纪晚期，在一些高寒山区，已成为主要作物广泛种植。

治山治水拓耕田

我国天然宜于耕种的土地不多，我国农民在发展农业的过程中，十分重视对土地的改造和开发利用。历代先民除了在已有的耕地上，通过集约投入，精耕细作，不断提高土地的利用率之外，还通过开垦一切可利用的土地，不断扩大和增加耕地面积。长期以来在"与山争地"和"向水夺田"的斗争中，做出了很大的贡献。

一

早在春秋战国时期，我国先民就创立了治山治水、改造良田的经验，长江以南及太湖流域出现的圩田就是最典型的例证。历史上我国江南一带"地多薮泽，水患频仍，妨于耕种"。当时吴国统治中心的太湖地区，四周高起，中间低洼，湖泊众多，形成水高田低的特殊地形，水患频发，难以耕作。吴王诸樊在扩建苏州城的同时，在其周边修筑"鹿陂""胥卑墟"等，形成规模不等的散在围田。越灭吴后，继续进行围田，并向苏州以东平原推进。这些举措，为利用和改造江南低洼湖滩开创了一条新路。从战国到魏晋南北朝，太湖地区的围田继续发展，到东晋时塘浦圩田已有了雏形，有些地方颇受其益而初具繁荣。据《常昭合志稿》记述，当时太湖常熟县"高田濒江有二十四浦通潮汐，资灌溉，而旱无忧；低乡田皆筑圩，足以御水，而涝亦不为患，以故岁常熟，而县以名焉。"

圩田快速发展并逐步趋于完善，是在唐宋时期。中唐以后，随着太湖流域湖堤和沿海海堤的建成，太湖塘浦圩田有了长足的进步，并日臻完善和巩固。据《新唐书·地理志》记载，这一时期，围田开始以位位相接的形式出现，构成横塘纵浦之间圩圩棋布的景象。一方面当地众多殷实农家，视度地形，做土作堤，变草荡为良田，大兴围田之利；另一方面政府进行大规模屯田，筑圩浚浦，泄洪排涝，围湖造田。时人李翰在《苏州嘉兴屯田纪绩》中描述：西起太湖，东达于海，"广轮曲折千有余里……画为封疆属于海，浚其畎浍达于川，求'遂氏'治野之法，修'稻人'稼穑之政""浩浩其流，乃与湖连，上则有涂，中则有船，旱则溉之，水则池焉，曰雨曰霁，以沟为天"。

五代吴越时期太湖塘浦圩田进一步巩固和完善，治水与治田结合，治涝与治旱并举，兴建和管理并重，使太湖围田系统达到海网有纲，港浦有闸，水系完整，堤岸高厚，塘浦深涧，分段散塘连成一线，抗旱泄涝，多有保障。据《范文正公集》记载"江南旧有圩田，每一圩方数十里，如大城，中有河渠，外有门闸，旱则开闸引江水之利，潦则闭闸，拒江水之害……旱涝不及，为农美利。"

两宋时期，继续大规模围湖造田。北宋政和年间，太湖流域及皖南沿江地区，出现"数百里沃衍湖田。"形成堤岸、涵闸、沟渠相结合的圩田，内容顷千亩，皆为稼地。当时的人们不独限于围湖造田，且对历年荒废的圩田加以修缮整治。沈括任宁国县令时，就积极建议修缮当地的万春圩。得到上司首肯后，组织动员了8个县的14 000名民工，用了80多天时间，筑成了"圩堤宽有六丈，高一丈二尺，长八十四里……圩里面所得田地，共一千二百七十顷"的上好良田。宋室南渡后，南方人口急剧增长，迫于对土地的需求，再次掀起了空前的围垦热潮。南宋乾道六年（1171年），太平州筑圩几万处；淳熙三年太湖附近围田达1 498处。随着圩田的发展，耕地面积大大扩增。苏州在北宋时垦田面积为150万亩，到南宋末增加到750万亩，净增了4倍。"当涂、芜湖、繁昌三县，圩田十居八九。"呈现出"周遭圩岸绕金城，一眼圩田翠不分"的景象。《王祯农书》赞许道："虽有水旱，皆可救御。凡一熟之余，不惟本境足食，又可赡及邻郡，实近古之上法，将来之永利。"所谓"江、浙二方，天下仰给"，"苏常熟，天下足"就是对圩田之利的真实写照。

圩田的出现与形成，充分显示了我国先民的高超智慧。它始于春秋战国，历经秦汉唐宋及明清，延续时间之长，建设规模之大，修筑技术之高世所罕见。当地农人在与水争地的过程中，不但围湖而且围海，创造出多种土地利用方式。有以湖泊围垦而成的圩田，有以海滩围垦而成的涂田，还有常浮于水面的葑田和人造架田。

沿海地区由于潮水泛滥淤积泥沙，年深日久，便形成大小不一的滩涂沼泽，上面生长着碱草，这为涂田的建造提供了一定的条件。当地农民首先在沿海筑堤或立桩橛以抵潮汛，而后在水面种水稗，待土地盐分减少后再种庄稼。在田边开沟贮蓄雨水，称"甜水沟"，干旱时用来灌溉，收获可胜过常田。涂田始于宋元时期，福建省在北宋末，围垦涂田在30万亩以上，其中以宁德、福清、莆田一带最多。随着围垦区域由里向外扩展推进，涂田从高到低，层层分布，呈鱼鳞状。元代《王祯农书》对此有详细记载，并赋诗称颂道："今云海峤作涂田，外拒潮来古无有。"

除了圩田、涂田，还有葑田和架田。葑田是利用多年生葑（一种茭草）的根茎和泥土凝结而成设于水中的田块。葑田比重小于水，常浮于水面，故又称浮田。按其形成的性质，可分为天然葑田和人造架田两类。人造架田是人工将葑泥铺盖在木制框架或芦苇编成的框架而形成的水上农田。架田所铺盖的材料也是葑泥，所以人们常将架田和葑田混为一谈。其实葑田是自然生成的，架田则是人工修造而成的。中国利用天然葑田的历史极早，在西晋成书的《南方草木状》中，记有水浮苇筏上种植蕹菜的方法，这是世界上利用葑田栽培蔬菜的最早记录。东晋郭璞的《江赋》中有"标之以翠翳，泛之以游菰，播匪艺之芒种，挺自然之嘉蔬，鳞被菱荷，攒布水蓲……"之句，就是描写葑田的。随着水面的不断开发利用，天然的葑田越来越少，而人造的架田比较多见。历史上最大的架田，要推陆游在湖北境内长江上所看到的："广十余丈，长五十余丈，上有三四十家，妻子鸡犬臼碓皆具，中为阡陌相往来……"据《王祯农书》的记载："架田，架尤筏也……浮系水面，以葑泥附木架上而种艺之，其木架田丘，随水高下浮泛，自不渰浸……窃谓架田附葑泥而种，既无旱暵之灾，复有速收之效，得置田之活法，水乡无地者宜效之。"架田在宋元时期，在江浙、淮南、两广、云南等地都有分布，面积大小不一，是水乡农民扩大耕地面积的一条途径。不过，限于各种条件，架田在历史上并没有像圩田、涂田那样获得大规模推广，明清以后即不见记载。

二

其实，农民对土地的治理与利用，并不独限于水田的开发，山地的开发潜力更大。我国山地占国土面积的三分之二，不仅量大面广，而且很早就存在。从农业发展的轨迹看，水田农业发生在山地农业之后，我们的祖先最先开始的农耕活动是山地农业。而在与山争地的过程中，梯田是起源较早、利用效果较好的一种治理模式。

我国西南部的少数民族很早就经营梯田了。在云南、洱海地区史前遗址即有原始梯田遗迹。《汉中志》记载："涪县地处丘陵，有山原田，可种水稻。"这里所称的山原田，应是能灌溉的丘陵梯田。唐人樊绰在《蛮书》中曾记述云南少数民族治理山田的情况，他在书中夸赞道："蛮治山田，殊为精好……灌田皆用源泉，水旱无损。"这种能灌溉、旱涝皆收的山田，定是田面平坦的丘陵梯田了。居住在红河南岸哀牢山的哈尼族人，用他们的智慧和双手创造了悠久的梯田稻作农业奇迹。他们在河谷两岸，山坡陡峭，环山造田，垒土为埂，层层相叠，引泉灌溉，梯田稻作农业给他们带来无尽的丰收喜悦。可以说，他们一年的农事和村社活动几乎都围绕梯田的农作开展：冬季开田打埂，春天撒种栽秧，夏天中耕除草，秋天收获尝新，都要在梯田的田间地头举行各种祭祀活动。最隆重的是每年的开秧门，几乎成了哈尼族的盛大节日，全村老幼身着新衣，带着象征丰收在望的染成黄色的糯米饭和米酒来到田间，在层层梯田中，老人们互致祝福，孩子们尽情玩耍，青年人对唱山歌，农人们挥鞭耕田。庄严美丽的哈尼梯田，不但是他们与自然抗争的伟大创举，而且是举世无双的一大人文地理景观。无怪乎元初名臣刘秉忠随忽必烈远征云南，当看到前人修筑的块块梯田，不禁写诗赞道："鳞层竹屋依岩阿，是岁秋成粳稻多。远嶂屏横开户牖，细泉磴引上坡坨。"到了宋代，梯田获得较快发展，不但在我国西部、西南部多有出现，中部、东南部的丘陵山区也得到迅猛发展。在福建，"其人垦山垅为田，层起如阶级然，每援引溪谷水以灌溉。"在浙江天台山东麓的奉化一带，"凡山巅水湄有可耕者，累石堑土，高寻丈而延袤数百尺，不以为劳。"在广东新兴、罗定一带，农民在梯田上蓄水养鱼种稻。在四川果州、合州、戎州一带，"农人于山垅起伏间为防，潴雨水，用植粳糯稻，谓之嶂田。"

梯田在不同地区修造的形式和效果是不同的。西部黄土高原地区的梯田，主要是拦截天然降雨，防止水土流失，以起到蓄水、保水、保土及保护生态的作用。这些地方的梯田一般无水可揭，无泉可引，农业的收成主要靠拦截天上水，蓄纳地表水。而"南方熟于水利，官陂官塘，处处有之；民间所自为溪陂、水荡，难以数计，大可灌田数百顷，小可溉田数十亩。"若高田，凿陂塘蓄水以灌之，无法自流灌溉者，则利用水车提水以溉之。宋人"水无涓滴不为用，山到崔嵬犹力耕"的诗句，就反映了我国南方农人梯山而田、滴水不弃、寸土不舍的精神。

三

在与山争地的同时，北方冀、鲁、豫等地的盐碱地改良也颇见功效。自秦汉起，我国农民对沿海沿江地带的盐碱地实施改造，采用修渠引水的工程措施，将碱卤之地变为膏腴良田。隋代人们就注重盐碱地的改良利用。据《隋书·元晖传》记载："开皇初，（元晖）拜都官尚书，兼领太仆。奏请决杜阳水灌三時原，溉舄卤之地数千顷，民赖其利。"唐宋时，盐碱地的治理已成规模之势，"京东、京西乃至冀州、沧州等地，俱引黄河、滹沱、漳水淤田"，通过大规模引浑淤灌，使大量的盐碱地化为良田。据《宋史·河渠志》载，京畿周围的中牟、开封、陈留、咸平等县，经过连年放淤，使昔日碱卤之地"尽成膏腴，为利极大"，淤后土质"极为细嫩，视之如细面"。到元明时，盐碱地治理手段愈益丰富，出现了工程措施、耕作措施、生物措施相结合的治理模式。如渤海环海盐碱地带，大面积采用沟洫台田压碱，"排沟筑岸，沟田分明"，既起到抬高田面防止返碱之效，又达到阻水排水洗碱之功。山东等地农民还发明了客土回填技术，即把原有地面的碱土挖出，另取新土肥土回填，或去除表层碱土，将下层好土翻入地表，再经培肥，同样收到很好的效果。还有一些碱卤之地，农民在其上广种苜蓿、茗草，连续种植数年，碱退而地肥，然后改种五谷蔬果，收益颇丰。这种工程、耕作、生物措施并举，多项技术并施的综合治理方法，大大提高了盐碱地的治理效果。

另外，在黄土高原丘陵沟壑区，为应对严重的水土流失，晋、陕黄河沿岸农民，还创立了一种新的沟壑治理模式，即在坡地上修梯田或造林种草，在沟道内打坝淤地。这种治理模式，大约起源于明代，清代广为推广。其技法类似于现代的小流域治理。通过治理，山上有林草覆盖，山坡有层层梯田，共起拦蓄泥土之效，而沟道内打坝淤地，形成一块块平展肥沃的沟坝地，基本上做到了土不下山，水不出沟，水土流失得到有效控制。而所建成的沟坝地，则如同一块块小平原，地面平坦，土层深厚，土壤肥沃，水分充足，增产效果十分显著。从生态农业的角度看，是当地条件下最有效的治理方法。

正是这种锲而不舍的精神，改变了我国农业立地条件差、土壤贫瘠、宜农耕地先天不足的状况，从而奠定了我国农业繁荣兴盛。

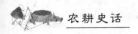

精耕细作集约化

我国农业从进入传统农业时代，就逐步迈上了精耕细作之路，并在实践中不断丰富和完善。这种精耕细作之路，是以劳动集约为主的一种经营形式。它的主要内容是，在充分发挥和利用劳动力资源的前提下，以深耕耙耱、培肥改土、抗旱排涝、选用良种、适时浇水、合理密植、间套复种、精细管理等一系列农艺技术为基础，实现农业的稳产、高产。这些方法和措施，构成了我国独特的农业集约经营体系，成为推动我国数千年农业发展的不竭动力。

一

传统农业精耕细作的精华，首先体现在对土地的耕作管理上。早在锄耕农业阶段，我国先民在使用耒耜等翻土农具修建大规模农田沟洫的同时，就创立了"畎亩耕作法"。可以说它是我国农业生产技术的重大进步。春秋战国之际，我国传统农业逐步走向系列化和集约化，土地耕翻和整理初步走向精细化。春秋以前的文献中，谈"耕翻"的内容并不少见，但没有"深耕"之说。到战国时，深耕已成为常见的述语散见于先秦诸子的著述中。《孟子·梁惠王上》就有"深耕易耨"的记述；《管子·小筐》中也提到"深耕、均种、疾耰"；《韩非子·外储说左上》也有"耕者且深，耨者熟耘"的描述；《吕氏春秋·任地》中则有"五耕五耨，必审以尽，其深殖之度，阴土必得"的叙述，表明当时的人们已经认识到深耕的重要性。这是因为，我国北方地区农业发展的最大障碍是干旱，黄河流域的土壤主要为黄土，质地疏松，蓄水功能差，蒸发率高，加之天雨少而不时，发展生产只能走蓄水保墒的道路。深耕能增厚土壤耕作层，充分发挥土地的含水潜力，使土壤墒情保持适于农作物生长的最佳状态。但是，仅靠深耕还不能解决土壤水分的蒸发问题，必须辅之以"疾耰、细耨"。这里所说的"疾耰"，即是指土地深耕后，及时破碎土块，平整地面，使土壤细碎形成地表覆盖层，切断土壤蒸发孔道，达到保墒、提墒的效果。"耰"是一种原始的碎土工具，俗称"木榔头"或"木斫"。在耙、耱未出现之前，是主要的碎土农具。而所谓细耨，则是指农作物生育期的中耕锄草，"耨"本身是一种原始的短柄小锄，既可用于碎土、松土，也可去除田间杂草，乃是当时使用广泛的整地工具。

从秦汉到魏晋南北朝，我国北方旱地耕作技术日趋走向成熟，铁犁逐步取代了耒耜，牛耕逐渐代替了人工耕翻，加之耙、耱等农具的相继出现与使用，人们已经掌握了因时因土耕作，《齐民要术》对此做了详细总结。比如在土地耕翻上，强调"秋耕欲深，春耕欲浅；初耕欲深，复耕欲浅。"在耕翻质量上，要求"犁行要窄"，做到"犁廉耕细，垄行均匀。"除了耕翻，该书还着重介绍了耙耱的好处，指出耙耱不仅能"耙碎土块，匀平土地，便于播种"，还能防止"土壤水分蒸发散失"，提高"抗旱保墒能力"。

在农田耕作中，不能不提汉代的代田法与区种法。两者都是当时最有效的增产方法，是精耕细作的重大举措。前者是在"畎亩耕作法"的基础上出现的，操作措施是用耕犁开沟作垄，垄沟与垄台逐年互换，今年种垄台，明年种垄沟，轮番利用地力。其法"抗蚀、保土、养力、能耐风与旱"，用地养地相结合，是一般大田稳产、高产的重要方法；后者的功用是深耕穴种，说白了就是坑种法，其最大好处是不耕旁地，"庶尽地力"，集中施肥、浇水，抗蚀保土，防旱抗旱，可密可稀，是山坡旱地实现增产的可靠途径，特别适用于缺乏耕牛和大农具、土地少而质量差的农户。正如《氾胜之书》所说："诸山陵近邑高危倾阪及丘城上，皆可为区田。"

在精耕细作过程中，中耕除草也是重要的环节。伴随着农业生产的发展与进步，人们已经意识到中耕在农作物增产中的作用。它既能疏松土壤，又能调节和涵养水分，可以起到保墒、提墒、晾墒之效；在清除杂草的同时，还可以给植株壅土培根，以利固苗和培育壮苗；此外它还有间苗、定苗、匀苗的功能。此时的农民对中耕已很讲究，很多俗语在民间广为流传："头锄早、二锄深、三锄贵浅耘""锄地没巧，贵在锄早、锄小、锄了""锄不厌数，勤为根本。"这一时期中耕农具的发展也是多种多样，见于《齐民要术》记载的有锄、耙、耢、锋、耩、手拌斫等。禾苗刚长出时用耙、耢，禾苗稍高时用锋、耩。锋和耩都是由古犁发展而来的畜力中耕农具。锋有浅耕灭茬保墒作用，耩则可以把土推向两旁，用以壅苗。不过在中耕中使用最多的还是锄。这一时期的锄形式很多，最常用的锄是上部呈弯曲状的平口锄。既保持了锄刃的宽度，又减少了锄体上部所占的空间，使用起来灵活自如，便于在庄稼垄行间穿行。至于"手拌斫"，可能是专用于菜圃园田中的一种手锄。

二

传统的精耕细作农业，不但反映在土地耕作上，还表现在农作制度的改进与发展上。我国农民在"勤于耕畲，土熟如酥；勤于耘籽，草根尽死；勤于沟塍，蓄水必盈；勤于粪壤，苗稼倍长"的辛勤劳作下，还创造了充分利用地力的高产栽培法。早在春秋战国时，我国北方旱田已有连作复种技术。《管子·

治国》记载："河、汝之间，早生而晚杀，五谷之所蓄熟也，四种而五获。"意思是在黄河与汝河一带，有较长的无霜期，五谷生长发育充分，能达到四年五作，这是对连作复种制的最早记录。而成书于西汉的《氾胜之书》，已提出"趣时、和土、务粪泽、早锄、早获"的整体观念。所谓趣时，即赶在最适时令耕作；和土，是耕、锄、耙、糖的一系列措施；务粪泽，则是施肥与浇水；而早锄、早获，是中耕除草，田间管理的具体要求。这是在当时条件下，对精耕细作各个环节的系统阐述。北魏贾思勰所著的《齐民要术》已有轮作倒茬、合理密植的记述。

从农业发展的轨迹看，秦汉魏晋南北朝的数百年间，是我国农业轮作复种的奠基期。在北方黄河中下游地区，初步形成以麦豆秋杂轮作为主要形式的两年三熟制。冬麦在当时农作制中处于中心作物的地位，在轮作复种制中以推广冬麦为前提。冬麦为秋种夏熟的作物，对间套、轮作、倒茬，提高复种指数具有特别的意义。在南方则创始了双季稻和麦稻两熟的种植制度，东汉杨孚的《异物志》就有"交趾稻，夏冬又熟，农者一岁再熟"的记载。这里的"交趾"包括广东、广西部分地区，"夏冬又熟"指的是当时的双季稻。南朝时宋国的盛弘人在《荆州记》中说，淮阳郡及其附近用温泉水灌溉水稻，实现"一年三熟"。至于稻麦轮作可能起始更早，距今 3 000 年的剑川海门口遗址，就同时发现稻和麦的遗存。东汉张衡的《南都赋》已有稻麦轮作的描述，反映了汉水流域一带出现的稻麦轮作情况。

隋唐宋元时期，我国农业轮作复种渐成规模并逐步跨入多熟制阶段。受气候及战乱的影响，北方旱作农艺技术，到隋唐时已处于发展迟缓乃至停滞的状态。这时的黄河流域，主要是小麦代替粟黍成为主粮，形成以冬麦为纽带的两年三熟制。当时的农民往往在冬麦收获后赶种一茬秋作，或荞麦或绿豆或黍子，两年三熟较为普遍。《旧唐书·刘仁轨传》有这样一段记载，唐贞观十四年，关中"秋稼丰收"，农家"始拟禾下种麦"。这里的"秋稼"就是农家当年麦收后赶种的一茬秋作，收获后正准备下种小麦。

而此时的南方，随着水田农业的发展，涌现出丰富多彩的种植形式，轮作复种、多熟制有了较快的发展。唐代郑熊的《番禺杂记》中用大量篇幅记述早稻、晚稻的种植，表明华南地区的双季稻种植已成规模。唐人樊绰在《蛮书》中记述云南滇池一带"自曲靖以南，滇池以西……从八月获稻，至十一月十二月之交，稻田种大麦，三四月即熟。收大麦后种粳稻。"唐开元十九年，扬州"橹生稻二百一十五顷，其粒与常稻无异。"这里说的"橹生稻"则是收割后的自生稻。它应是双季稻之"两造三熟"。概因其"土热多霖雨"，使"稻粟皆再熟"。

宋代，南方的种植愈加多样。特别是占城稻的引进推广，在长江流域获得迅速传播。该品种原产于越南，具有耐旱、耐瘠、早熟等优点，促进了南方稻麦两熟和双季稻的发展。江南水田普遍形成稻稻、稻麦的两熟制，旱地或麦或桑或豆或麻或蔬进行轮作。宋室南渡后，南方轮作复种制有了更大的发展。轮作范围扩展到木棉、西瓜、蚕桑、甘蔗等多种作物，出现间作套种的雏形。成书于元代的《农桑辑要》专篇介绍这种技术："正月种大麦，二三月种山药、芋子，三四月种谷、大小豆、豇绿豆，八月种二麦、豌豆，节次为之……谷、豆、二麦各种百余区，山药、芋子各一十区，通收约四五十石，数口之家，无饥矣。"南宋《陈旉农书》在总结南方农田多熟种植时，不仅记述了双季稻的生产，而且记载了稻麦、稻豆、稻菜、麦豆、麦桑以及桑田间套等多种种植模式，评价这种模式"能知时宜，不违先后之序，则相继以生成，相之以利用，种无虚日，收无虚月，一岁所资，绵绵相继。"这里的"相继以生成"，是说复种轮作应遵循先后顺序，"相之以利用"，是说生物间互利互养、互相促进的关系，而"种无虚日，收无虚月"，则表明对土地的充分利用。这是对当时间套复种、多熟种植的高度概括。

明清之际，我国农作物种植结构发生了重要变化：一是原有高产作物水稻与小麦种植面积继续扩大；二是原有的一些作物经过精心培育形成高产优势，以谷子、高粱最为显著；三是不断引进外来品种，玉米、甘薯、棉花、花生等作物已陆续传入，并开始广泛种植，很大程度上改变了我国大田生产的种植格局。轮作复种与间作套种有了广阔的发展空间，多熟制更加多姿多彩。清人刘贵阳在《说经残稿》中说："坡地两年三收，初次种麦，麦后种豆，豆后种蜀黍、谷子、黍稷等""水地二年三收，亦如坡地，唯大秋概种穄子"。另据《嘉庆河南密县志》载："凡地二年三收，则割麦种豆，豆有大小二种，五月麦后耩种，七月中旬出荚，八月中旬成熟。"已形成谷—麦—豆—杂为主的轮作方式。长江流域水田耕作区则稳定达到了一年两熟，在闽江和珠江流域甚至形成了一年三熟。明代《万历福州府志》记载，当地农家"每于四月刈麦之后，仍种早晚二稻，故岁有三熟。"

<h2 style="text-align:center">三</h2>

伴随着轮作制与间套复种的综合运用，我国的多熟制种植呈现出复杂化、多样化的趋势，绝不是用"几种几收"可以概括得了。据清代的《江南催耕课稻编》介绍："吴、昆终岁树艺，一麦一稻，麦毕刈，田始初，秧于夏，秀于秋，及冬乃获"，这是太湖地区的二熟制。同治年间的《江夏县志》云："早秧

于刈麦后即插，六月中获之；插晚秧，仲秋时获之。"这是湖北武汉一带的"麦、稻、稻"一年三熟。在北方，清人杨双山就关中地区所记述的"一岁数收之法"和"二年收十三料之法"，也是综合运用间套复种、多熟种植的典型例证。所谓一岁数收，即"冬月预将白地一亩，上油渣二百斤，再上粪五车，治熟。春二月种大兰，苗长四五寸，套栽小兰于空间。挑去大兰，再上油渣一百五六十斤。俟小兰苗高尺余，空间遂布粟谷一料。及刈去小兰，谷苗至四五寸高，但只黄冗，经风一吹，雨水一灌，苗即暴长，叶青。秋收之后，犁治极熟，不用上粪，又种小麦一料。次年麦收，复栽小兰。小兰收，复种粟谷。粟谷收，仍复犁治，留待春月种大兰。是一岁三收，地力并不衰乏，而获利甚多矣。"而二年十三料之法，即"一亩地，纵横九耕，每一耕上粪一车，九耕当用粪九车，上油渣三千斤。俟立秋后种苤蒜……俟天社前后，沟中种生芽菠菜一料，年终即可挑卖。及起春时，种熟白萝卜一料，四月间即可卖。再用皮渣煮熟，连水与人粪淹过……四月间可抽蒜薹……五月即出蒜一料。起蒜毕，即栽小兰一料。小兰长至尺余，空中可布谷一料，俟谷收之后，九月可种小麦一料。次年收麦后，即种大蒜。如此周而复始，二年可收十三料。"这是我国北方地区农业综合应用间套方法，高度利用时间和空间，实行立体、多维种植的光辉典范。

最能代表明清时代传统农业发展水平的，是一种更高型态的立体种植模式，可以说它已是生态农业的雏形。这一创举首先出现在我国苏杭嘉湖平原和珠江三角洲等人口密集地区，当地农民为应对人多田少的矛盾，依照生物间"食物链"的关系，创造出了一个新的更高层次的人工生态环境，把动物和植物、生物和非生物组成一个有机的整体，既相互依存、相互利用，又各安其位、各有所产，形成了以粮、畜、桑、果、鱼等多生物共处、多层次利用的良性循环的有机农业，不仅获得了良好的经济效果，同时取得了最佳的社会、生态效应。据李诩的《戒庵老人漫笔》记载，明代苏州常熟人谭晓居于水乡，"田多洼芜"，他趁乡民"逃农而渔，田之弃弗辟者以万计"的时机，低价购买了大量田地，雇佣了百余乡民为其劳动，将低洼处皆凿为地，四周围以高塍，"辟而耕之"。开挖出来的水池"以百计，皆畜鱼"，池上筑舍养猪、鸡，鱼食其粪易肥。"塍之平阜，植果属，其污泽，植菰属，可畦植蔬属，皆以千计"。鸟凫昆虫之属也不放过，"悉罗取而售之，亦以千计"。上述出卖鱼、果、蔬菜、鸟凫昆虫等的收入"视田之入复三倍"。谭晓以农起家，大量购置低洼荒地，综合发展，空间利用又很巧妙，效益是普通农田的三倍。可以说这是一个以商品生产为目的的农林牧副渔综合利用的立体化经营农场。而这样的立体化经营模式，一直延续到清代，比较驰名的桑基鱼塘、果基鱼塘、稻基鱼塘、蔗基鱼塘就是很好的范例。以桑基鱼塘为例，《高明县志》记载："将洼地挖深，泥复四周为基，中凹下为塘，基六塘四，基种桑，塘养鱼，桑叶饲蚕，蚕屎喂鱼，鱼粪肥桑，或取池之水，用以灌稻、灌禾，两利俱全，十倍禾稼。"可以说这是一种多生物多层次的立体园田，它从大田扩展到水体，从种植业扩展到多种经营，多业并举，优势互补，循环利用。其最大特点是利用生物间的互养关系，组成合理的食物链和能量流，实现生态效益和经济效益的统一，把土地利用率提高到了一个崭新的高度。

栽桑养蚕织云锦

众所周知，我国是世界上最早栽桑养蚕、缫丝织绸的国家。古代希腊人、罗马人称我国为"塞里斯"，意即"丝国"。可以说，从农业产生之初，我国劳动人民就对蚕桑事业极为重视，在浩如烟海的农业遗产宝库中，蚕桑、丝织有着深厚的历史渊源，在古老的农业文明进程中占据着重要的地位。

一

桑树是中国古老的天然树种之一，其树干可以打制家具和农具，桑椹可食可入药，桑叶可以养蚕，先民对它的认识由来已久。在上海崧泽新石器遗址中就发现了大量的桑树花粉遗存，表明当时的人们在垦山为田的过程中，已有意识地保留了这一树种，或者开始了人工植桑。而人工植桑是与养蚕业的兴起紧密相连的，从大量史籍的记述中可以看出，我国对于蚕桑的利用不仅很早，而且有一个由野生到家养的发展过程。山西夏县西阴村仰韶文化遗址中曾出土了半个丝茧，经鉴定为野生蚕茧，说明当时的人们已开始利用野生茧丝。而浙江吴兴钱山漾良渚文化遗址中所发现的丝和丝织品，鉴定为家蚕丝，证明这一时期已开始了家蚕饲养。

我国在黄帝时就有了蚕桑的传说。相传，黄帝之妻嫘祖就擅长栽桑养蚕，并发明了丝织。不过从夏代始，植桑养蚕逐步走向繁荣。夏代历书《夏小正》中就有"三月摄桑，妾子始丝蚕"的记载。表明当时的人们已经掌握了养蚕的季节和时令，而且主要由妇女、儿童从事饲养。但客观地说，这一时期野生蚕的饲养仍占主体。《史记·夏本纪》记载："莱夷为牧，其筐酓丝。"所谓莱，即指今胶东半岛，而"酓丝"则是柞蚕丝，也即野生蚕之蚕丝。

进入西周时代，桑树栽培已很普遍。《诗经》中说："南山有桑，隰桑有何""十亩之外兮，桑者泄泄兮""无逾我墙，无折我树桑"。当时已有大面积的桑林、桑田。山上与原野中，甚至农家的院墙里都可见到栽植的桑树。农家采桑养蚕的情景也跃然诗中："春日载阳，有鸣仓庚，女执懿筐，遵彼微行，爰求柔桑。"用今天的话说，即是在春光明媚、百鸟争鸣的日子里，姑娘们手挽篮筐，去采摘那柔嫩的桑叶。这种田园风光式的场景令人向往。不过此时的蚕桑生产，主要分布于周族的发祥地陕西关中一带和黄河中下游地区。到了春秋战国，伴随着农业技术的广泛运用，蚕桑生产得到迅速发展，齐鲁之地的蚕桑基地随之形成，遍及兖州、豫州、徐州、扬州、荆州等多个地区。"肇农桑树畜为养民之本，开女工蚕织作衣被之源"渐成时尚，成了农业构成中一项重要经济活动。

此时在栽桑育蚕技术上已积累了一定的经验，并有专著问世。荀子的《蚕赋》就是最早的蚕桑著作，书中不仅对蚕的习性、形态及化育过程作了详细的论说，对桑树的栽培定植、修剪、采摘及桑园管理也作了系统阐述，反映了当时家蚕饲养所达到的技术水平。这时的农户除栽桑养蚕之外，还要种麻、采葛，解决自己的衣被来源。这是因为在"衣服有制"的宗法社会中，农夫为"布衣"，只能"绩麻为布"，穿丝绸衣服是奴隶主贵族的专利。栽桑养蚕、抽丝织锦是专为统治阶级服务的，麻的种植才是平头百姓自己的衣被来源。除麻之外，葛也可作衣被。葛是一种野生植物，多生长在河边或沼泽低洼地带，葛皮煮后去胶可织布，织出的布自然比麻布还差一等。农夫用自己的双手和血汗栽了桑，养了蚕，抽了丝，织成了绫罗绸缎，却没有缘分自己享用，只能"绩麻为布、服之无斁"，这正是当时农家生活的真实写照。既反映了封建礼法的苛刻，也说明当时的桑蚕业还不太普遍。

秦汉之际，蚕桑生产在整个农业生产中几乎和粮食生产并驾齐驱，形成了"农桑并重"的生产格局。陕西、河北、河南、江苏、山东及荆楚等地，是当时蚕桑生产发达的地区。《汉金文录》说，民间有靠蚕桑生产发财的"大富虫王"。陕西关中地区，蚕桑生产历史悠久，生产的丝织"白素"，驰名中外，与山东的鲁缟、齐纨相齐名。在桑树栽培上，从整地、翻耕、播种到田间管理、整枝修剪及桑叶的采摘，已形成完整的技术体系。尤其是地桑的出现，成为当时桑树栽培技术的一大进步，据《氾胜之书》记载，地桑是用人工整枝控制桑树高度，促进根部分叉分枝，增加桑叶产量的一种技术措施。在饲蚕技术上，已有二化蚕出现。所谓二化蚕，即一年两获。最初的人工饲养，一年只养一季春蚕，现在却能"原蚕一岁再登"，一年饲养两茬。这一技术的产生应用，极大地提高了当时的蚕丝生产水平。

此时不但家蚕饲养日益繁荣，柞蚕饲养也渐成规模。柞蚕也叫野蚕。"野蚕成茧，大如卵，弥漫林谷"，当时的人对其只知其用，不知其养，任其生息。两汉之际，我国胶东半岛开始了大规模的人工饲养，虽然它仍是野外放养，但加入了人工的全程管护，减少了鸟类与各种自然灾害的损伤，使茧丝产量和效益大幅度提高。《古今注》记载："汉元帝永光四年，东莱东牟山有野蚕为茧，茧生蛾，蛾生卵，卵著石，收得万余石，民以为蚕絮。"如此大量的柞蚕成茧，显然是人工精心管理的结果。

二

在丝织生产上，男耕女织的经济形态已经形成，民间已出现"年年机杼劳役，绘成云锦天衣"的织女。这些织女"红缕葳蕤紫茸软，蝶飞参差花宛转，一梭声尽重一梭，玉腕不停罗袖捲"，织出了巧夺天工、灿若云霞的丝织品。丝织品的迅速发展和日益丰富，打破了时人穿衣着装的等级界限，丝绸衣饰不再限于富人独享，平民阶层也可享用。西汉桑弘羊在《盐铁论》中曾这样描述："古者庶人耆老而后衣丝，其余则麻枲而已，故命曰布衣。及其后，则丝里枲表，直领无袆，袍合不缘。夫罗纨文绣者，人君后妃之服也；茧铀缣练者，婚姻之嘉饰也；是以文缯薄织，不鬻于市。今富者缛绣罗纨，中者素绨冰锦，常民而被后妃之服，亵人而居婚姻之饰，夫纨素之贾倍缣，缣之用倍纨也。"可见当时的丝织业已达到辉煌的程度，以至平头百姓也能穿丝着绸。丝织业的发展，促进了商业集市的繁荣。许多原本荒凉偏僻之地，伴随着丝织业的兴起，居民日增，自成市井。还极大地促进了与国外的商贸交流，著名的"丝绸之路"由此形成。

隋唐五代，蚕桑业在北方的河北、河南、山东诸地仍很昌盛，古籍中常说的鲁桑，就是山东地区多种桑树的总称，被誉为是最优良的树种，南北朝以来就享誉国内。《齐民要术》介绍说："鲁桑百，丰绵帛，功省用多。"当时的齐鲁蚕桑业很繁盛，青州一带是鲁桑的中心，饲蚕、织绸相当活跃。"织作冰纨绮绣纯丽之物，专以冠带履天下。"杜甫曾写诗赞曰："齐纨鲁缟车班班，男耕女桑不相失。"地处河北道的定州等地，蚕桑的规模也不亚于鲁地。据《通典·赋税》记载，每年定州所贡高级纺织物：细绫1 270匹、两窠绫15匹、瑞绫255匹、大独窠绫25匹、独窠绫10匹，无论品种或是数量堪称全国各州之冠。该州织绫大户何明元，资财巨万，家有绫机五百张，大大超过了洛阳官绫锦院的数量，而且形成了生产销售一条龙，成为我国最早工商兼营的典型代表。此时的长江流域也出现繁荣的景象，形成了以成都平原和太湖流域为中心

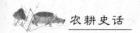

的生产区域。蜀地蚕桑之盛，堪称长江流域第一。而太湖流域的润州、常州、苏州、湖州、杭州等地，处处倚蚕箔，家家下渔筌，民间机杼轧轧相闻，高级丝织品琳琅满目，层出不穷。锦、纱、罗、绫、缎、绒、绰，绚丽多彩，极妙穷奇，驰名中外，享负盛誉。江淮间旷土尽辟，桑柘满野。隋唐以前丝绸的外销主要靠陆路。这条路东起长安，经由玉门关、古楼兰、于阗、大宛、波斯，形成了一条举世闻名的陆上"丝绸之路"。而到此时伴随着丝绸业的长足发展，海上贸易空前活跃，开辟了一条以海运为主的海上"丝绸之路"，中国丝织品源源不断输往世界各地。

两宋之际，桑树栽培技术又有了新发展，《农桑辑要》用大量篇幅系统介绍了这些技术措施，涉及到桑树育苗、移栽、嫁接、压条、施肥、整枝、病虫害防治等多项生产环节。其中，桑树嫁接尤为完备，几乎囊括了嫁接法之大全。在种植上大量出现桑粮间作、堤坝植桑，形成"桑下麦青青，陂岸绿茵茵"的景象，实现了粮食种植与植桑饲蚕的完美结合。在蚕丝饲养管理上，从浴蚕、催青、收蚁、上簇、选茧、剥茧、贮茧到缫丝、织造上，已形成一套完备的技术体系。

三

随着蚕桑业的高度发展，江南一些地方蚕与织逐渐分离，形成了高度集中的专业化生产，出现了专以织帛为业的专业大户。他们独立于植桑养蚕之外，专事纺绩织造。南宋孝宗乾道年间，婺州义乌县有8个乡的山民专以"织罗为生"。徽州也有许多"机户"以丝织为业。"缫车噪噪风雨声，茧厚丝长无断续，今年那暇织绢着，明日西门卖丝去"，就是对从事丝织手工艺人的咏诵。蚕桑养殖与丝织业的分离，不仅提高了丝织工艺，也推动了商品经济的进一步发展。

明清以降，伴随着棉花生产的普及，蚕桑生产受到一定的冲击，桑事略显衰落疏阔。但在某些地区，蚕桑业不仅没有衰落，反而保持了蓬勃的势头。如浙西嘉湖、四川的阆中、广东的顺德、山东的临朐等地，仍是丝织中心，涌现出许多新兴的丝织业大市镇。各地相继推出负有盛名的丝织品，如四川的蜀锦、江宁的宁绸、吴江的吴绫、湖州的湖绸、山西的潞绸、安徽的万寿绸、贵州的遵义绸等，可谓是异彩纷呈，莹心辉目。

此时在桑树栽培技术上的一大突破是桑田园林化。嘉湖地区栽桑养蚕比种植粮食作物有更高的效益，故而出现大面积的桑园，甚至一些可种水稻的田也改种桑树。广东珠江三角洲地区创造了鱼塘桑基方法，用开塘挖出的泥土培基栽桑，坑塘内放水养鱼，效益倍增。桑树品种也有更大的发展，明代黄省曾的

《蚕经》中记载有柿叶桑、紫藤桑；《沈氏农书》介绍有荷叶桑、木竹青等。清初的《乌青文献》又列举了密眼青、白皮桑等十多个品种。它们都是嘉湖农民培育出来的优良品种，故又称湖桑。各地常有到嘉湖一带购买桑苗的，以至在嘉兴、湖州出现专以繁育培植湖桑为业的农户，促使该地桑农用嫁接法较大量地繁育桑苗，最初采用的是平头接，后来又创造了袋接法。此法简便易行，大大提高了嫁接繁育的效率。明代后期，以地桑为主的桑园迅速兴起，通过矮化密植、剪枝定型，实现占地少、产出高的高度集约化生产。桑园的光、热、水、气资源得到充分的利用，桑叶的单位面积产量得到相应的提高，民间出现"举手不见天，一亩采三千"的农谚。

这时的育蚕技术也有了重大突破。人们已经能利用杂交技术来培育优良蚕种，见诸史册的有两项改良：一是用北方的黄丝雌蚕与南方的白丝雄蚕进行杂交；二是用一化性雄蚕与二化性雌蚕进行杂交，培育出新的优良变种。新品种显现出了较好的杂交优势，具有体质强健，能耐高温，抗逆性强，适应性强等诸多优良特性，为蚕丝生产提供了丰富多彩、优质高效的种质资源。与此同时，丝织业的织造工具——高级手工织机，也在不断改进、提高。经过长期的发展演变，到明中叶出现了织造提花大花纹的花楼机，迅速在南方多地普及应用。随着织造工具的进步，丝织物日益精致丰富，出现许多工艺复杂的特色产品。特别是福建织工林洪将原来的五层缎机改进为四层，织出的"改机"绸缎，由四层经线和两层纬线组成，其两面花纹相同，质地薄润，色彩柔和，工艺精巧，手感舒适，保暖性极强，成为丝绸中的珍品。

饮茶品茗悦心神

中国是茶的故乡，世界上第一部茶叶专著唐代陆羽的《茶经》说："茶之为饮，发乎神农氏，闻于鲁周公。"传说"神农尝百草，一日遇七十毒，得荼而解之。""荼"为何物？即茶之古称。最早提到茶的文字记载的古籍是《诗经》。《诗经·邶风·谷风》有"谁谓荼苦，其甘如荠。"晋人郭璞注释说，这种如栀子的小树，冬天生叶，可以煮作羹饮，采的早的叫茶，采的迟的叫茗，另一种称呼叫荈，蜀地人称之为苦茶。最初的"茶"写作"荼"，如湖南的茶陵，唐以前皆为"荼陵"。随着茶业的发展，"荼"逐渐演变成"茶"。明代学者顾炎武考证说，"荼"是从唐会昌元年（841年）柳公权书写《玄秘塔碑铭》才减去一划的。陆羽在撰写《茶经》时正式将"荼"减去一划，改"荼"为"茶"，从此，"茶"的形、音、义才固定下来，传至今日。

一

我国先民对茶树的栽培利用，得益于对野生茶树的发现。这种野茶树形似"瓜芦木……至苦涩，取为屑茶饮，亦可通宵不眠。"陆羽在《茶经》中也说："茶者，南方之嘉木也，一尺二尺乃至数十尺，其巴山峡川，有两人合抱者，伐而掇之，其树如瓜芦，叶如栀子，花如白蔷薇。"这些记述，指的都是原始的野生茶树。从发现茶树到利用它使其成为遍及千家万户的"比屋之饮"，都是先民亲历亲为亲身实践的结果，它经历了一个漫长的历史发展过程。人们在没有发现茶之前，夏则饮水，冬则饮汤，借以解渴。中国饮茶、艺茶始于西南，即今四川一带。据《华阳国志》记载，武王灭殷后，以其宗姬于巴，爵之以子，其地"园有芳蒻、季茗。"应该说这一记述是可信的，因为巴蜀地区有天然茶树生长的优越条件，茶业的起源应当很早。《华阳国志》列举了多个产茶盛地，如涪陵郡"出茶、丹漆、蜜蜡""什邡县，山出好茶""南阳、武阳皆出名茶""平夷县，山出茶蜜。"而且"丹、漆、茶、蚕皆纳贡之。"《华阳国志》成书于晋代，但所记的史实包括了战国、汉代乃至西晋等多个朝代。

西汉时，巴蜀地区已成为茶的消费中心和茶市集散中心。西晋张载《登成都楼》诗说："芳茶冠六清，滋味播九区。"同代孙楚在《出歌》中说："姜、桂、茶、荈出巴蜀。"三国魏人张揖在《广雅》里说，荆巴等地采茶制成饼状，"成以米膏出之。"说明四川的茶业不仅兴盛且以饼膏形式在市场上流通。这一时期，茶作为四川的特产，还以贡茶形式送入皇宫。顾炎武在《日知录》中指出，自秦人取蜀以后，饮茶在中国逐渐传播开来。秦汉至西晋，巴蜀一带的茶叶不但日益昌盛，且逐渐东移扩散，向长江中下游地区发展。湖南茶陵的命名就同茶的东移有关。茶陵是西汉时设的县，唐以前一直写作"荼陵"。《衡州图经》说："茶陵者，所谓山谷生茶茗也。"可见秦汉时期，茶的应用和生产，已由巴蜀转向湘、粤、赣等毗邻地区，向华东、华南发展了。据《荆州土地记》记载，当时长江中游茶业繁盛，"武陵七县通出茶，最好。"西晋杜育的《荈赋》说当时茶的种植"弥谷被岗"。晋室东渡后，长江下游及其东南沿海的茶业也得到较快发展，《桐君录》说："西阳、武昌、晋陵皆出好茶。"晋陵即今江苏常州，可见茶的种植已发展到华东及东南一带。

进入唐代，对茶的记载、论述和吟诵多了起来，反映了茶的生产和饮用愈益兴盛。统一而强盛的唐王朝，在促进社会、经济进步的同时，也带动了茶业生产、消费和贸易的发展。当时的茶业产地已约略等同于今天的茶叶产区。《封氏闻见记》说，国人饮茶蔚然成风："古人亦饮茶耳，但不如今溺之甚，穷日尽夜，殆成风俗，始于中地，流于塞外。"关西、山东的村落里，一天不吃饭可以，但"不得一日无茶"。边疆少数民族也把茶作为生活中不可缺少的饮料。茶不再是贵族、官僚的享用品，成了大江南北普通百姓的日常饮用品。

正是唐代饮茶的普及和茶业的发展，才出现了第一部茶学的经典著作《茶经》，并成就了陆羽的"茶圣"地位。陆羽，字鸿渐，复州竟陵（今湖北天门）人，生于公元733年，卒于公元804年。他于唐上元元年（760年）来到浙江苕溪（今浙江湖州）隐居。隐居其间，经常独行野外，深入农家，采茶觅泉，评茶品水。他从小居住于茶的产地，接触了众多茶农，品尝了当地名茶圣水，才写成了世界上第一部茶学专著。《茶经》成书于公元758年，全面记载、论述了茶的起源、产地、效用、生产过程、饮茶器皿、饮茶风俗和有关茶的历史资料，既是对我国上古以来茶业发展的系统总结，也是对当时茶业生产的一个完整记录。《茶经》第一次列出了"八道四十三州"茶叶产地，包括今四川、陕西、湖北、云南、广西、贵州、湖南、广东、福建、江西、浙江、江苏、安徽、河南等14个省区。

二

远古时代，人们是把茶当药草使用的。他们从野生茶树上采摘嫩梢嫩叶，开始是生嚼，后来加水煮成羹汤饮用。这种茶粥苦涩如药汁，所以称"苦茶"。秦汉以后，人们从实践中摸索出一种半制半饮的制茶煮茶方法，采集茶叶制成米膏状的茶饼，在火上灼成赤色，饮用时打碎，研成细末，倒入壶中煎煮，加入葱、姜、桔等调料。这种方法比以前的茶粥有所改进，但饮茶仍像喝菜汤，"与瀹蔬而啜者无异。"唐之后，经陆羽引导提倡，饮茶日趋讲究，制茶之法也愈益进步。《茶经》记载，当时制茶已有蒸、捣、拍、焙、穿、封等多道工序，即将采好的茶叶先放入甑中蒸，蒸过的茶叶用杵臼捣碎，而后装入铁范里压成团饼，再将其穿起来焙干、封存。饮用时捣碎，用风炉和釜煎煮，燃料用木炭或硬柴，茶汤趁热饮用。可以说唐代茶业的兴盛，是和陆羽倡导有关的。《新唐书·陆羽传》评价道："羽嗜茶，著经三篇，言茶之源、之法、之具尤备，天下益知饮茶矣。"

茶兴于唐而盛于宋。宋代茶业和饮茶更为普遍，出现了许多以茶为业的农户和大规模的茶园。宋人吕陶在《净德集》中说到四川茶业时，曾写诗赞曰："九峰之民多种茶，山山栉比千万家，朝晡伏腊皆仰此，累世凭恃为生涯。"其实不只是四川，当时产茶区已遍及淮河及秦岭以南大半个中国，大大小小的茶

园数不胜数，既有官办茶园，也有私家茶园，尤以私人茶园居多。私人茶园的经营规模大小不一，"多者岁出三五万斤，少者只有一二百斤，居民例以采摘为衣食，自采俱焙。"伴随着茶业的迅速发展，饮茶已成为当时全国老少咸宜、贫贱同尝的习俗。北宋名臣王安石在《临川集》中说："夫茶之用，等于米盐，不可一日以无。"把茶等同于柴米油盐酱醋，成为上至达官显贵、下至普通百姓开门七件事不可缺少的生活必需品。宋、辽互市中，宋以茶同辽国贸易，茶是宋辽贸易的大宗商品。

宋代茶饮发展变化的另一个标志，是从团茶、饼茶向散茶的演变。团茶、饼茶制作工艺繁琐，煮饮费时，同饮茶越来越普及的现状很不适应。普通民众日益需要价格低廉、煮饮方便的茶品，于是一种新的制茶工艺——散茶制作逐步发展起来。散茶是将采下来的茶叶蒸青后，不经压制，直接烘干，呈松散状的一种茶叶。虽说当时全国大部分地区仍以片茶、饼茶为主，但在某些产茶盛地已有散茶生产。宋代采摘茶叶的技术也较唐代讲究，宋子安在《东溪试茶录》中记载："凡采茶必以晨兴，不以日出，必以甲不以指。"证明宋人对茶之质量、茶之叶形等都很讲究了。

明清是我国饮茶与茶业的鼎盛时期，制茶技术发展到了很高的水平，特别是散茶的制作技术有了极大的提高。宋以前散茶生产以蒸青为主，即以蒸焙的方式制茶。到了明代，普遍改蒸青为炒青。蒸青和炒青仅一字之差，则是中国制茶工艺技术上的重大突破。通过炒青形成杀青、摊凉、揉捻和焙干的完整生产过程，使散茶的生产与消费走向全国，成了饮用的主要特色。

与此同时，茶叶产地日益增广，名茶品种日益繁多。除大宗的绿茶生产外，其他茶类如黑茶、花茶也得到相应的发展。四川在明洪武初年就生产黑茶，湖南许多地方在明万历年间改制黑茶。花茶创始于宋代，但发展是在明代，当时用以窨茶的鲜花除茉莉之外，还扩展到木樨、玫瑰、蔷薇、兰蕙、橘花、栀子、木香、梅花、莲花等十几种花卉。红茶大约创制于明代，最早提到红茶的是明中叶的《多能鄙事》。清以后，红茶迅速传到江西、浙江、安徽、湖南、云南、四川等地，并形成许多名品。这时民间饮茶空前普及，有钱人吃好茶，穷人也能吃粗茶，"粗茶淡饭分外香"。作为生活的必需品，茶已成为全民族的饮用品。大到选茶、用水，小到茶具、火候、烹沏，无不讲究，茶文化成了人民大众的俗文化，茶馆、茶楼遍地。

三

我国劳动人民在发现、生产和饮用茶的实践中，不断探索、总结和改进，创制和形成了品种繁多的中国茶，其中有很多久负盛名，驰名中外。①浙江顾渚紫笋，又名湖州紫笋。它创制于唐，产于长兴的顾渚山。其品优良，其味甘醇，饮过之后，宿食全消。唐代诗人张文规写诗赞曰："凤辇寻春半醉归，仙娥进水御帘开；牡丹花笑金钿动，传奏湖州紫笋来。"②浙江龙井茶，始于宋，盛于明，产于杭州西湖群山之中。向有"湖山之茶，名甲天下"之说。明代屠隆著的《茶笺》说："天开龙泓美泉，水灵特生佳茗。"③江苏碧螺春，明末清初形成的名茶。以形美、色艳、香浓、味醇"四绝"而闻名中外。当地农民采这种茶，必置怀中，不炒，自然天成。④安徽黄山毛峰，始于宋嘉祐年间，产于黄山绝顶。气息恬雅，芳香扑鼻，名山名茶，当为茶品中第一。⑤江西双井茶，盛于宋，天下名茶。《宋史·食货志》记载，可与紫笋、阳羡、月铸相媲美。宋代欧阳修曾写诗称颂："白毛囊以红碧纱，十斤茶养一两芽，长安富贵五侯家，一啜龙须三日夸。"⑥庐山云雾茶，盛于明，其历史可追溯自汉代。该茶"焙而烹之，其色如月下白，其味如豆花香。"⑦湖南君山银针，产于岳州，唐代就很驰名。刘禹锡在《望洞庭》中说："遥望洞庭山水翠，白银盘里一青螺。"据考证《红楼梦》里提到的"老君眉"茶，就是君山银针。⑧福建武夷茶，始于唐代，及宋而盛。该茶清芬扑鼻，饮之舌有余甘。宋、元、明三代都被列为贡茶。⑨四川蒙顶茶，产于成都名山县的蒙顶山，由于太名贵，自唐就列为贡茶，一般小民是尝不到的。唐代黎阳王赞曰："若教陆羽持公论，应是人间第一茶。"⑩云南普洱茶，始于唐，盛于清。制作精良，色浑味浓，历久弥香。具有暖胃、生津、助消化，减肥、抑菌、降血脂、醒酒、解毒、提精神的功效，是茶中之上品。

在名茶不断问世，饮茶不断盛行的同时，茶具也日益讲究起来。古人煮饮茶叶，最初使用的是用陶土制作的缶。这是一种食饮兼用的茶具，既用来盛饭，也用来煮茶，并没有什么专用的器皿。随着饮茶的日益兴盛，逐步出现茶壶、茶碗、茶杯、茶盘等专用器皿。秦汉时吃茶要先将饼茶捣碎研末，注入沸水，加葱、姜、桔调味，饮茶已有简单的专用器皿。最早提到专用茶具的是西汉的王褒，他在《僮约》中说，泡饮茶茗应先"烹茶尽具"。意思是烹茶之前要将各种茶具洗净备用。东汉时期，已出现色泽较纯、有一定透明度的青釉瓷器。前些年，在浙江上虞出土了一批东汉瓷器，其中有碗、壶、杯、茶盏、托盘等，经北京、上海、浙江等地考古单位鉴定，认为是世界上最早的瓷茶具。证明我国先民很早就为饮茶的需要设计和制造茶具了。中国不仅是茶的故乡，也是茶具的故乡。

唐代制茶、饮茶的兴盛，进一步推动了茶具的发展。陆羽在《茶经》里第

一次全面地记载了各种茶具的名称、规格、造型、用途。这些茶具包括有煮茶器具；盛水、滤水器具；盛茶、饮茶器具；盛放茶具的器具；洗涤器具，涉及28种专用茶具。在茶具的制造与使用上相当排场。1987年陕西法门寺地宫出土了一套唐代茶具，是迄今最早最完整的茶具物证。这套高档的宫廷茶具，包括金银茶具、瓷器茶具、琉璃器茶具。

古代早期的茶具以陶器为主。唐宋时瓷质茶具逐渐代替了陶质茶具。瓷质茶具最负盛名的是景德镇的瓷器。它始于唐，盛于宋，明代已是全国的制瓷中心。当时生产的茶具，造型精巧，质地细腻，书画雅致。明代《帝京景物略》中有"成杯一双，值十万钱"的说法。与景德镇瓷器同样驰名的是宜兴的紫砂茶具，它造型新颖精巧，质地薄而坚实，在明代就有"胜于金玉"的美誉。在明清两代，瓷茶具以景德镇为首，陶茶具以宜兴紫砂陶为最。

四

饮茶是一种享受，杯茶在手，可闻香观色，怡悦情性。古人对品茶有"一人得神，二人得趣，三人得味，七八人是施茶。"的说法。一个人饮茶，一边品饮，一边沉思，茶助神思；和一二知己在一起，边品茗，边促膝谈心，更是一大乐趣。茶还是一种待客、敬客、留客的高雅礼节。客来敬茶，以茶留客，成为人际交往、朋友相聚极普通的礼俗。茶更是一种祛病之药。早在唐代，李勣、苏敬等人撰写的《新修本草》就有关于茶的药理作用的记述："茗，苦荼，味甘，苦，微寒，无毒；主瘘疮，利小便；去痰，热渴，令人少睡。秋采之，主下气，消宿食。"唐代诗人卢仝在《走笔谢孟谏议寄新茶》中，描写了茶奇妙的药理作用："一碗喉吻润。两碗破孤闷。三碗搜枯肠，唯有文字五千卷。四碗发轻汗，平生不平事，尽向毛孔散。五碗肌骨轻。六碗吃不得。唯觉两腋习习清风生"。

明代医学家李时珍在《本草纲目》中说："茶，苦而寒……最能降火。火为百病之源，心肺脾胃之火多盛，故与茶相宜。"又说茶"兼能解酒食之毒，使人神思阆爽，不昏不睡……煎浓饮，吐风热痰诞。"

我国先民在长期的饮茶实践中，不断发现和总结出它的药用功效，简称"二十四功效"。即少睡，安神，明目，清头目，止渴生津，清热，消暑，解毒，消食，醒酒，去肥腻，下气，利水，通便，治痢，去痰，祛风解表，坚齿，治心痛，疗疮治瘘，疗肌，益气力，延年益寿。按现代药理学对茶叶中所含成分分析，这些药理作用都是有的，只不过有的表现作用强些，有的表现作用弱些。

畜禽驯养史犹长（上）

我国的农耕文化涵盖甚广。狭义的农耕只限于种植业，而广义的农耕，不仅有种植业，还有养殖业、林果业，甚至包括农副产品加工业。可谓是农林牧副，多业并举。我国从原始农业初期，就走上了农畜并举的发展之路。两者的形成几乎无法区分孰先孰后。早在原始农业出现之前，处于采集狩猎时代的远古人类，在控制和掠取野生动物的同时，逐步熟悉了各种野生动物的生活习性，开始对一些动物进行驯化饲养，从此揭开了动物养殖的序幕。

先民最早驯养的动物是什么？还得从传统的"六畜"讲起。"六畜"是我国先民最早驯养的六种动物，包括猪、狗、牛、羊、鸡、马六种畜禽。大约在新石器时代的早、中期，已陆续驯养成功。陕西临潼姜寨新石器遗址发掘的畜圈和畜场就是最好的例证。在这个遗址中，有饲养小畜的畜圈，紧靠人们的居所；有大畜夜卧的大型畜场，远离人的居所。说明当时畜群庞大，畜种多样。有的需要精心饲喂，故需圈养；有的适宜放牧，只需夜卧围场。

从发掘的地下遗存来看，猪是迄今发现最早的家畜。广西桂林甑皮岩遗址，是我国家猪饲养的重要标志。在这个遗址中，出土了大量的猪骨遗存，经C_{14}测定，距今约 9 000 余年，是我国目前发现最早的驯养动物。在黄河流域，距今 8 000 年的河南新郑裴李岗和河北武安磁山遗址中也出土了家猪骨骼；距今 7 000 余年的浙江余姚河姆渡遗址中同样发现了家猪骨骼。这种南北在同一时段内同时出现家猪喂养的情况，既表明我国家猪起源是多元的，又表明当时家猪饲养已达到很成熟的程度。南北各地先民已分别把当地的野猪驯化为家猪而广泛饲养。到了仰韶文化时期，猪已成为我国农区最重要的家畜。原始社会遗址出土的家养动物遗骨，以猪骨数量最多。这一重要地位的出现与形成，是与种植业为主的定居农业相适应的。

在我国其实狗的驯养可能更早。考古学界普遍认为，人类在游猎经济时代已经驯化了狗。人们驯养它，不单是为了食用和取得皮毛，还为了助猎。从发掘的地下遗存来看，迄今发现的最早的家狗遗存，是河北武安磁山出土的家狗遗骨，距今约 7 300 年，比猪骨遗存的发现晚了近 2 000 年。与武安磁山遗址时代相近的河南新郑裴李岗遗址、浙江桐乡罗家角遗址也出土了家狗的遗骨。

狗的祖先是狼，狗是由狼驯化来的。遗址中出土的狗骨已与狼有很大的区别，已接近于现代的家狗。表明它的驯化程度很高，驯养时间很久。狗最初是作为人类狩猎的助手出现的，但进入农业社会后，它除了助猎以外，还为人类提供肉食。磁山遗址出土的狗骨很破碎，是人们食后的残留。《礼记·少仪》中就记载了狗的三种用途：一是提供肉食，二是助猎，三是看家护院。春秋战国及至秦汉，是我国历史上养狗业最发达的时代。狗是当时重要的肉畜，农家养狗像养猪鸡一样普遍。墨子说，四海之内粒食之民，没有不养犬彘的。并出现专门以"狗屠"为业的屠夫。长江下游的吴、越之地，养狗、食狗之风更盛。越王勾践为加快人口增殖，妇女每生一男，奖赏食犬一只。由于狗在畜牧业中有很重要的地位，故被列为"六畜"之一。这种风尚一直到魏晋南北朝时才逐步下降。北魏的《齐民要术》讲畜牧，牛、马、驴、骡、羊、猪、鸡、鹅、鸭都谈到了，唯独无狗，可见其地位已经淡化了。

在诸多畜群中，牛也是最早驯养的动物之一，分黄牛、水牛和牦牛三大类。黄牛的祖先一般认为是野生原牛。在我国东北、华北等地曾发现原牛的遗骨化石；距今 7 000 多年的河北武安磁山遗址曾发现黄牛的遗骨。在陕西西安半坡和临潼姜寨的仰韶文化村落遗址中，有结构简单的棚圈或圈舍遗迹。其中出土了包括牛骨在内的多种家畜遗骨，表明黄牛被驯化为家畜，不晚于新石器时代中期。水牛由亚洲原水牛驯化而来。在距今 7 000 年左右的浙江桐乡罗家角遗址和余姚河姆渡遗址中已有家养水牛的遗存。从目前的考古发掘看，还可能追溯到江西万年仙人洞遗址。牦牛，古称旄牛，来源于原始的牦牛。家养牦牛起源于我国青藏高原，牦牛的驯养者是古代羌人。羌人中有一支叫牦牛羌，即因善养牦牛而得名，起源至少有 4 000 年的历史。

无论是黄牛、水牛、或是牦牛，一经驯养就成为重要的家畜之一。在农区，它是农耕的主要动力；在牧区，它既是运载工具，又是优良的肉乳皮革，我国先民在牛的饲养管理和良种繁育等方面积累了极其丰富的经验。

羊的起源可能和黄牛的起源是同步的。最早确定的家羊，是河南新郑裴李岗遗址出土的羊骨骼，距今约 7 000 多年。它分为两种：一种是家山羊，一种是家绵羊，羊被驯化后，发展迅速。在北方龙山文化时期的诸多遗址中均可见到家羊的遗存；在南方良渚文化遗址中发现的家羊遗骨也很丰富。随后兴起的游牧民族，均把养羊视为他们主要的衣食之源。在其养殖结构中，羊始终是畜群的主体，在畜牧经济中占有相当的比重。而在广大农区，羊成为主要的肉畜，备受农民的重视。春秋末的猗顿、西汉时的卜式，均以牧羊致富。

鸡的驯养可追溯到新石器时代的早期。河北武安磁山遗址出土的鸡骨，是世界上已知最早的家鸡遗存。据不完全统计，截至 20 世纪 80 年代末，我国考古发现的历代鸡骨、鸡蛋、鸡模型、鸡舍、鸡笼等文物 180 多处，说明我国养鸡的历史非常悠久。鸡的祖先是野生的红色原鸡，被人类驯养后，成为农家的主要家禽。养鸡的主要目的是提供肉食和蛋品，由于它投资少、见效快，历来是个体小农优先选择的养殖项目。战国时代的孟子曾经指出，每个农户如果养"五母鸡、二母彘，无失其时，老者足以无失肉矣。"

马是我国历史上重要的役畜之一，历来被奉为"六畜"之首。无论农区或牧区都广泛饲养和使役。马的祖先可能来自阿尔泰山的野马，历史非常悠久。我国出土最早的马骨遗存是在西安半坡遗址，距今约 6 500 年。根据古史传说，早在黄帝及尧舜时代，已出现役使马牛驾车挽重的情况。《通典·王礼篇》中有"黄帝作车"的表述；《史记·五帝本纪》中有"帝尧彤车乘白马"的记载，表明早在距今 5 000 年的时候，马已用于驾车。我国考古界在山东历城子崖、甘肃永靖马家湾和江苏南京北阴阳营等新石器晚期遗址中，出土了较多的马骨和马牙。其中永靖大何庄齐家文化遗址出土的马下颌和马臼齿，经鉴定和现代马无异。西周至春秋战国的大量文献中，记载了很多马拉战车作战的情况，骑术也在这一时期得到发展，被应用于各种交通、传驿。到了魏晋南北朝时期，还有用于农耕的记述。《魏书·食货志》记载"时有以马、驴及橐驼供驾挽耕。"

以上这些，只是从地下发掘或文献记载中发现的人类早期驯养动物的成功范例。在漫长的历史长河中，人类究竟驯养过多少动物？哪些获得了成功，哪些归于失败？期间经历了多少代人？付出了怎样的艰辛？今人是难以想象和知晓的。我们所知的是，野生动物的驯养要比野生植物的驯化困难得多。把无拘无束、野性十足的动物驯服，使它的后代按照人的意愿发生遗传变异，把优良性状保持下来，使其延续繁衍，其困难程度是可想而知的。并不是所有的动物都能驯养成功，"物竞天择，适者生存"的规律，不仅适用于各种动物的生存繁衍，同样适用于人类对它们的驯化饲养。只有充分认识和掌握各种畜禽的生理特性、生活习性以及所处的地理气候环境诸因素，并依照它们的不同特性，创造适宜它们生养繁育的环境和条件，才能够获得成功。在驯化中人们首先要顺应它、满足它，而后才能调教它、改变它，最终驯服它。

一

先民驯养动物的成功，开创了我国畜牧业的发展道路，从此家畜饲养日益兴盛起来。到新石器晚期，已出现"六畜兴旺"的景象。不仅意味着这些畜禽饲养的规模越来越大，而且标志着动物驯养的种类不断增加。进入夏商周时期，畜禽饲养已呈现出全面繁荣的状态，新的驯养动物相继出现。大约在夏初，我国西部少数民族已有驯养驴的历史。迄今最早的家驴遗存，见于甘肃永靖秦魏家齐家文化墓地，距今约 4 000 年。它可能由野生骞驴驯化而来。夏商周三代及秦汉，我国西北地区的养驴业相当兴盛，到西汉中期传入中原。东汉以后驴已成为民间常畜，除肉食、祭祀外，还是交通运输的重要役畜。汉代已有驮运、驾乘的记载；南北朝时，已是农家重要的耕畜。

勤劳睿智的中国先民，不但成功驯养了驴。而且通过马和驴的远缘杂交，繁育出新的杂交后代——骡。据文献记载，商代北方农民敬献王朝的贡品中，就有马、驴杂交的后代，当时称其为"駃騠"。骡的出现和饲养至少有 3 000 年的历史，繁育技术一般选择体大的公驴和体壮的母马相交配，出生的后代即为骡。骡一般无生育能力，公骡不精，母骡不产。骡具有较强的杂交优势，抗病力强，好饲喂，有耐力，比马、驴的力气大，是优良的驮运、挽耕役畜，很快就成为农耕和交通运输的重要畜种。

到了商代还有人工养鱼的记载："贞其雨，在圃渔"。意思是在园圃内捕捞所养的鱼，这是人工养鱼的最早记录。这一时期还出土有麋鹿、家鸭、家鹅等畜禽。我国驯养野鹿的历史可追溯到新石器时代，陕西临潼姜寨遗址的牲畜夜宿场中，即有不少鹿骨出土，说明黄河流域原始居民很早就驯化和饲养鹿了。但从后世的发展情况看，养鹿长期限于皇家园林或药商的养殖场，没有像羊、猪那样成为普遍饲养的家畜，考古发掘也不多见。而最多发现的是家鸭、家鹅，分布很广。在福建武平岩曾采集到新石器时代的陶鸭；在安阳殷墟曾出土雕刻的石鸭；在江苏句容浮山果园还出土过西周时期的鸭蛋。在浙江、广西等多地发现陶质、石质的鹅造型，表明在商周时期鸭、鹅已被驯养。家鸭的驯养，源于野鸭中绿头鸭和斑鸭，而家鹅则主要由野雁中的鸿雁驯化而来，古人称鹅为舒燕，曾被列为六禽之首。据三褒《僮约》记载，西汉时养鹅、养鸭已是重要的家庭副业了。

二

可以说夏商周时期，是我国家畜家禽迅速繁殖的时期，畜禽种类不断扩张，品质数量不断增加。从出土的甲骨卜辞中获悉，马、牛、羊、猪等家畜已是当时的主要祭品。祭祀用牲量很大，一次百头以上者不乏其例，最多可达"五百牢"（即牛羊猪各五百）或"千牛"（一千头牛）。商周时期的祭祀非常频繁，既有国家的祭祀，也有民间的祭祀。据称："牛是奴隶主的主要祭品，猪则是普通百姓的祭品。马、牛等大家畜已广泛用于运输和战争，出兵打仗都用马车。所谓服牛乘马，是驾车出征。"

到了春秋战国，家畜饲养在整个经济活动中已占有相当显著的地位。牛耕、马耕逐步取代人力出现于农田作业中，畜禽饲养已是农家常事。养殖业的兴盛，推动种植业快速发展，而畜禽饲养也借助种植业提供的饲草、饲料，获得更大的发展空间。两者形成相互依存、相互促进的关系，初步迈上了良性循环的发展之路。

畜禽驯养史犹长（下）

秦汉以降，中国建立了统一的中央集权封建帝国，畜牧业生产的经营管理体制逐步趋于完备，在国民经济中的地位日益提高，形成了具有显著特征的区域化生产。

一

一是以马、牛、羊等食草家畜为主的游牧类型。主要分布于我国长城以北、以西广大地区。这一地区雨量稀少，不宜农耕，但有广阔的天然草原。聚居于这里的匈奴、乌孙、西羌、乌桓、鲜卑、柔然、女真、蒙古等少数民族相继代兴，他们虽"无城郭常居，亦无耕田之业"，但却拥有广袤的地域，丰盛的水草。依仗着得天独厚的优势，逐水草而居，随牲畜转移，食畜肉，饮湩酪，衣皮革，被毡裘，住穹庐。以畜群为主要生活来源，过着居无定所的游牧生活。畜群结构以羊为主体，马占有特殊重要的地位，同时还有驴、骡、骆驼等牲畜。饲牧方式规模大，集约化程度高，形成了"牛马衔尾，群羊塞道"的壮观景象。

二是以马、牛、羊等食草家畜为主的半农半牧区。主要分布于长城以南、黄河两岸的狭长地带。它是农业种植与畜牧业的过渡地带。这一地带降雨并不丰润，但可基本满足多种植物生长的需要。地形复杂，既有丘陵沟谷，也有平原河川，水草肥美，宜农宜牧，"农家多农牧相兼"。饲养业以家庭为主，舍饲和放牧相结合。农耕历史悠久，农家养牛渐成风气，大量用于耕田。

三是以猪、羊、鸡、鱼等为饲养对象的农业养殖区。主要分布于黄河流域以南和长江流域的广大地区。这一地区自定居农业起，以猪、羊、鸡、鸭为主的饲养业即已形成。到两汉时期家养一两头猪已是常事，养羊、养鸡很普遍。据汉代《家政法》一书介绍：人工养鸡、养鸭蔚然成风。向有水旱不忧"天府之国"的成都平原，则盛行稻田养鱼；关中、巴蜀、汉中地区有池塘养鱼的记载。

二

进入唐宋，我国畜牧业养殖结构发生了较大改变。出于军事战争的需要，马的繁育饲养备受重视。唐初，在今甘肃、陕西、宁夏和青海等宜牧地区设有48个监牧，迁徙和广招流民，养马70多万匹。"凡驿马给地四亩，莳以苜蓿"，且依时供给饲料。政府对牧民有严格的考核标准，繁殖增畜率、成畜损亡率与奖惩挂钩。宋神宗年间，王安石变法，推行户马制度，散马于民，遂使民马有很大的发展。而农民对牛的饲养尤为重视，"牛废则耕废，耕废则食去""农功所切，实在耕牛"。故牛的饲养广布民间。一个五六口的农户，拥有50亩地1头牛，被认为是合理的资源配置。每一中等以上农户基本上都拥有耕牛，贫穷的下户也可通过合养或租借获得耕牛的使用。据宋代《陈旉农书》记载，农户对耕牛倍加爱护，饲养过程不但注意选择和调配草料，而且根据季节适当安排使役，以防耕牛受寒暑之害、困苦瘦弱之弊。母牛产犊后不满月不离槽，单圈饲养，精心照顾，一个半月后才可轻套缓使。

进入明清，由于传统牧场和内地牧养条件的变化，大畜饲养逐渐走向衰落。明代民间养马业经过金元各朝的摧残，养殖规模大大缩减。俟至清代，统治者为了削弱人们的反抗，实行禁养马匹的政策，民间养马寥寥无几。与农业关系最密切的养牛业，随着人口增加，可供放牧的草场、草山不断被转换为农田，养牛的地盘越来越小，放弃耕牛成了贫苦农民的"理性"选择。当时经济发达的江南地区，铁搭之所以再次盛行，主要是由于养牛业萎缩的缘故。

与大畜情形不同，猪羊和家禽的饲养却得到持续的发展。为了满足对粪肥和肉食日益增长的需要，猪、羊饲养普遍受到重视。明代《沈氏农书》说："种田地，肥壅最为要紧……养猪羊为农家第一着。"据有关资料记载，陕南农家"喂畜猪只，多至数十头，至市集成千累万，船运襄阳、汉口售之。"川陕交界的南山、巴山等地，农民"取苞谷煮酒，其糟喂猪，一户中喂猪十余口，卖之客贩……以为山民盐布、庆吊、终岁之用。"这里属于边远山区，人少地广，粮食较多，如把粮食挑到集市销售，路途遥远，盘费之外，毫无盈利。故把粮食转化成畜产品，或生卖于客贩，或腌肉作脯转卖，换取货币以资日用，有较好的经济效益。同时农户养羊也迅速发展，驰名的湖羊就出自江南富庶之地。而北方牧区的养羊业也迅速提升，明人谈迁在《北游录纪闻》中记述："北人牧羊，尝以数百为群。暮归从隘道，两人交挺如叉，羊逐一而过，即得其数。"此外民间的鸡、鸭、鹅、鱼生产也相当普遍，江南水乡和四川盆地"家鸭江湖间养者千百成群。"鸡的饲养几乎是"家家筑墙匡，户户闻鸡鸣"

了。至于渔业生产不但广布长江三角洲地区，就连湖北、湖南、四川等省，都形成很大的养殖规模。

<h1 style="text-align:center">三</h1>

伴随着日益兴盛的畜牧业生产，畜禽饲养规模不断攀升，新物种的驯化饲养不断增加。无论天上飞的、地上跑的，甚至水里游的；大到巨兽，小到昆虫，人们尽其所能地拓展利用，以增值更多的物质财富，满足自身多种多样的需要。兔是我国饲养较为广泛的一种动物，驯养历史不晚于汉代，距今约2 000年。《汉书·桓帝本纪》记载："永康元年冬十一月西河言白兔见"。"西河"即今陕晋接壤的黄河沿岸。崔豹在其《古今注》中载："成帝建平元年，山阳得白兔，目赤。"表明汉时就开始了兔的驯养。不过当时养兔多作宫廷和富家玩物，民间饲养量很少。直到明清人们才发现它的肉用和皮毛用价值，广泛饲养起来。清初《闽杂记》说："闽人好食兔，以为珍馔。"这是民间养兔、食兔的最早记载。同期驯养的还有鸽子，广西贵县出土的陶楼模型，有鸽子伏窝的塑像，表明我国养鸽历史至汉代始。唐代中国已有信鸽的记载，并有肉鸽的饲养。宋代已有哨鸽出现，据《宋史》记载，庆历元年，西夏就是靠"悬哨家鸽"的指引包围了宋军。明代养鸽最盛，《本草纲目》说："鸽，处处人家畜之。"清代养鸽更为普遍，民间成立有放鸽会。

在大畜中，驯养成功的还有骆驼，大约在商汤时，骆驼已在西部少数民族地区崛起。《史记》说骆驼是匈奴的"奇畜"之一。西周时青海都兰县诺木洪遗址中，发现骆驼的粪便。战国时期进入中原，首先在接近牧区的燕、代等国被人们饲养。汉代，黄河流域的养驼业也有了较大的发展，大量用于对匈奴、西域的军事行动。李广出征大宛，一次就征调数万骆驼运送军事物资。由于骆驼具有坚强的耐饥渴能力，非常适应沙漠地区恶劣的气候。从汉唐到宋元明清，都是我国西部、北部交通运输的重要役畜。

最值得注意的是蜂蜜的饲养，最早可追溯到先秦时期，距今约有2 300余年。最初人们是收取土蜂（即野蜂）进行驯养。西汉郭璞在为《蜜蜂赋》作注时，曾描述了蜜蜂的生活习性，指出蜜蜂性喜林中作窠，蜂房结构致密，重叠并向阳开启。群蜂分工明确，蜂王乃群蜂之首。西晋张华在《博物志》中记载：农人"收取土蜂，以桶聚之，每年一取。"可见先民驯养蜜蜂是从山林中收取野蜂开始的。从秦汉至隋唐，都是这种招养方法。中唐以后伴随着南方农业的崛起，油菜和果树等盛花作物广泛种植，人工家养蜜蜂逐渐兴起，逐步形成一项获利较高的新型产业。宋元时家养蜜蜂掀起高潮。据《农桑辑要》记

述，蜂农制作蜂箱，"盖小房或编荆囤，两头泥封，开一二小孔使其出入。"北宋诗人苏东坡曾作诗赞道："空中蜂队如车轮，中有王子蜂中尊……小窗出入旋知路，幽圃首夏花正繁。"虽描绘的是蜂群采蜜忙碌的情景，也不难看出当时养蜂业的兴盛。明清家庭养蜂更为普遍，南方出现养蜂数十群的专业户。

四

伴随着日益兴盛的畜牧业生产，畜禽医药技术也得到相应的发展。首先是兽医、兽药在生产上的应用。传说黄帝时期，有马师皇善治马病，曾以针刺唇下及口中，并以甘草汤饮之治愈畜病。到夏商时期巫医已经出现，传说中的巫彭、巫妨、巫庚、巫贤等，都是当地的名医。进入西周，专职兽医开始出现。《周礼·天官·兽医》说："兽医掌疗兽病，疗兽疡。凡疗兽病，灌以行之，以节之，以动其气，观其所发而养之。凡疗兽疡，灌而劀之，以发其恶，然后药之、养之、食之。"可见当时已有专门的兽医师，有了内病和外伤的分科。此外，公马去势，公猪阉割，已能施行。去势后的公马性格温顺，便于驾驭，阉割后的猪膘肥肉嫩，性格温和。春秋战国时期，还出现了专门的相畜术。《淮南子》就介绍了伯乐、秦牙、寒风、管青等四位著名相马师，其中最著名者首推伯乐。伯乐又名孙阳，秦穆公时人，传说他不但相马技术高超，著有《相马经》，而且还是位医术高明的兽医师。而相牛专家莫过于宁戚，据传他是卫国人，著有《相牛经》。当时兽药已分为草、木、虫、石、谷五大类，内科病用水煎汤药灌服或施以针灸，外科病用针刀手术，以去其坏死组织，用涂敷药杀菌。

秦汉到隋唐兽医学已形成较完整的学术体系。民间不仅有专治马病的马医，还有专职的牛医，兽医学专著不断涌现，兽医辈出。中唐以后，唐室行军司马李石在总结前人治病经验，采集先人重要兽医著作的基础上，编撰成《司牧安骥集》一书。该书共四卷，前三卷为医论。后一卷为药方，所录144个方剂，是后世兽医必读的经典著作。它以阴阳五行为理论基础，以类症鉴别为诊断依据，以八邪致病为病理原因，以脏腑学说辨证施治，以六阴六阳建立经络学说，奠定了针灸学之雏形。宋元到明清，兽医外科学得到较快发展，当时已能用针刀巧治多种畜禽疡病。对雄性家畜家禽去势，对母畜摘除卵巢，特别是猪的大挑花、小挑花（大小母猪摘除卵巢）已能普遍施行。

与此同时，畜禽的品种选优、繁育、改良、引进及饲养管理技术也在不断进步。在品种选优繁育上，古代先民创造了多种简便易行的方法。《夏小正》中已有"正月鸡桴粥"的记载，桴即"抠伏"，粥即养育。表明当时人们对鸡的自然孵化习性已有认识。东汉应邵的《风俗通义》中有"鸡稃鸭卵，雏成人水"的记述，解决了当时鸭不能孵雏的问题。《齐民要术》记载了各种畜禽的选育方法和饲养技术。如选取桑落时所下的鸡卵作种蛋，孵出的鸡壮实、脚短、产蛋多、善育雏；用人工所育的虫子喂鸡，生长快，卵品好；鸭具有广食性，以水稗子实饲鸭最好；选择种羊，常留腊月、正月生羔为种者上；母猪应取短喙无柔毛者良；马驴杂交时要父强母壮，才能生出优良的后代；为提高马的品质，汉代曾多次从国外引进良种，由大宛、乌孙引进汗血马、天马、西极马，与当地品种杂交，同时还引进优良牧草苜蓿，以改进饲养条件。为提高畜禽的繁殖能力，增加出栏率，宋代首次出现家禽人工孵化技术。明代人工孵化技术更加发达，方以智的《物理小识》中就介绍了粟火孵、稻糠孵等孵化技术，极大地提高了家禽的繁殖能力。在猪、羊饲养上，不仅出现圈养法、栈养法，且有药物、饲料育肥、催肥技术。清代已出现发酵饲料喂猪的新方法。

林苑群芳果飘香（上）

大自然创造了万物，人类的劳动和智慧又创造了新物种。我们的祖先在漫长的生产活动中，曾创造了无数的文明奇迹，其中，果树的园艺栽培，就是一幅独具特色的精彩画卷。

早在采集时代，我国先民就与林果结下了不解之缘。那时人们在天然的森林原野间蹀躞徘徊，选择和采集可食的林木果实用以充饥。在采集过程中发现，有些果实腥臊恶臭不宜食用，而有些不但可以食用，且味道鲜美，于是开始了有意识的保护和栽培。正是先民的这种无畏尝试与勤奋实践，才有了今天这万紫千红、清香甜美的百果园。

一

从众多的新石器遗址中可以证实，我国是果树栽培的起源地之一。浙江余姚河姆渡遗址中，曾发现六七千年前的野生桃核。河南郑州二里岗新石器遗址中，也发掘出数量极多的野生桃核。河北藁城县台西村商代遗址中发掘的桃核和桃仁，已和现代栽培的桃种完全相同。这些发掘确证我国是桃树的起源地，人们利用和栽植桃树有悠久的历史，是我国先民最早培植的果树之一。

最早记载桃树品种的古籍，是公元前10世纪的《尔雅·释草篇》，当时已有冬桃、毛桃的记述。公元前1世纪汉武帝修建"上林苑"时，群臣奉献的异果中，就有秦桃、褫桃、金城桃、绮蒂桃、柴文桃等桃树品种。随着嫁接和栽培技术的进步，桃树品种更是琳琅满目。明代王象晋所著的《群芳谱》，记载的桃树品种有 40 多个。近代以来发展更快，南至江浙，北至吉林，桃林遍地，品种多达 800 余个。

而堪与桃树并称的是李树，同样有悠久的栽培历史。自古以来人们把桃李并提。李和桃，在植物分类学上都属于蔷薇科的大家族，但同属不同种，李树最早是由野生李树驯化而来，栽培历史至少在 3 000 年以上。《诗经·大雅》中就有"投之以桃，报之以李"的诗句，表明桃和李起源相近，在人们的生活中有同等重要的地位。

据《山海经》记载，早在公元前 3 世纪，灵山、岐山、历山等地，李树种植已相当普遍，皇家常以李果作为祭祀宗庙的果品。西汉"上林苑"中，叫得上名称的李树品种多达数十种。到宋元时代，北方农人种植的李树品种有"核小甘香而美的御黄李；味甜如蜜的均亭李；成熟时自行开裂的擘李；肥黏如糕的糕李"等。被视为是人工精心培育的最佳品种，后世一直广泛种植。而在浙江桐乡还有一种奇特的檇李，果实硕大，艳丽悦目，采摘后贮于瓦罐内六七天，会散发出沁人的酒味芳香，当地农民称之为"醉李"。据记载栽培历史有 2 500 年。

枣树也是栽培很早的果树，是世界公认的七种栽培历史超过 4 000 年（芒果、无花果、海枣、橄榄、香蕉、石榴）的果树之一。我国考古界在浙江余姚河姆渡遗址中，就曾发现大量的酸枣遗迹，而酸枣正是枣树的先祖，表明当时的人们已经利用这种野生资源开始了对它的驯化。在《诗经·豳风》里，有"八月剥枣，十月获稻"的诗句，这里所说的"枣"，自然已是人工栽培的枣了。表明 3 000 年前，黄河流域地区已有成片种植的"枣林川"和"枣林坪"。

千百年来，勤劳智慧的劳动人民不但将野枣驯化为家枣，而且培育出很多名贵的枣树品种，成书于公元前 10 世纪的《尔雅》就记载了很多枣树品种。山西安邑的相枣，向来以果大、肉厚、酸甜适口而闻名，是进献皇家的贡品。山东省夏津县三十里铺村，有一株奇特的枣树，上结果实多样，滋味独特，有长奶头、短奶头、菱形、圆形、扁形、油瓶形、秤砣形、葫芦形等十几个品型。传说是明朝末年栽种的，树龄约 350～400 年，生长繁茂，每年挂果都在千斤以上。是自然形成，还是人工嫁接？至今尚无定论。枣树在我国不论山区、平原、丘陵、沙滩都可以生长，特别是干旱地区更宜栽植，农谚说："淹不死的栗子，晒不死的枣子"，是农民欢迎的"木本粮食"。

二

其实，超过 4 000 年栽培史的果树，还有杏树。远在公元前 2 000 年左右，我国已有关于杏树栽培的记载。最早指导农业生产的历书《夏小正》曾记述："正月，梅杏杝桃则华；四月，囿有见杏"。意思是说，正月梅杏杝桃都相继开花；四月种在院内的杏树已见到果实。夏朝距今 4 000 年以上，当时的人们已经把野生杏树驯化为栽培树种，在田间地头和庭院里广泛种植。

我国是杏树的发源地，在西北黄土高原海拔 1 200～1 800 米干燥砾石山坡和东北的原始森林里，分布着广袤的野生杏林，其果实很小，果皮粗糙，味道酸涩，难以入口。经过长期的人工栽培和嫁接改良，逐步发展成为味美香甜的可食杏树。汉代以来，杏树栽培有了很大的发展，中原很多地方杏林遍地，荒年人们皆以杏果充饥。《全唐诗话》记载江苏徐州古丰县种植的杏园，方圆 120 里。诗人钱起曾描绘说："爱君蓝水上，种杏近成田。"表明唐代杏树已是重要的经济林果，像种大田一样大面积栽植了。

杏树在进化过程中，还派生出梅这个特殊的分枝，是蔷薇科同宗异名的孪生姊妹，自古以来人们都以梅杏并提。梅性喜温、宜湿润而繁衍于南方，杏则爱温凉、喜干燥而盛产于北方。不同气候条件形成了不同的特性，故而出现不同的变异。我国大致以秦岭、淮河为界，淮河向北杏树渐多；长江以南梅树渐茂。历来就有"南梅北杏"之说。

我国梅树栽培的历史也很久远，20 世纪 70 年代，考古界在河南安阳殷墟遗址中就发掘出已经炭化了的梅核，经鉴定距今有 3 200 余年。在长沙马王堆汉墓出土的众多陶罐里，发现了保存完好的梅核和梅干，部分果核还残留着厚厚的黑褐色果肉，表明在西汉时期，长江流域广大地区已盛栽梅树，且能用梅果加工食品了。梅树和桃、李、杏树一样，都是先开花、后放叶，但梅花却在一年中最先绽开，元代诗人阮维祯曾描述："万花敢向雪中出，一树独先天下春"。其临寒冰、傲霜雪的高贵品质为世人所乐道。梅树的果实为扁圆形，质脆味酸，在万千水果中堪称别具风味，可生食也可腌制，既能清热祛暑，又能健脾消食。经加工而成的乌梅，有较好的药用价值。

梨树的栽培历史也很悠久，被人们称为"果宗"，意思是所有水果之祖。远在 3 000 多年前，我国劳动人民就已经把野生梨树驯化为栽培梨树，选择和培育出绚丽多彩的梨树品种。在祖国辽阔的土地上，南起海南岛，北至黑龙江，东自沿海诸省，西达新疆地区，到处都有风味宜人的梨果。梨是由野生梨演变而来的，从采集时代起，人们就从野生梨树中选择那些有甜美滋味的果实

进行栽培，逐步把它驯化为适宜人类栽培的树种，并将其优良特性保存下来。《尔雅注疏》中已把野生梨和人工栽培梨明显区分开来，把野生梨称为"檖"，栽培梨称为"梨"。"其在山之名曰檖，人植之曰梨。"

在梨树栽培上，我国先民培育了许多优良品种。有的果形特大，有的香气袭人，有的味甘多汁，有的耐藏经贮。据《魏文帝诏》记载，真定御梨"大如拳，甘如蜜，脆如菱"。《三辅黄图》说：上林苑中"有梨园一顷，数百株，青翠繁密，望之如车盖"，所产的含消梨"大如升，落地即破"。《广志》中记载的广都梨"重六斤，数人分食之"。宋代的《洛阳花木记》列举当时洛阳栽植的梨树品种多达27个。

明清之际，随着园艺技术的提高，名贵梨果品种更是层出不穷。华北地区广泛种植的鸭梨，肉质细脆，甜中带酸，风味极佳，贮藏中散发着一股诱人的清香味。安徽砀山的酥梨，以果实酥甜而见珍，皮薄质脆，汁多味甜，且耐贮藏。山东的莱阳梨，明初开始栽植，果皮黄绿，质细味甜，汁多浓香，酸甜适口，是敬献皇家的贡品。新疆库尔勒的香梨，果色绿黄，艳丽美观，肉细汁多，浓香味甜，为西北地区的珍贵品种。四川苍溪的大雪梨，果型最大，单果平均在3斤左右，在世界上也列前茅。而广西的四季梨，更加独特，一年多次开花，四季结果。这些璀璨绚丽的梨果，脍炙人口，驰名中外，至今仍是梨果中的当家品种。

在我们日常食用的果品中，要说滋味佳美，营养丰富，食用最多的莫过于苹果了，可以说它是一种大众化的食用水果。我国苹果栽培的历史也很悠久，考古学家在湖北江陵战国古墓中就发现了苹果及其种子，表明我国种植苹果至少也有3 000年的历史。苹果在我国古称柰，亦称沙果。这种苹果，果如梨而圆滑，生时青绿，熟则半红半白或全红，光洁亮丽，香味浓郁，味甘酸，食如棉絮，酥松甜美，不耐贮存。我国西北、华北广泛种植，深受人们欢迎。不过自从西洋系苹果传入后，绵苹果的栽培面积便逐步减少。

公元1870年前后，美国传教士诺维·约翰将西洋系苹果带入山东烟台地区，开始种植。诺维·约翰只带入元帅、倭锦、青香蕉等少数几个品种。后来，随着德国、法国、意大利等国侨民迁入，引进品种渐为丰富。由于西洋系苹果具有果形美观，色泽艳丽，风味香甜，易运耐藏的特点，迅速在我国很多地方传播开来。但真正获得发展，还是新中国成立以后的事情。

三

在人类栽培的果树中，核桃属一种珍贵的干果类植物。它营养丰富，味道香美，用途广泛，适应性强，无论山坡、丘陵都能种植。由于核桃中含油量高达 65%~70%，所以人们又称核桃为木本油料之王。

我国种植核桃有 2 000 多年的历史。传说核桃是张骞出使西域带回来的，经由突厥斯坦进入甘肃、陕西直至内地，故有胡桃之称。西晋张华在《情物志》中记载："汉时张骞使西域，始得种还，植于秦中，渐及东土。"核桃最早引入我国内地时，还只是皇家上林苑的观赏珍果，至公元 4 世纪初才传播到民间。

唐代的《酉阳杂俎》记述："胡桃仁曰虾蟆，树高丈许，春初生叶，长三寸，两两相对。三月开花。如栗花，穗苍黄色，结实如青桃，九月熟时，沤烂皮肉，取核内仁为果。北方多种之，以壳薄仁肥者为佳。"陕西、山西、山东、河南等省许多地方的县志，都有引种核桃的记事。山西汾阳有一株 800 年树龄的老核桃树，至今仍枝茂叶繁，结果累累，被称核桃"老寿星"。郭义恭在《广志》中记载有"薄皮多肌"的陈仓核桃；"大而皮脆，急捉则碎"的阴平核桃。明代徐光启的《咏胡桃诗》，对核桃倍加赞赏："羌果荐冰瓯，芳香占客楼。自应怀绿袖，何必定青州？嫩玉宁非乳，新苍一不油。秋风乾落近，腾贵在鸡头（鸡头，乃当时北方一种名贵的核桃品种）。"

核桃引进之前，我国内地就有一种野生核桃，又叫野核桃、麻核桃、山胡核桃。近代考古界在浙江吴兴钱山漾新石器遗址中，发现了已经炭化的山核桃壳，表明在距今 5 000 年左右，人们就已经采集野生核桃食用了。明代王象晋在《群芳谱》中说，山胡桃"皮厚而坚，多肉少仁，内壳甚厚，须锥子方破。此南方出者，殊不见佳"。

核桃仁富含脂肪、蛋白质、碳水化合物，且含有多种维生素和矿物质。生食甘美适口，炒食齿颊留香。此外，核桃仁还有重要的药用价值。唐代孟诜的《食疗本草》说核桃仁可健脾开胃，通润血脉。宋代刘翰的《开宝本草》说，核桃仁"食之令人肥健，润肌，黑须发。"明代李时珍的《本草纲目》进一步指出核桃仁具有补气养血、润燥化痰、温肺润肠、散肿消毒的功用。

林苑群芳果飘香（下）

北国深秋，多数瓜果都已谢树，而火红的柿果仍然挂满枝头，烘晴映日，灼灼欲燃。我国是柿树的故乡，栽培历史约有 3 000 多年。远古时期，人类在采集活动中发现了可食的野生柿树，它的果实很小，其中有甜味的、涩味的、苦味的。人们通过长期的选择，特别是采用嫁接技术后，果实由小渐大，果味

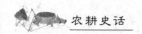

由苦变甘。据《礼记》记载，柿树在周代已有栽培，果品是重大祭祀礼仪上的贡品。秦汉时期，随着农业生产的发展，黄河流域一带已普遍种植，并成为人们重要的栽培树种之一。

西汉王褒的《僮约》就记述了种柿要"三丈一树，八尺为行，果类相从，纵横相当"，表明当时栽植柿树的技术已有发展。公元6世纪贾思勰在《齐民要术》中除对柿树的栽培管理、加工贮藏有详细记述外，还谈到柿树的繁殖技术。书中说："柿有子者，栽之；无者，取枝于软枣、君迁子根上插之。"可见当时柿树繁殖已有种子直播和嫁接两种方法，书中所说的软枣与君迁子，都是嫁接柿树的砧木实生苗。

唐代郭橐驼的《种树书》说："柿树接桃枝则成金桃，柿子连接三次，则全无核。"可见人们已能够按照自己的意愿，通过嫁接改变原有树种的特性。同代的《酉阳杂俎》概括了柿树的七大优势："柿有七绝：一、树多寿；二、叶多阴；三、无鸟巢；四、少虫蠹；五、霜叶可玩；六、嘉食可餐；七、落叶肥厚，可以临书。"这最后一绝，说的是唐代书生郑虔用柿叶代纸书写考中进士的故事。

七绝虽说有些牵强，但有两点是可以肯定的，一是柿树寿龄长，是北方果树中存活较长的树种，树龄可达百年以上。寿命长挂果期就长，相对来讲经济效益就好。二是嘉食可餐，能代粮充饥。明代《嵩书》记载："戊午大旱，五谷不登，百姓倚柿而生。初冬削作饼，鬻钱完赋；即以皮曝干杂橡实、荆子磨而作糊啖之，遂免流移。"该书赋诗盛赞道："嵩山佳柿，盈田塞谷，秋暮霜凝，丹朱奇目，搏饼供租，磨膏代谷，丕济凶荒，功超金石。"可见它还是应急救时的木本粮食。我国柿树品种资源极其丰富，人们利用它培育出许多柿果特产。如盛产于北京、山东、陕西的大磨盘柿，树势强健，抗寒力强，树龄长，产量高，果肉橙黄，汁液甜腻，耐运易贮；河北易县的甜心柿，果实扁圆，味甜赛蜜；陕西富平的尖柿，果肉致密，浆浓味甘，大部分无核，最宜加工柿饼；山东青岛的金瓶柿，果形别致，开花不受精也可结果，是典型的无核柿。

一

天地间万物竞秀，植物界绚丽多彩。在琳琅满目的自然界里，还有一种蜚声于世的果树，名字叫银杏，在植物界中堪称最古老的树种，在植物分类学上独树一帜。大约在1亿年前，银杏还是家族繁茂，拥有许多属和种的大族群。但在古老而漫长的岁月中，它历经沧桑，几遭困厄，最后保留下来的只有这一支族了，是名副其实的远古名贵植物的"活化石"。

银杏树又名鸭脚子，因其叶似鸭掌而得名。北宋初年人们将果实进贡皇帝，因其果似杏而色呈银白，遂赐名银杏。银杏树寿龄长而结果迟，有"三十年而生，三百年而兴""公植树而孙得食"之说。其果实营养价值很高，可生食也可熟食，蜜饯、羹汤无不适宜，入药更有奇功。银杏树是植物界里劫后余生的"孤儿"。在我们祖先的精心培育下，枯木逢春，遍及各地。北起辽宁，南迄广东，西起甘肃河西走廊，东达舟山普陀岛，在海拔千米以下的广大地区，几乎到处都可看到它的苍劲雄姿。山东莒县浮来山定林寺大殿前的一株银杏树，据传树龄有 3 000 多年，被称为"天下银杏第一树"，树高 24.7 米，主干周长 15.7 米，需 9 个人手拉手才能把树围起来。它苍劲挺拔，郁郁葱葱，树冠如华盖翠幡，荫铺达一亩多地，阳春绽花，金秋献果，生机盎然。据《莒志》记载，春秋时鲁国国君鲁公与莒国国君莒子，曾在这株树下会盟。安徽省九华山天台，也有 4 株高数十米、胸围 3 米多的银杏树，根如龙蟠，巨干参天，枝繁叶茂，硕果累累。据古碑记载为商代所栽，距今也有 3 000 年之久了。

银杏品种丰富多彩，最著名的有圆底佛手、大马铃、长柄佛手和大梅核四大类。苏州洞庭西山九洞乡梅园村的佛手银杏，被誉为"洞庭王"，翠绿滢洁，巍峨壮丽。江苏泰兴佛手银杏，自宋代迄今有 700 多年的历史，果仁椭圆，丰硕饱满，味甘隽永，为白果中的上品，园艺家多以此做接穗，进行果品改良。白果除日常食用外，还可入药。主要功能是敛肺气，定喘咳，止带浊，缩小便。熟品可以润肺、平喘、益气、缩便；生品可以除痰、消毒、灭菌、杀虫。

二

在众多食用果树中，柑橘也是一个果树大家，同样源远流长，历史久远。据《禹贡》记载，早在夏禹时代，"厥包橘柚锡贡"。这里所说的"橘""柚"，系指柑橘的不同品种。表明当时南方已广植柑橘，且视柑橘为珍贵果品，用金锡匣盛装包裹贡奉帝王。4 000 多年前，我国长江流域已开始柑橘生产。秦汉以来，柑橘种植面积逐步扩大，司马迁在《史记·货殖列传》中说："蜀、汉、江陵千树橘，此其人与千户侯等。"说明当时的四川、陕西和湖北广大地区，柑橘已成片种植，堪与当时的大地主"千户侯"相比。左思的《蜀都赋》说在四川成都："家有盐泉之井，户有橘柚之园"。张衡的《南都赋》也说，河南的南阳至洛阳一带，"若其园圃，穰橙邓橘"。可见当时的长江上下游和中原大地，到处是一派橙黄橘绿的艳丽景象。进入唐宋，柑橘生产得到进一步发展。

唐代诗人张彤描述江浙一带种植柑橘的盛况："凌霜远涉太湖深，双卷朱旗望橘林，树树笼烟疑带火，山山照日似悬金，行看采摘方盈手，暗觉馨香已满襟。"宋代陈景沂的《全芳备祖》也说，陕西商洛地区"木瓜大如拳，橙橘家家悬"。

柑橘是我国南方广泛种植的果树之一，适应于秦岭和淮河以南的广大地区，我们的祖先很早就掌握了柑橘生产的规律和特性，根据气候殊异因地制宜推广种植，不断选择和培育出丰富多彩的品种类型。东汉张华的《博物志》对柑橘已有分类，明确指出"橘柚类甚多，柑、橙、枳皆是。"唐宋时期的文献，则直接把柑橘划分为橘、柑、柚三大类。宋人韩彦直所著的《橘录》，正式把柑橘界定为柑、橘、橙三种。并依次将柑细分为 8 种；橘细分为 14 种；橙细分为 5 种，合计 27 种。同时他还对每一品种的树冠形状、枝叶姿态、果实大小、果皮色泽、果品味道乃至成熟早晚，作了详细描述，在柑橘分类学上占有极其重要的地位，至今仍有极大的参考价值。

柑橘是水果中的珍品，营养价值很高。它含有极丰富的维生素、糖分和果酸。仲秋采摘，冬春享用，金玉其外，美瓤其中，可谓是"清泉蓣蓣先流齿，香雾霏霏欲馔人"。除鲜食外还可加工果酒、果醋，提炼果酸，种子还可以榨油。同时它还是一味用途广泛的中药，橘皮久存曰陈皮，有理气健脾、燥湿化痰的功能；橘络有活血、通络、利气的功能；橘核有理气、散结、止痛的功能，真可谓全身都是宝。

说到南方的水果，不得不提龙眼。它是我国南方的特产，以其果形浑圆、果肉鲜嫩，色泽晶莹，汁液甘甜而见珍于世。又因龙眼果实酷似古代先民想象中的龙的眼睛，故取名龙眼。古诗盛赞龙眼："圆如骊珠，赤若金丸，肉似玻璃，核如黑漆。"龙眼的另一个名字叫荔枝奴。据陈淏子的《花镜》记载，龙眼在"白露后方可摘，荔枝后方可熟，故称荔枝奴。"凡是生产荔枝的地方均有龙眼分布，它们是同宗异名，亲缘相近，形态相似。只是荔枝的肉厚，味甜而有清香；龙眼肉薄味甜却香味不足。龙眼还有很多绚丽的别名，王象晋在《群芳谱》中就记载了 10 余种名称。古人或缘其源，或类其形，或品其味，将其称为益智、骊珠、圆眼、桂圆等。

龙眼起源于我国亚热带地区，西晋嵇含的《南方草木状》说："南方果之珍者，有龙眼、荔枝……出九真交址。"九真交址在今广东岭南一带。龙眼树是从野生龙眼树进化而来的，在广东、广西的深山峡谷里，有许多野生龙眼树。我国栽培龙眼的历史悠久。《后汉书》记载："交趾七君献龙眼……自汉已然。"魏晋时的刘歆在《西京杂记》中说，龙眼在汉高祖时就有了，是南海尉赵佗千里迢迢自岭南供奉的。《三辅黄图》也说:"汉武帝元鼎六年破南越,起扶荔宫,以植所得奇草异木,有龙眼、荔枝、槟榔、橄榄、柑橘百余本。"可见远在2 000多年前,我国南方就已盛产龙眼了。

野生龙眼结果迟,果实小且少,品质也差,必须进行嫁接繁殖。通常嫁接多在3次以上,嫁接愈繁果实愈满,品质愈好。长期以来广大农民通过精心培育和嫁接,创造出了很多久负盛名、闻名中外的优良品种。如产于福建晋江的"福眼",有800多年的历史,皮薄核小,肉厚质脆,适于鲜食和罐藏,是福建大面积种植的优良品种之一;产于福建同安县的"赤壳",果大肉厚,色淡透明,质脆味甘,可供罐藏、鲜食和制干;产于广东南海县的"石峡",果圆似心脏,肉厚味甘,是鲜食佳品;产于广西的"广眼"果实扁圆,果肉蜡白色,汁多质脆,鲜食、干食皆宜;产于四川泸州的"八月鲜"肉厚汁多,品质极佳,是一个早熟而丰产的品种。

龙眼的营养价值极高,是南方著名佳果之一。含果糖、蔗糖极丰富,且含有人体所需的维生素,深受人们的喜爱。它的药用价值很广泛,苏颂在《图经本草》中说:龙眼"甘平无毒,主治五脏邪气,安志压食,久服强魂聪明,轻身不老。"李时珍在《本草纲目》中也说,龙眼有"开胃健脾、补虚益智"的功效。龙眼肉可以治疗虚劳羸弱,失眠健忘,惊悸怔忡,以及脾虚泄泻,产后水肿等症;龙眼壳、龙眼花、龙眼皮、龙眼根,均可入药。

三

在瑰丽多姿的百果园中,要说馨香脆甜、清凉爽口莫过于葡萄。葡萄在我国的历史算不上古老,汉初张骞出使西域,从大宛、康国和大夏带回种子,开始了大面积的栽植。历经2 000余年,在人们的精心培育下,这个来自远方的珍果,已在我国辽阔的土地上扎根繁衍,享誉四方,和桃、杏、梨、橘一样,蜚声齐名了。葡萄一经引入,便受到人们的青睐。不过最初引入时,园植户种,仅供人们观赏,随后才进入生产领域,开始大面积栽植。葡萄不像其他果树那样高大魁伟,但却能接阴连架,匍匐攀缘,果实"甘而不饴,酸而不酢,冷而不寒,味长多汁。"从汉及魏晋出土的文物可以看出,当时的人们把它编织在绸缎上,谓之葡萄锦;雕刻在铜镜上,谓之葡萄镜,显示了人们对葡萄的无比珍爱。南北朝时期,葡萄栽植面积不仅遍及南北各地,栽培技术也渐成熟。当时的《齐民要术》已记述了北方农民挖坑埋压葡萄藤蔓,使其安全越冬的方法和技术,同时记载了葡萄的保鲜贮存技术。到了唐代不但栽植面积广,品种也愈益优良。《唐书》记载:"太原、平阳皆作葡萄干,售之四方;蜀中有绿葡萄，熟时色绿；云南所出者大如枣，味尤长；广西的琐琐葡萄，大如五味子而无核"。足见当时的品种已相当丰富而精良了。

后世葡萄生产更加繁盛，栽植地域更为广阔。公元13世纪的《马可·波罗游记》，记载了河北、山东、山西等地种植葡萄的情况：从涿州往契丹省向西行10天，沿途常有葡萄园。到太原府城，又见到许多好看的大葡萄园，生长着许多优良的葡萄，酿造出大量的酒，全中国只有这些地方出产葡萄酒，销往全国各地。这是一个外国人对当时北方地区葡萄种植盛况的详细描述。明代李时珍的《本草纲目》里曾谈到四种葡萄，圆形的叫"龙草珠"；长形的叫"马奶头"；白色的叫"水晶球"；黑色的叫"紫葡萄"。可见种植品种已然丰富多彩。清代《回疆志》里说新疆出产的很多优良葡萄品种中"有紫、白、青、黑数种，形有圆、长、大、小，味有酸、甜不同。一种色绿而无籽，较黄豆为大，味甘美；一种白而大者，皆七、八月熟，晾干可致远"。

葡萄的鲜果多汁，滋味甜美，营养丰富，不仅富含糖分、有机酸、蛋白质，且含有多种矿物质和维生素。加之它上市早，夏末秋初，艳阳高照，吃一串鲜葡萄，清脆爽口，别是一番滋味。葡萄果还是酿酒的重要原料，酿出的酒不仅浓郁芳香，回味犹长，且能提神醒脑，开胃健脾，是一种尚佳的保健饮品。东汉灵帝时，陕西扶风县一个叫孟佗的人，给皇帝的宠臣宦官张让送了一斛陈年葡萄酒，竟换得一个凉州刺史的官职。表明当时的关中地区已种植葡萄且已开始酿酒了。

醇酏醯醢绐人间

我们的祖先，在农业生产逐渐形成规模、农产品出现相对剩余之后，便逐步设法丰富和调剂自己的生活，利用自己所生产的东西，通过各种加工手段，创造出多种调剂生活、增加营养的食物和饮品。譬如酒，就是我国先民最早加工而成的饮品之一。可以说，从生产那天起，就开始浸润整个社会，与人们的生活结下了不解之缘。酒源于何时？最初的酒是如何产生的？时至今日，仍众说纷纭。

一种意见认为，我国酒的生产可追溯到距今7 000多年新石器时期的"神农时代"。那时我们的祖先已在淮河流域中游地区定居，开始了农耕生活，粟、黍类谷物的种植，为酒的酿造提供了前提条件。古籍《淮南子》说："清醠之美，始于耒耜"，意思是说锄耕开始以后，丰富了谷物原料，酒也就随之出现了。另一种意见认为，酒至黄帝始。《黄帝内经》中多次提到用酒治病的方法，并记载了一段黄帝与岐伯用五谷造酒的对话。还有一种意见是仪狄、杜康造酒说。《战国策》记述："昔者帝女令仪狄作酒而美，进之禹，禹饮而甘之，遂疏仪狄，绝旨酒。曰：'后世必有以酒亡其国者'。"按此说，仪狄乃夏朝人。关于杜康，《说文解字》说："古者，少康作箕帚、秫酒，少康即杜康。"故后世的酿酒行业，多尊封杜康为祖师，不少地方还兴建"杜康祠"进行祭祀，并把"杜康"作为酒的代称。甚至有人编撰了"杜康造酒刘伶醉"的故事，说："天下好酒数杜康，酒量最大数刘伶……饮了杜康酒三盅，醉了刘伶三年整。"按照这一说法，无论是仪狄还是杜康始作酒，酒都应起源夏代。

近现代大量考古资料证实，早在夏代以前，我们的祖先就已经能酿造酒了，而自然酒在遥远的古代就已经存在了。现代科学告诉我们，凡是含糖分的物质，如水果、蜂蜜、兽乳等，很容易受到自然界中发酵微生物的作用而产生酒。而洪荒时代，草木繁盛，果实盈野，天长日久，温度适宜，果中的糖分经自然发酵，便酝酿成原始的酒。当然自然酒的存在，并不等于说远古时代的人就已掌握了酒的酿造技术。从自然酒到人工酿酒，必然经历了一个漫长的过程。人类的许多发明创造往往是大自然启发诱导的结果，酒的起源也是如此。这一质的飞跃，不是一天两天一年两年，也不是一个人两个人能完成的。

我国最早人工酿酒的确切时间已无法考证，但它应在距今 7 000～8 000 年之间。那时我们的祖先正经历着从旧石器时代向新石器时代的跨越，从采集、渔猎经济向生产型农业、畜牧业经济过渡。相对稳定的生活条件，相对充裕的生活资料，奠定了人工造酒的基本条件。人们将含有糖分且最易获得的野果、兽乳放置在容器中，令其自然发酵，最终形成含有乙醇的果酒、奶酒，于是第一代人工酿造的酒，在不添加任何发酵剂的情况下应运而生了。

考古资料表明，我国用谷物（粮食）酿酒，开始于距今 6 000 年前的新石器时代晚期。谷物酿酒与野果兽乳自然成酒不同，它在未糖化前不能直接发酵。用谷物酿酒，是以农业生产，确切地说是以种植业生产的发展为前提的。新石器时代中晚期，我国的农业种植业生产已有了一定的发展，浙江余姚河姆渡文化遗址中 400 平方米谷物堆积层的发现就是有力的佐证，在仰韶等 20 多处新石器时代文化遗址中，同样发现了贮存粮食的窖穴遗迹。生产发展了，粮食有了剩余，但原始、粗放、简陋的储存方法，常使谷物受潮发芽、长霉；煮熟的谷物吃不完剩下后，过一段时间也会发霉长出真菌，自然而然形成了天然的曲蘖。曲蘖在受到空气和水中微生物的作用，极易发生糖化、酒化，发酵成酒。晋朝人江统在《酒诰》中曾说："有饭不尽，委余空桑，郁积成味，久蓄气芳。"道出了谷物发酵成酒的基本原理。先民对这一现象进行了长期观察、

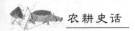

试验，从而了解掌握了生产曲蘖的方法，于是原始的谷物酿酒技术就产生了。

考古学家在浙江余姚河姆渡遗址第二文化层中发现的陶鬶、陶盉、陶杯等酒具，证明了至少在 6 000 年前我国的谷物酿造酒已经产生。在黄河下游的大汶口和龙山文化遗址中，考古学家同样发现了大批的酒具，如大口陶尊、漏缸、陶盆、陶瓮、陶鬶、陶盉、陶杯等，说明 5 000 多年前，黄河下游地区酒的酿造和饮用已很普遍。到了夏商时期，无论是考古发现，还是甲骨卜辞的记载，有关酒和酒具的内容都大量增加。周至秦汉，人们已逐步认识到曲的复式发酵功能，开始用曲不用蘖，用曲酿出的酒乙醇含量高，味道好。可以说曲的制作与应用，是我国酿造史上的一场革命，对提高当时乃至后世的酿酒工艺技术起到了至关重要的作用。唐宋之际，酿酒业更加繁荣，名酒不断涌现。唐初，我国最古老的酒——绍兴酒已著称于世，而且越酿越精，被载入《酒经》，成为皇家贡酒。汾酒产地杏花村的酿造业亦十分兴盛，全村酒坊达 70 多家，出现了"味彻中边蜜样甜，瓮头青更色相兼，长街恰付登瀛数，处处街头揭翠帘"的盛况。一时杏花村成了一个著名的酒村闹市。值得一提的是这一时期开创了我国蒸馏酒的方法。在此之前酿造的酒都是发酵酒，多为色酒，而蒸馏酒则是清纯的白酒，它莹彻透明，色清味冽，酒精含量甚浓。蒸馏酒的出现，标志着我国酿酒技术取得更大进步，在酿酒史上具有划时代的意义。

明清已降，酿酒业进入大发展时期，无论酒的品种、产量或是质量，都大大超越了前世。此时的蒸馏酒已十分普遍，各地相继出现了大量的名酒。绍兴黄酒已达到全盛，并在"各省通行"；汾酒这一古老的历史名酒，位列诸酒之冠，"凡王公士庶，逢月夜花辰，莫不以争先一酌为快"；遵义的茅台酒已具有相当的生产规模，被清人视为酒之珍品；泸州老窖独具特色，畅销南方诸省，远销国外；江苏宿迁的泽河大曲扬名四方，人们用"闻香下马，知味停车"的词句描绘它的魅力；安徽颍州的古井贡酒，一直是贡献皇宫的贡品；绵州的剑南春酒"夏清暑，冬御寒，除湿止呕，时人无不珍爱"；陕西凤翔的西凤酒，被称为"凤州三绝"，以酸而不涩、甜而不腻、苦而不黏、辛而不刺鼻、辣而不刺喉而名扬海内外。

一

我国先民不独发明了酒，还相继发明了醋、酱等调味品。最早人工酿醋的确切时间难以考证，但据一些资料记载至少不晚于周代，距今约在 3 000 年以上。《竹书记年》中有这样一段记载："有草莢阶而生，月朔始生一莢，月半而上十五莢。十六日以后，日落一莢，及殆而尽……名曰冥莢，亦称日历莢。"

《白虎通·符瑞》中也有类似记载:"冥荚者,树名也。月一日一荚生,十五日毕,至十六日一荚去,故阶荚而生,以明日月也。"大意是说,有一种植物名叫冥荚,从月初开始,每日生一荚,到 15 日止。从 16 日开始,又日落一荚,月尽而落完,人们称其为日历荚。据说它除了具有原始报时的功能外,还有一个重要用途,就是酿醋。东汉应邵在《风俗通义》中对冥荚作过考证:"古太平冥荚生于阶,其味酸,王者取之以调味,后以醯醢代之。"按此说法,用冥荚作植物醋,比周朝造的醯还要早些,可以认为是人工酿醯的先身了。醯为何物?就是醋的别称,古人习惯称醋为醯。冥荚生长于山西南部的临汾地区,清乾隆年间的《临汾县志》载有古迹"冥荚亭",地址就在县城西南的伊村。春秋战国时期,醋的酿造已流行于山西多地,而以晋阳(今太原),清源(今清徐)久负盛名。

秦汉以后,有关醋的生产记述颇多。成书于东汉的《四民月令》除着重介绍农作物大田生产外,每月都有农产品加工项目的记述。如"正月酿春酒、作诸酱……十月酿冬酒、作脯,十一月作醯。"这里的作诸酱、作醯,就包括了醋的酿造。北魏贾思勰的《齐民要术》更是一部包括农林牧渔和农副产品加工知识的农学巨著。综观全书范围很广,"起至农耕,终于醯醢,资生之业,靡不毕书"。书中介绍了果蔬贮存加工和酿酒、制酱、造醋、作豉等食品加工技术,品类繁多,内容丰富。其中醋的加工方法和作醋所用的原料就列举了 10 余种。

唐宋时期醋的生产已遍布我国广大乡村。作为农家主妇,酿得一手好醋,在村里格外受人尊敬,不亚于男子考上秀才。据《山西名优特产》记载,长治壶关县有个辛寨村,从宋代开始就酿醋,家家有醋缸,人人当醋匠,村里处处是醋坊。这一时期酿醋在山西的广大乡村极为流行,晋中盆地的老百姓习惯以高粱制醋,临汾、运城一带的农户习惯用柿子作醋,晋西北的农民则习惯用杂粮酿醋。

进入明清后酿醋业渐成规模,山西等地出现不少以酿醋为业的大商号,逐渐形成商品化生产。太原桥头街有一条胡同叫宁化府,明初这里出现一家酿醋作坊,酿出的醋酸香郁烈,味美醇厚,久存不腐,深受人们喜爱,从此"宁化府醋"享誉省内外。清顺治年间,介休人王来福改进酿醋工艺,创办了"美和居"醋坊,开创了"山西老陈醋"的品牌,产品行销全国各地。

二

过去的中国农村,差不多日常所需要的食物和饮品,都可以通过农民自己

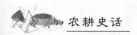

的手做到自给自足。继酒、醋之后，较早的开发项目要算豆类的加工了。最早出现的是豆豉，《释名》云："豉，嗜也，五味调和，须之而成。"秦汉以前，调味是用盐、梅，还没有豆豉。《左传·昭公二十年》记载："水火醯醢盐梅，以烹鱼肉。"大约在秦汉时期才有了豆豉的制作与加工。汉代制作豆豉，以黄豆或黑豆为原料，经发酵生芽后，晾晒而成。当时的豆豉制作已初具规模，不独供自己食用，还上市销售，民间出现了一些贩卖取利而致富的巨商大贾。从此作豉日益盛行，历代相因，技术不断提高，出现了不少有名的产地，如"江西豆豉""浏阳豆豉"等，久负盛名。

先民在作豉的过程中，随着技术的不断提高和改进，进而创造出了制作酱油的方法。酱油在我国的出现，虽不能考定出于何时，但它是在作豉的基础上改进而成的。制作酱油的原料主要是大豆、麦粉、食盐和水。《齐民要术》对制作过程有详细描述：将大豆煮或蒸熟后，冷至微温，加入麦粉拌匀，移置不通风的室内，使之生霉，结而成饼，得六七日后，将饼弄碎，再转入瓦缸中，加水与盐，拌成稠液，暴露院中，听其自然发酵，这叫制"醅"。至少必须经过一个夏季，逐日搅拌，时间愈久成品愈佳。到制油时将酱醅倒入麻袋中，压榨过滤，所取之汁即为酱油。这大概是古人制作酱油通行的方法。

除制作豆豉、酱油外，我国先民还将大豆磨成浆汁，将其中的蛋白质加以提炼，使之凝结为豆腐，成为人民大众日常食用的主要营养品。它的发明与生产，至少也在 2 000 年以上。据《天禄识余》说："豆腐，淮南王刘安造。"表明汉初已有生产，至于是否刘安所造，有待商榷。按理推想，刘安作为一代诸侯王，衣来伸手，饭来张口，不可能闭门潜思研究它的制作，应该是在刘安之前，先民在经常煮豆、食豆的过程中，发现浓稠的豆汁久煮后能够凝结，尤其是加入盐卤、矾叶或酸醋后，凝固更快，于是豆腐问世了。刘安可能是嗜好豆腐，提倡和推行豆腐的一人罢了。

豆腐问世之后，深受人们的喜欢，很快在各地传播开来，成为民众日常食用的普通食物。特别是农村中穷苦的老百姓，他们平时除蔬菜外，无钱享用鱼、肉一类的高价食品，豆腐造价低，自己又会生产，被视为最理想的美食佳肴。

三

差不多与此同时，我国先民还利用剩余粮食，创造了用米熬糖的方法。汉代的一些文献中，开始有"糖"一类字眼的出现。史游的《急就篇》明确提到："梨柿柤桃待露霜，枣杏瓜棣徼饴饧。""饴饧"即是糖的别称。可知我国用谷类熬糖，起至汉代。那时的糖，多是用麦芽或稻芽或米熬制而成，因此人们称它为麦芽糖。人们把它作为农闲时一项创收之路，家家熬饧晒饴，一些生产规模较大的农户，除供自己食用外，还挑到街市上卖，儿童们争先食之。

而在我国南方甘蔗种植虽然很早，但古人食蔗最原始的方法是生啖以"咋啮其汁"，其后是压榨取浆而作饮料，再后，利用榨汁加工成蔗饴、蔗饧或石蜜。唐初引入印度的制糖技术后，蔗糖生产显著改善，开始了白糖、红糖、冰糖等结晶糖的生产。至此我国制糖业有了质的飞跃。据宋人王灼的《糖霜谱》记载，其时蔗糖生产"福唐（福建）、四明（宁波）、番禺（广州）、广汉（涪州）、遂宁皆有之，独遂宁为冠。"及至明清，制糖业愈益兴盛。屈大均在《广东新语》中说："盖番禺、东莞、增城糖居十之四，阳春糖居十之六，而蔗田几与禾田等。"

<h1 style="text-align:center">四</h1>

人类最初所用油脂，取自动物体内。后来由于动物油供给有限，而油的用途却日益广泛，需求量渐增，于是我们的祖先便在自己所收获的农作物中，创造出榨取植物油脂的方法。《天工开物》说："草木之实，其中蕴藏膏液而不能自流，假媒水火，凭藉木石，而后倾注而出焉。"其实，凡植物种子都多少含有若干油量，而以油料植物种子含油量最为丰富。所以人们便设法提取它，以满足自身和社会的各种需求。传统的制油方法，多用压榨法，人们先将其炒制，而后用石磨粉碎，再用粗糙简陋的手工机械加人力进行施压，将油压出。这种手工机械，农民称之为"油榨"。

植物油的用途非常广泛，可以食用，还可以燃灯、造烛、润滑或用于油漆。《天工开物》说："凡油供馔食用者，胡麻、莱菔子、黄豆、菘籽为上，苏麻、芸薹籽次之，茶籽、苋菜籽又次之，大麻仁为下。"古代农村中，农民苦心种植的油料作物，以榨油供自己烹调用之。麻油、豆油、菜油、茶油等都是农村常用之品。

我国榨油业形成于何时？史无定论，最早见于文献记载的，是先民对大麻油的利用，大约出现于汉代。不过这种大麻油主要用来油物（代漆使用）和燃灯，是否食用，不得而知。我国南朝时期（5世纪）首次出现油菜（芸薹）籽"可作油"的记录，并指出"其油点灯通明，涂发黑润，造烛光亮。"还可食用。宋初的《鸡肋编》说："油通四方，可食与燃者，惟胡麻为上。"说明宋代芝麻油已成为食用和燃灯的上品。到了南宋，油菜在我国南方已是"掐薹为蔬、收籽榨油"的菜油兼用作物。明嘉靖年间的《沛县志》也说："薹芥（油

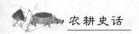

菜），籽可压油，江南人多食之。"清初，一本《方土纪》的书全面记述了亚麻（即胡麻）的功用，说它"叶如树叶，开蓝花，结荚四五棱，籽榨油，入蔬香美，皮可绩布，秸可作薪，饼可肥田。"可见我国的榨油业起步也不晚，它始于汉，兴于宋，盛于明清。

食哉唯时农之道

"食哉唯时"语出《尚书·舜典》，意思是发展农业生产，解决吃饭问题，关键在于把握农时节令，只有"不违农时"，才能保证农业丰收，做到丰衣足食。为什么"时"受到如此重视？这是因为农业是以自然再生产为基础的再生产，受自然界气候的影响至深至大。中国古代农民，农时意识之强世所罕见，他们认为从事农业生产首先要知时顺天，按照自然界的时序巧妙地安排各种农事活动，才有可能获得理想的收成。《吕氏春秋·审时》中说："凡农之道，厚（候）之为宝，斩木不时，不折必穗，稼就而不获，必遇天灾。夫稼为之者人也，生之者地也，养之者天也……此为耕道。"充分表明时令对于农耕的重要性，如果违背农时，失时而稼，便会招致灾害，遭受损失。农业生产是天、地、人诸因素组成的整体，种庄稼的是人，长庄稼的是地，而阳光照耀、雨露滋润却靠的是天。人们要根据客观条件来合理耕作，不失时机地掌握好农时节令，才是正确的农业耕耘之道。

一

在遥远的古代，我国先民就不停地与自然界抗争，对客观世界自然现象的运动变化进行着长期的观测和思考。那么我国先民是如何掌握农时的？最初的人们不是根据对天象的观察而是根据自然界生物和非生物对气候变化的反映，如草木的荣枯、鸟兽的出没、雨雪的交替、冰霜的凝消等来逐步认识和掌握其运行变化规律的，进而用来从事各种生产活动，这就是物候的指时。

相传黄帝时代的少昊氏即"以鸟名官"：玄鸟氏司分（春风、秋风），赵伯氏司至（夏至、冬至），青鸟氏司启（立春、立夏），丹鸟氏司闭（立秋、立冬）。玄鸟是燕子，大抵春风来秋风去；赵伯是伯劳，大抵夏至来冬至去；青鸟是舒雁，大抵立春鸣，立夏止；丹鸟是鷩雉，大抵立秋来立冬去。可见远古时确有以候鸟的来去鸣止作为季节的标志。物候指时虽能比较准确反映气候的运行变化，但往往年无定时，月无定日，同一物候现象在不同地区不同年份出现早晚不一，大范围内显得过于粗疏。于是先民们又转而求助天象的观测，依据日月星辰来观测天体的运行规律。目前能够找到的最早记录星相物候变化与一年中四季、月份关系的书是《夏小正》。

《夏小正》全文 400 余字，以全年 12 个月为序，记载了每月的天象、物候、民事、农事、气象等方面的内容。该书对于日月星辰，尤其是北斗星象的变化规律有精确的观测，并配合物候的变化，如："雁北乡""獭祭鱼""有鸣仓庚""鹰始挚""寒蝉鸣"，等等。史学界普遍认为，《夏小正》是夏代历法，是古人在气象物候方面取得的里程碑式的成就，对推进农耕文明的进步起到了划时代的作用。

如果说《夏小正》已基本形成节气、月令与物候的简易历法，那么一本记录周代大事件的《逸周书》则已条理分明地记载了节气与物候，对天、地、人、物有了更深入更系统的观测和论述，将时令、节气与农耕十分紧密地联系起来。该书的《周月解》记述："凡四时成岁，岁有春夏秋冬，各有孟、仲、季，以名十有二月。月有中气以著时应，春三月中气：惊蛰、春风、清明；夏三月中气：小满、夏至、大暑；秋三月中气：处暑、秋风、霜降；冬三月中气：小雪、冬至、大寒。闰无中气，斗指两辰之间。万物春生夏长，秋收冬藏，天地之正，四时之极，不易之道。"可见《逸周书》对节气与物候的认识已相当成熟，完全具备了形成二十四节气和七十二物候的条件。

那时的人们，对于星宿的辨认成普遍常识。明代顾炎武的《日知录》说："三代以上，人人皆知天文。七月流火，农夫之辞也；三星在户，妇人之语也；月离于毕，戍卒之作也；龙尾伏辰，儿童之谣也。"人们根据某些星宿的变化，便知气候与季节的转换，如北斗星座"斗柄东向，天下皆春；斗柄南向，天下皆夏；斗柄西向，天下皆秋；斗柄北向，天下皆冬"，俨然一个天然的大时钟。

全面记述、划分二十四节气和七十二物候的是汉代淮南王刘安所著的《淮南子》。在这部典籍巨著中有一卷叫做《天文训》，详细记述了天地日月、风雨雷电等自然现象的生成，全面叙述了各种天象的运行规律对人类社会生活和农业生产的影响，准确反映了地球公转所形成的日地关系和黄河流域一年中冷暖干湿的气候特点。第一次完整地列出了人们长期观察到的二十四节气名称和七十二物候的内容，可以说该书是对前人研究探索节气、节令、物候的一个系统归纳和总结。至此我国的节气物候文化走向成熟，形成"五日为候，三候为（节）气，六气为时，四时为岁，每岁二十四节气，七十二候应"的"气候"体系。二十四节气是我国农学指时方式的重大创举，对后世的农业生产起着重要的指导作用。

二

二十四节气和七十二物候在我国使用 2 000 余年，已渗透到人们生活的各个领域。我国的传统历法——农历，就是由二十四节气推演形成的。它既不是阳历，也不是阴历，是由朔望月和回归年相结合的一种阴阳合历。所谓朔望月，是以月亮圆缺的周期为一月；所谓回归年是以地球绕太阳公转一周为一年。人们把一个太阳回归年所用的时间均匀划分为 24 等份，每一个节气的时间就是 365.25 除以 24＝15.218 75 日。每年从立春开始排列，前边的叫节，后边的叫气，合起来就叫节气，立春、惊蛰、清明、立夏、芒种、小暑、立秋、白露、寒露、立冬、大雪、小寒是 12 个节气，雨水、春分、谷雨、小满、夏至、大暑、处暑、秋分、霜降、小雪、冬至、大寒为 12 个中气。不论节气或中气，都是以太阳在黄道上运行的位置来决定的。但 12 个朔望月比一个回归年少 11 天左右，故需用大小月和置闰的方法来协调，通常每隔 3 年设一个闰月，闰月置于没有中气的月份。

二十四节气的名称含义可分为四类：第一类反映季节，分别是立春、春分、立夏、夏至、立秋、秋分、立冬、冬至，合称四时八节；第二类反映温度变化，有小暑、大暑、处暑、小寒、大寒 5 个节气；第三类反映天气现象，有雨水、谷雨、白露、寒露、霜降、小雪、大雪；第四类反映物候现象，有惊蛰、清明、小满、芒种等。二十四节气表述了全年的气候物候特征及其变化规律，为我国大部分地区（特别是黄河流域）的农业生产提供了一个可靠的理论指导依据。数千年来，我国农民就是依据这一重大的节气定位来安排农业生产的。到什么时间干什么农活。二十四节气就是一年中时令转换的里程碑。正是这个里程碑的作用，使我们这个农业大国的生产井然有序，有条不紊。

二十四节气所表达的农时经过数千年的检验，相当准确成熟了（相对于黄河流域地区）。七十二物候也很详细地表述了人类对自然界动植物现象的直接观察，成为配合二十四节气的一种辅助手段，同样是人们用以指导生产、生活的重要依据。七十二候置于二十四节气之中，每一节气下有三候，每候五天。以立春节气的三候为例，初候为"东风解冻"，二候为"蛰虫始振"，三候为"鱼陟负冰"。初候的"东风解冻"表明经过春风送暖，大地回春，土地渐渐复苏融化了；二候的"蛰虫始振"，表明蛰伏越冬的昆虫，已感到了地面温度上升的变化，从朦胧的睡眠中慢慢苏醒；三候的"鱼陟负冰"，表明潜伏在深水中过冬的鱼类，感受到春天的气息，游到薄冰的下面，享受阳光的温暖。可见我国先民观察物候不可谓不细，任何细微的变化都尽收眼底。正是这种细致入微的观察和体验，才成就了如此深厚、广博、独特、具有广泛实用价值的农时典籍。

我国先民还在二十四节气的框架内，总结出一套特殊气候状况下的杂节气。这些杂节气有冬至数九，夏季三伏，梅雨季节等，更加全面准确地从不同角度说明气候物候与人们生产、生活的密切关系。冬至数九是众多节气和时令中唯一时间最长且又连着两个年份的杂节气。它从冬至开始，以九天为一个计算单位，九九八十一天，历经六个节气，分别是冬至、大寒、雨水三个中气和小寒、立春、惊蛰三个节气，从上一年的严冬迈入第二年的春天。数九天应是一年中最寒冷的季节，然而又是"阳气不断上升"的季节，民间有"冬至一阳生"之说，这从农民编出的九九歌中可以得到印证："一九二九不出手，三九四九冰上走，五九六九，沿河看柳，七九河开，八九雁来，九九加一九，耕牛遍地走。"这简洁明快、合辙押韵、朗朗上口的九九歌，准确地反映出这一时段（北方大部分地区）的气候特征，成为人们认识和把控农时节令的有力依据。

三伏天是夏至后最热的一段时间。一般每十天为一伏，通常为一个月，有时是四十天。它以中国独有的天干地支计日法排列计算，从夏至开始后的第三个庚日起为初伏，每伏十天，第三伏一般在立秋之后。个别年份在夏至后的第五个庚日，提前在立秋之前。这样中伏便延长十天，成了二十天。由此整个伏天就延长到四十天。农谚说"热在三伏"，可见它是最热的一个时段，也是农活最繁忙的一个时段。

梅雨季节在中国历史上多有记载，南朝梁元帝时的《纂要》说："梅熟而雨曰梅雨"。唐代柳宗元在《梅雨》一诗中写道："梅实迎时雨，苍茫值晚春。"原因是我国江淮流域一带的初夏时节经常出现一段持续的阴雨天气，此时正是江南梅子成熟之时，故称"梅雨"。通常在芒种后第一个丙日入梅，小暑后的第一个未日出梅，历时一个多月，历经芒种、夏至、小暑三个节气。这一时段，雨带维持在江淮流域，天空连日阴沉，降雨连绵不断，时大时小，庄稼缺少光照，茎秆细弱，叶片黄嫩，人们生活在湿热阴沉的环境中，还要下田从事劳作。明代谢在杭的《五杂炬》记述："江南每岁，三四月，苦霪雨不止，百物霉腐，俗称之梅雨，盖当梅子青黄时也。"

三

不论是冬九九或是三伏天、梅雨天，它们都是依据二十四节气来运作的，属于二十四节气的辅助时节。但是我国是一个民族众多且地域广阔的国家，从南到北绵延数千公里。最北的漠河一带，农作物一年只有 3 个月的生长期，有着寒冷而漫长的冬季。而我国最南端的海南省，一年四季椰林茂盛，草绿水清，繁花似锦，农民下田劳作戴着斗笠。这么辽阔的一个国度，要想以一套完全适用于各地气候特征的节气来定位是不可能的。加之自然界的变化是多样的，一些超常的现象在不断发生，许多自然灾害如洪水、干旱、冰雹、飓风、霜冻等往往让人们措手不及。如何适应各地千差万别的气候，满足当地生产的需要？如何预测各种自然灾害的发生？聪明睿智的中国先民在观天象、辩星宿、定历法、标节气的同时紧密结合当地实际，不断摸索和观察自然界风云晴雨的变化规律，随时总结完善，逐步形成很多脍炙人口的农谚、歌谣，用以指导当地生产。如《诗经》中的"有渰萋萋，兴雨祁祁"，是说天空中出现低层的飞云，预示着快要下雨了；"朝跻于西，崇朝其雨"，"跻"就是虹，"崇朝"指早晨到正午，意思是西边的早晨出现了虹，上午至中午前必然有大雨；到了冬季如果"上天彤云"，必然"雨雪纷纷"。老子的《道德经》也说："飘风不终朝，骤雨不终日"，是说急风暴雨等恶劣天气时短而促，不可能持久。至于"月晕而风，础润而雨"，已是尽人皆知的常识了。

相当多的农谚、歌谣则是以农民朴素的口吻，在民间口耳相传。一本《田家五行志》的书中记载了农家的诸多谚语。如"乌云接日，明朝不如今日。""日落云没，不雨定寒。""日落云里走，雨在半夜后。"均是以黄昏时的天气预兆来日。又如"西南转西北，搓绳来绊屋。""半夜五更雨，天明拔树枝。"预示要刮风，风势很强烈。还有"未雨先雷，船去步来"，说明先打雷，后落雨，雨势不会太大。"冬南夏北，有风便雨"，说明冬天刮南风，夏天刮北风，定会降雨。

另一本《吴下田家志》记述："春寒多雨水，稻田多翻晒。"是说遇到倒春寒，雨水必多，要勤翻土地，凉墒以提高地温。"清明要晴，谷雨要淋；谷雨无雨，后来哭雨。""夏至无雨，囤里无米；夏至刮东风，半月水来冲。"这是根据节气当日的风云晴雨预测未来的旱涝和年景的好坏。类似这样的农谚、歌谣，在各地举不胜举，而且千差万别。北京的农谚说："白露早，寒露迟，秋分种麦正当时。"而到了河南郑州和陕西关中一带，便是"秋分早，霜降迟，寒露种麦正当时。"两地相距不过千余里，而冬小麦的播期相差一个节令。再往南推，到了安徽合肥和浙江杭州一带，则是"寒露早，立冬迟，霜降前后正当时。"比河南、陕西又晚了一个节令。而到了江西南昌一带，则又是"霜降早，小雪迟，立冬种麦正当时。"从北到南冬小麦的播种适期越来越迟，北京和南昌相差了四个节令。其中蕴含着什么规律呢？稍有农学常识的人便知，这是由当时当地的气候条件决定的。冬小麦播期所需的气温、地温条件是相对一致的，而各地的自然气候是千差万别的，故而形成了不同的播种期。

中篇 农民与农村

古人殷润家国，惟贵务农。故周人以稼穑艰难为王业根本，秦人以力田受爵赏，汉人以力田应辟举。观古人制字，富从田，言富自田起也。田以一口，言有田之人。又贵食之者寡也。

——明·敖英《绿雪亭杂言》

幽远深邃话农村

何为农村？顾名思义，务农之民居住和活动的地方便是农村。但从特定意义上讲，它是与城市相对应的一个概念。可以说，城市以外的所有地域皆谓之农村，包括山川、河流、道路、村落、森林、草原、田野，等等。《国语·齐语》云："农之子恒为农，野处而不昵"。这个"野处"就是野外和田野的意思。《周礼》中有"野"和"鄙"之称，其意也指的是乡村。明代王鏊进一步说："若郊外民居所聚谓之村。"这里的"村"应该是"村落"或者"乡村"。可见农村是以村落为轴心，以田野为背景，以农耕活动为特征的生产、生活场所。

一

早在旧石器时代，中华民族的先祖便在这片土地上繁衍生息。他们创造了绚丽多彩的远古文化，也为我们留下了范围广大、内涵丰富、特征鲜明的文化遗存。不过当时还没有农村、城市的区分。在广袤无垠的大地上，到处都有丰盛的自然资源，人们的生活无忧无虑。他们在老祖母的率领下，十几个人或几十个人组成一个群伙，白天外出采摘、捕捞食物，黄昏则回到住地。为了避开野兽的侵害，他们选择离地面较高的岩洞或在树上筑巢居住。因为食物丰富，获取容易，群伙之间冲突很少，人际关系非常简单。人们群聚而居，只认识自己的母亲，不知道父亲是谁，没有上下长幼的分别，不知道进退揖让的礼节，不懂得什么叫"你的"和"我的"，不懂得什么叫自私、压迫、不平等，更不

知晓什么叫欺骗、占有、巧取豪夺，每个人都很自然地把自己找到的食物与他人共享。群伙内部成员有相同的血缘关系，基本上都是近亲。历史学家把这一阶段称之为"血缘家族公社"。从已发掘的诸多遗址中证实，当时的人类已能用石器、木棒采摘果实和捕猎野兽，并学会了用火烧烤食物，抵御寒冷。

距今约 10 000 年前，在广大的中国地区，已经有很多"现代人类"的后代分散在各处。他们从旧石器时代简单的采集渔猎生活，进入到生产食物的阶段。这时期的氏族人群，有些还居住在山洞，有些开始搬出山洞选择平地居住，搭建半地穴式的原始房屋。采摘和捕鱼，围猎逐渐成为氏族内部主要的经济行为。内部成员由十几个、几十个扩大到成百上千个，开始实行简单的分工，妇女儿童以采集、捕捞为主，青壮年男子则去打猎，老人照料孩子。获取的食物不能单独享用，必须带回来统一分配，集体意识开始出现。有了强制性的内部制约措施。学术界将其称为"氏族公社"阶段。这个阶段包括农业的初创阶段。

在我国南方，湖南道县玉蟾岩遗址和广西桂林甑皮岩遗址，距今已有近万年的历史。这些遗址中，出土有磨光的石斧、石镞和短柱形石杵等，表明人类由打制石器开始转向磨制石器，新石器时代的特征已经显现。同时陶器的制作也开始出现，尽管质地、器形、纹饰还相当粗糙，但却是人类制造生活用器的标志。更重要的是，在这些遗址中均发现了人工栽培稻的遗存，表明原始农业已初露端倪。

在我国北方考古学家在东北发现了东亚黄牛的化石。距今有 10 000 年左右；在京津冀一带，相继发现徐水南庄头遗址、阳原于家沟遗址、门头沟东胡林遗址和怀柔转年遗址，距今都在万年左右。这些遗址面积都不大，但均发现大量的打制小石器和细石器，少量质地粗糙的陶片。从出土的动物骨骼化石分析，猪和狗可能已成为家畜。某些遗址还发现有旱地作物栽培，人们已经过上定居生活。一般认为，新石器时代有四大特征，即农业的生产，动物的驯养，陶器的制作，磨制石器的使用。但这四个特征不一定同时出现，最重要的标志是食物生产的出现，即农业种植业生产和动物驯养。

二

大约距今 8 000 年左右，我国黄河流域，西起陇东、关中，中经河南、河北，东边一直延伸到渤海冲积平原的广大地区，均发现了粟、黍的种植。随着考古发掘的不断推进，其范围愈益扩大，整个中国北方，粟黍耕作成为普遍的农业活动。代表性的文化遗存有：河南的裴李岗文化、河北的磁山文化、甘肃秦安及陕西关中的老官台文化、山东北部的后李文化、辽西和燕山以北的兴隆洼文化，等等，大都形成了相当规模的粟黍栽培。最典型的是河北武安磁山遗址中的80余座粮窖，几乎每窖都残留着数量不等的腐朽了的粟粒堆积，且有不少蔬菜种子遗存，既反映了粟的种植规模，也体现出了农业的发育程度。甘肃秦安大地湾文化一期遗址的灰坑中，也遗留了不少碳化农作物种子，鉴定显示：一种是禾本科的黍子，另一种是十字花科的油菜种子，可能是我国旱作农业黍、稷的发祥地。而在长江流域，特别是湖南、湖北、江西、四川等地，先民们已经懂得利用水资源的优势，在湖边沼泽地带种植水稻。从稻种的进化程度分析，这样的耕作活动即有可能在万年前就出现了，已具有现代栽培稻的某些特征特性。最典型的是洞庭湖地区的彭头山文化和鄂西南地区的城背溪文化。在彭头山文化的八十垱聚落，发现上万粒较完整的稻谷和米粒，其外形已和现代人工栽培稻十分相似。而在城背溪文化中，最大特点是渔猎经济和农业经济并行发展。农业经济以种植水稻为主，区域分布很广泛，稻粒、稻壳、稻秆遗存屡见不鲜。可见此时的农业已逐渐上升为主要的经济部门，以长江流域、黄河流域为主要地带，在南北分别形成稻作农业和粟黍旱作农业的两种农耕类型。

人们开始摆脱洞穴居住的局限，选择在平原的河旁谷地上营建房舍，形成一个个大小不一的原始村落。稻区之民多是逐水而居，但又必须避开水患，村落多建在离水面较高的平地上，且以木桩、地梁和地板构成高于地面的建筑基座，再在其上立柱架梁，用茅草芦苇围墙盖顶，成为一座座木构干栏式房屋，村落周围常挖一道道环状的沟渠，以保护村落的安全。北方旱作区则盛行半地穴式房屋建筑，土阶茅茨，木枢泥墙，形状方圆不等。无论是干栏式房屋或是半地穴式房屋，建造材料都离不开木材、树枝、粟秸、草筋、藤条、草绳、泥土、料姜石等，这是当时随处可以找到的。村旁有专用墓地，改变了原来墓葬在居址内分散杂处的状况。从墓葬结构及出土的随葬品分析，氏族社会人人平等、共同劳动、财富共享的特点非常明显。陶器制作一改早期贫乏、简单的状况，种类日益多样，并出现了少量彩陶。裴李岗文化遗址中出土的数百件陶器，有陶钵、陶罐、陶碗、陶盆、陶杯、陶纺轮等，几乎囊括了人们生活日用之器，烧制陶器的陶窑多处出现，原始村落已初见端倪。

三

距今6 000~7 000年，我国各地的农业村落都有了相当的规模，星罗棋布地散落在南北各处。人们往往结集成更大的共同体，相继组成更高一级的部落组织，形成较大规模的村落布局，或矗立起一座座庞大的城邑。城邑内，既有部落首领居住的大屋，也有护卫安全的城墙。一些较发达地区，社会开始出现分化，不平等关系初见端倪，人与人之间的地位及贫富差异逐渐拉大。这一时期重要的文化遗存有：分布于黄河中游的仰韶文化，黄河下游的北辛文化、大汶口文化，长江中游的大溪文化、屈家岭文化，长江下游的河姆渡文化、马家浜文化，辽河流域的新乐文化等。

陕西半坡、姜寨遗址，是仰韶文化早期最具代表性的村落遗址。他们都过着以粟作农业为主的定居生活，又从事采集、渔猎、饲养家畜、制造石器和陶器生产的活动。生产工具以石、木、骨材质为主，品类繁多，制作精良；生活用具以彩陶居多，上刻鱼纹、蛙纹、几何纹等图案，甚至已出现文字刻画痕迹符号。村落中央是大广场和大房子，可能是氏族首领的居所和村民聚会、祭祀的场所，周围环绕着氏族成员居住的小房子，门向都朝着中央广场的大房子。村落四周都有环状壕沟，外围有耕田、圈栏，居舍、墓葬、陶窑界限分明。墓葬均为土坑墓，既有单人葬，也有多人合葬墓。合葬墓多系家族合葬，表明当时仍处于母系氏族社会。

北辛文化大致以山东泰山为中心，分布于汶、泗流域。最早发现的遗址位于山东滕州的北辛村，故而得名。大约兴起于 7 000 年前，延续千余年，而后进入大汶口文化时期。大汶口文化的分布范围远超北辛文化，它以山东为主，北跨黄河，南到徐淮平原，东至胶东半岛，西抵河南中部。不仅范围广，文化特征也丰富鲜明。石质工具通体磨光，凿孔穿柄，使用方便；村落规模庞大，半地穴式房屋逐步消弭，地面起建的房子增多；人们以居址为中心，进行农业种植、家畜饲养，从事渔猎活动。个别遗址中还发现专为储粮建造的窖穴，表明当时粮食已出现盈余。出土的陶器，除一般日用器外，还有弥足珍贵的高火候焙烧黑陶，造型精致，薄如蛋壳。从发掘的墓葬中可以看出，人际关系已发生改变，人与人之间的社会地位有了较大差别，墓葬型制大小不等，随葬品更是多寡不一，私有制开始萌芽，贫富分化加剧起来。

与北方有所不同，南方呈现的是另一种景象。浙江河姆渡遗址发现大量木构干栏式房屋，代表了长江及其以南地区富有特色的另一种建筑风格。这个遗址蕴含着极其丰富的文化特色，除大量的稻作遗存和家畜遗骨外，还发掘有成批的木、石、骨、蚌农具，尤以骨耜居多，是当时世界上最发达的耜耕农业之地。同时这里还是最早开凿、使用水井的地方，也是舟楫、漆器的发祥地。陶器的制作谈不上最早，但却最为发达。从出土的大量陶纺轮看，纺织业已有相当的水平。

在长江中游始终存在着一个以种植水稻为主的新石器文化群落。上续彭头山、城背溪文化，下延大溪文化，绵绵相继不断扩大。大溪虽得名于四川巫山，但其文化遗存则主要分布在湖北宜昌、荆州及湖南北部地区。该文化圈出土的遗物明显高于彭头山、城背溪文化。除稻作遗存外，颇具代表性的是陶器，不仅数量大，且最具地域和时代特征。关庙山出土的蛋壳彩陶陶碗和单耳杯，小巧玲珑，造型新颖，色彩鲜艳，花纹细腻，是我国新石器时期罕见的珍品。最能反映当时生产力水平的是石制工具，该文化圈的宜都红花套遗址中，不仅有大量的打制、磨制石器，且出现了制作石器的作坊，打制石器的石锤、石砧。迄今我国发现的最大一件磨制石斧（重7 250克，长43.1厘米，宽17.5厘米），就出现在该遗址中，被誉为"石斧王"。在出土的全部石器中，农业生产工具占了很大的比例，表明农业迈上了新的台阶。

四

距今4 000～5 000年，即新石器时代晚期，中华文明已迈上多元并起的门槛。在北方有覆盖山东、辐射中原、延及苏北、皖北的龙山文化，有分布陕西全境及陇东的客省庄文化，有陇西至青海的马家窑文化、齐家文化，以及内蒙古南部的老虎山文化和山西晋南的陶寺文化。在南方有长江中游两湖地区的石家河文化，成都平原的宝墩文化，太湖及钱江流域的良渚文化，等等。这时的社会综合实力明显提高，农业、手工业有了较大发展，快轮制陶、玉石雕刻、铜器冶造、漆木制作、丝麻纺织均呈现出专业化生产；社会分工扩大，剩余产品显著增加，社会财富大幅增长；父系个体家庭成为社会生产和生活的基本单位，私有经济迅速滋生发展，贫富差别进一步拉大，不平等关系日益突显。由氏族组成的部落联盟日益强化，为扩大地盘，争夺资源，部落之间的冲突与战争此起彼伏，大部落吞并小部落，小部落投靠大部落，部落越聚越大，涌现出许多雄踞一方的"霸主"。

这一时期各地文化共性加大，表现出大体一致的文化特征。因气候一度转寒，相当多的人口迁徙到了黄河与长江沿岸，即今之山东、河南、陕西、山西、安徽及两湖地区。发展为一连串密集的村落。各处移入的族群带来原居地的文化生活，带动村落社会物质生活和精神文化全面提升。村落建设已普遍采用挖槽筑墙技术，有的还出现土台地面建筑和原始夯筑技术，石灰作为建筑材料已大量使用。在龙山文化的河南后岗遗址发现的100多座房基，多为挖槽起建，墙体为木骨泥墙和土坯垒砌两种，地面用白灰或烧土夯筑。龙山文化甘肃秦安大地湾遗址，出现上百座地面起建的中小型房子，以若干组群布列在遗址

上。村中央一座巨大宏伟的建筑拔地而起,占地近 300 平方米,是一座前所未有、规格最高的特大型复合体建筑,具有"前堂后室、东西厢房"的独特结构,室内出土有四足大陶鼎、长条形陶盘等非寻常器物,可以想见当时房主的富有和权威。

在我国黄河中下游、长江两湖平原、四川盆地等广大地区,前一阶段城邑还只是初露头角,少有发现,这时已大量涌现,一座座城池遗址灿若星辰,蔚为壮观。这些城址中代表中原龙山文化的山西陶寺遗址是已知规模最大的一处,面积约 300 多万平方米,包括居址与墓地两大部分,距今 4 000~4 500 年,相当于古史传说中的尧舜时代,极可能是帝尧陶唐氏的都城。在长江流域,湖北天门县石家河发掘的古城遗址,面积 120 万平方米,居两湖平原各城址之最。河南发现的龙山文化古城遗址数量最多,如淮阳县城东的平粮台古城、登封县王城岗古城、郾城县郝家台城址、安阳市洹水之滨的后岗城址、辉县孟庄城址等,最大面积 16 万平方米。城内有许多房基遗址,规整的街道,街道下铺设有陶制的排水管道。城外还分布有若干居民点,表明当时已有城、鄙的分野。城市文明带动村野的局面逐渐形成。

五

具有各种象征意义的图案、符号和文字相继出现,尤其突出的是多字一起组词的句意文字。如龙山文化山东邹平、河南王城岗遗址出土的陶文;山西陶寺文化遗址的朱书陶文;良渚文化浙江、上海等地的刻画陶文;石家河文化天门肖家屋脊发现的陶符。表明文字在向成熟的方面发展,人们使用文字表达的能力与日俱增。

而在这一时段的后期,随着生产水平的提高,剩余产品不断增加,在贪欲驱使下少数人侵占社会剩余产品的现象越来越多,导致私有化日益严重。表现在社会关系上,社会分层突出,财富占有悬殊,阶级已经形成并日益走向对立。这些现象通过墓葬考古资料得以充分显示。以山西陶寺文化遗址为例,在已发掘的 1 300 余座墓葬中,按规格、品位可分为大、中、小 3 种类型。其中大型墓最少,小型墓居多,中型墓居中。3 种类型的墓葬存在着严格的等级。大型墓墓穴宽阔,葬具皆用木棺,棺底铺垫朱砂,随葬品极其丰富精致,墓主均系男性,生前显然是特权阶层的首领;中型墓的规格次于大型墓,墓主有男性也有女性,生前应是贵族阶层人物或大墓墓主的妻妾;小型墓墓坑狭窄,仅能容尸,埋葬极浅,多无木质葬具,有的用帘泊卷尸,几乎没有随葬品。这座古墓遗址如同一座由若干等级台阶构成的金字塔,塔的最底层是占人口绝大多数但却一贫如洗的穷人，有的或许是奴隶；处于塔尖位置的少数特权人物，死后有宽阔的墓穴，讲究的葬具和丰富的随葬品，充分显示了他们生前的富有和权势。在龙山文化江苏新沂花厅的考古发现，更揭示了当时尖锐的社会现象，一些富有者的葬墓中不仅有丰富的随葬品，还出现了残酷的人殉人祭现象。该遗址发掘的 10 座大型墓中，有 8 座使用了殉人共 18 具，最多的一墓殉 5 人，余者每墓 1～3 人，多数为幼童。

可见新石器时代的中国社会为我们展现出一幅波澜壮阔的文化景观，而且越向前发展，内容越益丰富。各个时段的文化遗址，广泛分布在全国各地。有些前后衔接，一脉相承；有些多元并起，相互碰撞。文化丰富而多彩，内涵幽远而深邃，推动中国社会逐步迈上文明的门槛。透过岁月的迷雾，我们仿佛看到华夏先祖们模糊的背影，看到他们蹒跚的步履、艰难的跋涉。正是这种坚韧执著的精神、不屈不挠的意志开创了具有划时代意义的农业文明，奠定和铺就了农村发展的基石，使之成为这方热土上的主人。

分封制下说井田

翻开中国史籍，上古时代的许多人和事，几乎都是以神话的形式传颂着。从盘古开天辟地以来，相继有燧人氏钻木取火，女娲氏炼石补天，有巢氏构木筑巢，伏羲氏教民渔猎，神农氏教民农作。他们都有资格位列"三皇"，那么"三皇"究竟应归属何人？史学界历来说法不一，比较通行的说法是伏羲、女娲和神农。"三皇"之外，还有"五帝"，传说最广的是黄帝、颛顼、帝喾、唐尧和虞舜。黄帝乃人文始祖，他平定战乱、协和万邦，奠定了华夏民族的根基，开创了文明起源的时代；接下来是颛顼、帝喾，是继黄帝之后的华族先王，他们上承炎黄，下启尧舜，仁而有威，惠而有信，也乃一代明君；之后是尧舜之仁政，顺天之意，察民之心，唯德是举，知人善任，禅让的故事代代相传。不过在各种传说中影响最大、涉域最广，几千年传颂不息的是大禹治水的故事了。

一

在先秦的古籍中，讲大禹治水最生动的是《孟子·滕文公上》的一段话："当尧之时，天下犹未平，洪水横流，泛滥于天下。草木畅茂，禽兽繁殖，五谷不登，禽兽逼人，兽蹄鸟迹之道交于中国。尧独忧之，举舜而敷治焉……禹疏九河，瀹济漯而注诸海，决汝汉，排淮泗而注之江，然后中国可得食也。当是时也，禹八年于外，三过其门而不入。"在洪水泛滥的时期，治水的人物众多，据说共工就是一位著名的治水人物，但史料却说其"振滔洪水，以薄穷桑"，成了一个典型的反面人物。还有禹的父亲鲧，也是一个治水人物，却以失败告终。而后子继父业，禹承担了治理洪水的重任，历经多年的艰苦努力，终于治服水患，无怪乎人们对他那样地崇敬。

禹不仅是一位治水专家，还是一位杰出的治国能手。他在接受舜帝禅让后，创立了第一个新型国家——夏王朝，成为一代有作为的君主。夏王朝是中国历史上第一个中央集权制国家。相传禹在位期间，为加强中央集权曾举行涂山大会，划九州、铸九鼎、封诸侯。对全国实行以地缘为主的政治分区，代替旧有的氏族、部落、血缘集团。对部落首领、酋邦领袖实行"委任制"，由中央统一任命。同时禹还组织大量人力、物力修筑大型城池，据《博物志》载："禹作城，强者攻，弱者守，敌者战，城郭至禹始也。"河南登封王城岗古城遗址，二里头宫殿遗址，都被认为是大禹时代的城池遗址。城市的崛起，人口的聚增，带动了周边村落的建设与发展，推动社会走上文明成熟。此外，禹还确立了贡赋制度，各地部落、诸侯乃至耕农都须向王室缴纳一定之税。《尚书》云："禹别九州，任土作贡。"《考工记》也云："禹平水土，定九州，四方各以土地所生贡献，足以充宫室，供人生之欲。"这里的"贡"即税也。可见至夏禹始，贡赋已成为四方之民一种固定的、强制性的负担。贡赋制的出现不仅是国家形成的标志，也是社会文明进步的标志，相较于炎黄时期部落间的相互攻伐和抢掠，显然好了许多。它使社会有了秩序，百姓可以安心生产，国家得以正常运转。

大禹时期为指导农业生产，还颁布了统一的历法，简称"夏历"。"夏历"依据北斗星旋转斗柄所指的方位来确定月份，以斗柄指向正东偏北的"建寅"之月为岁首（即正月），每12个月为1年。并按照12个月的顺序，分别记述了每个月的星象、气象、物象及农事。

传说大禹还以五谷之黍为标准，统一了度量衡。一是以黍定长短：1黍之长为1分，10分为1寸，10寸为1尺，10尺为1丈，10丈为1引；二是以黍定数量：2 400粒为1合，10合为1升，10升为1斗，10斗为1斛；三是以黍定轻重：10黍为絫，100絫为1铢，24铢为1两，16两为1斤，30斤为1钧，4钧为1石。统一的度量衡，不但便利了生产，也使计算和交易方便得多了。

禹在位17年而崩，命伯益为王，但天下之人不归益而归启，启乃禹之子，故即天子位，从此开创了"家天下"的先例。"天下为公，选贤与能，讲信修睦"的民主时代一去不复返了，代之而起的是"天下为家，各亲其亲，各子其子，货力为己，大人世及以为礼，城郭沟池以为国。"人们把权力当成私有物，父传子，子传孙，世袭罔替，家邦一体。天下都邑，变成权贵聚敛财富和奢华享乐的中心；天下臣民，成为权贵任意驱使和盘剥的对象。不过当时的夏王朝虽已是国家，但天下共主的地位还很脆弱。它只对夏族部落直接控制的地域行使绝对权力。而夏文化的中心分布大体从黄河三角洲的顶端开始，直到山西运城、临汾及河南的中原一带。这一地区人口繁盛，村落稠密，气候温润，是夏王朝的政治、经济、文化中心。在这个地域内，夏朝推行所谓宗法分封制，把土地分割给宗室子弟及臣属，再由他们分给个体农民（庶民和奴隶）耕种。相传"夏制，民受田百亩，而以五十亩为公田，故曰：'夏后氏五十而贡'。"看来夏王朝在它的直接控制区内已推行了"井田之法"，农夫（包括奴隶）可分得 50 亩的"份地"，但须向国家缴纳一定数额的贡赋；另外 50 亩可能为"共耕之田"，农夫要带上自己的生产工具和牲畜，自备饭食，在公田上从事无偿劳役。而对于中原以外的其他部落、酋邦，只要承认夏王朝的天下地位，向中央王朝定期纳贡，就可不受干涉地进行自我管理。

二

夏王朝传 16 帝而亡，接替他的是更为强大的商王朝。不过夏代及商的前半段历史，只能从传说和考古中获得一点模糊的知识，而商的后半段，从首都搬到安阳（即殷墟）开始，则有了较完整的史实依据。商朝的情形与夏代迥然不同，不仅疆域广阔，而且有了相当成熟的国家机器。它的都城叫"大邑商"，城畿内住着商王和掌管国家机器的权贵政要；城畿之外是许多子姓王族（诸侯），统称为"子族"，他们拱卫都邑，对王室承担纳贡、戍边义务。商代的阶级分化十分明显，统治阶级按血缘远近分为"王族、臣僚、侯伯、卜人"（掌握祭祀的官员）等；而被统治的阶级有"众、刍、羌、奚、臣、仆、妾"等。"众"是与奴隶主有一定隶属关系的农夫，亦称庶民，他们的地位比奴隶稍高一些，但生活不见得比奴隶好。"刍"是为奴隶主喂马或驾舆的奴隶，"羌"是在战争中俘获的异族奴隶，不但被强迫劳动，同时还是人殉人祭的主要对象。"妾"专指女奴，从事采桑养蚕的叫蚕妾，做纺织或女红的叫工妾。其余"奚、臣、仆"等也是奴隶，大概因其所从事的工种不同而称呼不同而已。屠杀奴隶是商代常见的事，殷商的陵墓和宫室遗址中有大量的人殉，或者是全首领的生殉，或者是身首异地的杀殉，安阳殷墟西北冈的王陵中，发现 8 座陵墓，分别

埋葬着武丁至帝乙8个商王。其中武丁的陵墓最大，墓内殉埋奴隶和卫士、婢女、侍从100多人，墓外殉埋68名守卫人员。其配偶妇好墓中，也有殉人16具。王陵旁边有祭祀场，面积数万平方米，发掘祭祀坑1 300余个，每个坑埋人8~10名，发掘人骨千余具。他们生前都是奴隶或战俘，砍杀或活埋用来祭奠商王的亡灵。除殷王陵墓外，一些规模颇大的中型墓葬，也有殉人现象。可见权贵和世家大族的奴隶也不在少数。

商代甲骨文是我国现知最早的成系统的文字，现已收集或出土的文字有5 000多个，开创了我国有文字记载的历史。这些字以象形和会意居多，也有假借、形声、指事、转注等字意，后世学者总结的"六书"构字规律已基本具备。从甲骨文中我们获知，当时已有明确的日食月食卜问记录，有较先进的阴阳合历，以月亮圆缺一周为一个月，以置闰的方法纠正朔望月和回归年的误差；多数甲骨文系"卜辞"，以预测未来、卜问吉凶为主要功能，如对气候变化的预测，对风云雨雪的预测，对人体疾病的预测，对做事结果的预测，等等。从甲骨文的一些象形文字中还可以证实，殷商时期农业生产推行的也是井田制，常见的"田"字就是一个方块田的图案，表明当时确有四方四正，规整划分的田块。殷代的井田制规模要比夏时宏大得多，动辄"千耦其耘"或"十千维耦"。此外甲骨文中有很多"犁"字出现，表明殷人不仅采用犁耕而且已经出现了牛耕，甲骨文还告诉我们，殷商时期不仅农产品种类繁多，农业的副产品如蚕丝、酿酒、用牲、粪灰等也屡见不鲜，其他如观黍祈年、祭社、求雨等，凡与农业生产有关的事项都能在甲骨文中找到，出现频率极高，表明农业已经是主要产业了。

说到殷商，不能不提青铜。众所周知我国在夏代已进入青铜时代，殷商是青铜冶铸业的高度发展阶段，生产的青铜器种类繁多，数量惊人。考古界在江西新干大洋州商代晚期大墓中，发掘出青铜器、玉器、陶器等随葬品1 300余件，其中青铜器占了绝大多数。按类别划分有鼎、簋、瓿、鬲、罍、盘等礼用之器；有镈和铙等乐器；有戈、矛、勾、剑、钺等兵器；而数量最多的是斧、锛、铧、锸、耒、耜、镰、铲等农用工具。出土的犁铧等农具前所未有，是研究我国古代农业的珍贵资料。

三

商朝后期的统治者"不知稼穑之艰难，不问小人之劳，惟耽乐之从。"尤其最末一位帝王帝辛（纣王），更是骄奢淫逸，贪残暴虐，引发广大民众和诸侯国的反抗。周武王乘机联合各方部落，举兵伐纣，牧野一战商朝遂灭。从此周朝兴立，开始统御天下。周人本是商朝的一个部族，以农耕为务。其始祖后稷就是传说中的农神。后稷的后代公刘率领部族定居于豳（今陕西旬邑），传至古公亶父时，迁居岐山之南的周元（今陕西扶风）。古公亶父之子季历继位后，逐渐强大起来。季历传位给儿子姬昌（即周文王）。

周朝历经多年经营，形成大一统的"封建帝国"。周人在全国建立了绵密的封建网络，以宗法制为基础，按血亲远近分为天子、诸侯、卿、大夫、士和庶人等多种级别。周天子和诸侯既是国君，又是宗主，具有浓厚的宗法家长制色彩。正如《左传》所说："天子建国，诸侯立家，卿置侧室，大夫有贰宗，士有隶子弟，庶人、工、商各有分亲，皆有等衰。"在家长制的等级结构中，天子对诸侯，诸侯对卿大夫，都有天然尊长的身份，不同身份的人需按一定规则从事社会活动，也就是通常所说的"周礼"。史料记载周朝肇创之时，封了70多个近亲诸侯国，每个封君前往封地时，率领部队和能工巧匠去建国立业。封君带来的族群居住于城内，当地土著居民住在城外。

周王把土地分给各诸侯，诸侯在自己的封国行使君权，统御人民。诸侯将部分土地分赐给卿大夫为采邑，卿大夫再分给士，士分给庶民（奴隶）耕种。自天子，至诸侯，至卿大夫，至士，在全国范围形成一座庞大的政治金字塔，实行"世官世禄"。分封内的土地，只有占有权和使用权，没有所有权，亦不得买卖或转让。农夫除经营自己的"份地外"，还要"同养公田"。在井田制下，公田是被天子作为禄田赐给各级贵族和封建领主的；耕夫的"份地"则是国家的籍田。作为授田的条件，农民首先要为贵族和领主助耕公田，世世代代提供无偿劳役。平时每周至少3～4天时间在领主的公田或宅邸服役；一到农忙必须放下自己农田上的活计，全家出动去为领主劳作，"公事毕，然后敢治私事。"正如《左传》所云："民三其力，二入于公，而衣食其一。"在授领的"份地"上，农民要向王室或贵族缴纳一定数额的贡赋。据《孟子·滕文公》所云："夏后氏五十而贡，殷人七十而助，周人百亩而彻，其实皆什一也。"这里的"五十""七十""百亩"是"份地"的数量；贡、助、彻可能是地租或赋税的统称；"皆什一也"是农户田亩应纳的税率，"什一"就是十分之一。后世学者对此争议颇多，看法各异。有的认为"什一之税"未免太低了，不完全是农户应缴的数目，而是贵族领主向公室缴的税率；有的认为"什一之税"可能是指劳动者在兵役、徭役之外应纳的田亩税率；还有的认为，当时生产力水平较低，剩余产品不会太多，"什一之税"并不算少，它就是农户"份地"应缴的赋税。除此而外，遇着贵族领主起宫室、营台榭、修宗庙或筑城郭，随时可以把他们征调到鞭子底下做苦工。王室、诸侯打仗，他们还要供应军需，参与作战。有时因徭役繁重，负担过重，使他们不能正常进行农业生产，往往会贻误农时。《诗经》中就有耕夫发出的感叹，对当时的处境极为不满："王事靡盬，不能艺稷黍，父母何怙？悠悠苍天，曷其有所"？"彼有旨酒，又有嘉肴……念我独兮，忧心殷殷，天天是稼"。

四

井田制起源很早，相传"黄帝穿井"以解人们饮水之用，随之开创了人们聚井而居的居住方式和以同井之民为一耕作单位的劳动和管理方式。不过那时的土地是氏族的公地，土地集体所有，由氏族成员共同耕作。收获物在氏族共同体内分配，基本上人人平等。正如《抱朴子·诘鲍》所言"身无在公之役，家无输调之费，安土乐业，顺天分地，内足衣食之用，外无势利之争"。自夏开始建立了世袭的奴隶制国家，王室成为土地的所有者："普天之下，莫非王土；率土之滨，莫非王臣。""天子有田以处其子孙，诸侯有国，以处其子孙，大夫有采以处其子孙。"这样逐层分割，最后把土地颁赐给平民。这使得土地形成事实上的重叠关系，农民通过对土地的依附，进而产生了对土地主人的人身依附。

后世对先秦特别是夏、商、周三代以来的井田制有不同的看法，歧义颇多，有些学者甚至怀疑它的存在。而多数学者却认为，井田制虽不像古籍记载的那样方方正正、规整划一，但它作为一种制度还是存在过的。徐喜辰先生在《井田制度研究》一书中认为，井田制是从原始公社所有制向私有制过渡的一种农村公社制度。这种制度可能从夏代就开始实行了，直到战国废井田、开阡陌才完全改变。可以说，它是三代农村的社会组织结构和农业生产单位，其中的公田与份地，正是当时土地最基本的分配和占有形式。其实井田作为一种制度，从其产生时起，就具有两种性质：一为自然性质，就是田地划分的形式。田地状如"井"字，起因于农业生产的需要，因为它需要排水灌溉，需要阡陌通行，为方便农民耕作，自然田方如块，比较规整。二为社会性质，就是土地所有权问题。土地归国有，贵族们利用特权，以井田为手段，对农民进行劳役剥削，土地按井字划分，付以一定的面积，便于贵族们考核农民或奴隶们的工作量，或计算对他们的劳役剥削。所以井田制度是当时社会化、政治化的一种产物。正如《国语·晋语》所云："公食贡，大夫食邑，士食田，庶人食力"，这种只剩下农村公社躯壳的田制在中国古代一直称之为"井田制度"。

万世传宗始于婚

早在100万年前的旧石器时代，我们远古的祖先就生活在这片富饶的土地上，他们一代代繁衍生息，薪火相传，创造了悠久的历史和灿烂的文化。他们在极自然的状态下，在男欢女爱的追逐中，绽放出艳丽的爱情火花，很早就确立了婚姻、家庭的生活场景，收获了丰硕的爱情之果。

一

《吕氏春秋·恃君览》云："昔太古无君矣，其民聚生群处，知母不知父，无亲戚兄弟夫妻男女之别，无上下长幼之道。"《列子·汤问》亦云："男女杂游，不媒不聘。"从这些传说中，可以看出我国远古时代"婚姻杂乱"的影子。一些学者曾对我国远古时期的婚姻状况进行过推测，认为在猿人社会的原始族群早期阶段，两性关系是杂乱的性交关系，人们的婚配是随意的，既没有兄弟与姐妹婚配的限制，也没有上下辈婚配的限制，这是人类脱离动物状态之后的必然发展阶段，他们"聚生群处……无亲戚兄弟夫妻男女之别，无上下长幼之道""男女杂游"，无任何习俗或行为的限制。随着采集、狩猎经济的发展，特别是劳动中按年龄分工的出现，促使原始人群开始分化，青壮年经常外出采集、狩猎，老年人则留在住地照料幼童或修制工具，这使年龄相当的同辈男女有经常接触的机会，加之不同年龄的男女在生理条件上的差异，使人类逐渐排斥由不同年龄引发的代际性交关系，遂使上下辈之间的两性关系日趋衰亡，发展和产生了人类历史上第一种婚姻形态——血缘婚姻。血缘婚姻是血缘群体内的等辈通婚，即在一个母系胞族内所生的兄弟姐妹互为配偶。那时每个母系胞族既是一个生产、生活单位，又是一个内部互婚的集团。这种原始的群居生活，历史学家称它为"内婚制家庭"。这样的婚配制度在历史上经历了很长的时期，至少有100万年的历史。

人类婚姻家庭的进一步发展，是逐渐排除亲兄弟姐妹间的婚姻，继而排除一切母系血亲间的婚姻，即由血缘群婚（族内婚），发展为氏族群婚（族外婚）。这一巨大的进步，导致人类的体质由猿人进化为智人。在长期的内婚制下，生育的后代因血缘太近，出现相当多的危害：有的发育不良，有的痴呆聋哑，有的出现畸形，有的过早夭折。当这些现象在漫长的岁月中反复出现时，迫使人们逐渐引起注意，并慢慢探究和追根寻源。当他们在长期实践中发现一些由于偶然的原因或机会，两个不同血缘集团的个别男女相互接触，最终结合

到一起，生育的后代出现许多明显的优势，不但发育良好，体格强壮，智力发达，很少痴呆、聋哑或畸形的现象，开始对内婚制的不良后果有所警觉并出现动摇，促使他们逐渐限制血缘内部的通婚。最初是从排除同胞兄弟姐妹之间的通婚开始，进而扩大到排除以母系旁系的兄弟姐妹，于是血缘内婚制逐渐转向氏族外婚制。

氏族外婚开始是两合群婚，即甲氏族男子与乙氏族的女子婚配，乙氏族的男子与甲氏族的女子婚配；结婚双方是两个氏族，氏族内部排除了一切性关系。两氏族中个体男女之间的婚配是不确定的，彼此间没有明确的对应次序，只是群与群的两性关系，历史学家称其为"两合氏族群婚制"。这种不同氏族间群与群性关系的结合，恰恰就是遗传学中的杂交优势。杂交的结果使后代健壮、有力、生命力强、智力发达。机体的不断进化，促进原始人群的生产、生活随之改变，象征着全新的"智人"时代开始了。传说中女娲、伏羲兄妹成婚、夫妻相称的故事，大约就出自这一时期。其实女娲、伏羲原本是两个不同部落的首领，他们结为夫妻，并非兄妹结合，而是两个部落的联姻。而且对女娲、伏羲都不能理解为是单独的个体，即可能是两个部落的男女群体。这从山西吉县人祖山的传说和现存实物中可见端倪。据传这座人祖山就是女娲部落的所在地，山上有座人祖庙，供着女娲、伏羲两人的神像。山下有个柿子滩，现存万年前的岩画，上画众多女子全身裸体，乳房下垂，史学界推测为女娲部落女子的群像。

氏族外婚制历经漫长岁月，逐渐孕育形成一种新型的婚姻体系——对偶婚。成对的偶居男女日益趋向稳定，以至逐渐取代了群婚制。人们进入全新的新石器时代，不仅使用磨光的石器、烧制的陶器，且开始经营原始种植业、驯养家畜；出现了定居的村落，真正具有村居气息的农耕生活开始了。这种情况发生于母系氏族的晚期。此时的对偶婚还不完全成熟，还是一种不稳定个体婚。一般是男子出嫁，女子迎娶。女子终身与自己的母系亲人居住在一起，死后也埋在一起。而娶来的丈夫，不仅随时可以解除婚约，死后还须返回自己的家族，与自己的母系亲人埋在一起。

对偶婚给家庭增添了一个新成员，除生身的母亲外，又确立了生身的父亲。尽管子女随母不随父，夫与妻、父与子女生为一家，死后却不能同穴。但在夫妻、父子、父女共同生活的时段，男子的劳动在家庭经济中日益举足轻重，承担的责任义务也愈益突显。慢慢地，男子在家庭中的地位逐渐上升，最后取代女子成为家庭的家长。男子成了家庭的主宰后，家庭发生震撼性的变革：由女娶男变为男娶女，进而变对偶婚为一夫一妻制，变母系制为父权制。

妻子成了男子的附庸，男娶女嫁的一夫一妻制父系家庭成为普遍通行的婚姻形态。

二

那么，我国是从何时转向父系制呢？不同地方有不同的时段，即使同一地域也可能有先有后。但总体而言，应发生在耜耕农业出现之后，距今 5 000 年以上。这一时期的农业已高度发达，男人逐步成为农业生产中的主要劳动力，在物质生产过程中发挥着主导作用，因而引起家庭关系上潜移默化的变化，男人成了家庭中的家长，父系制逐渐取代了母制。大汶口文化遗址的发掘，印证了这一进程与规律。该文化遗址分早、中、晚三期，早期距今约 6 000 年左右，考古发掘的墓葬，与半坡、姜寨遗址相差无几。有单人葬、同姓合葬、集体多人葬和母子合葬。而同姓合葬仍然居多，表明父系氏族尚未形成。而到了大汶口文化中期，距今 5 500 年左右，所发掘的墓葬已与早期墓葬大不相同，除了多数单人葬外，出现了年龄相当的成对成年男女的合葬墓，早期的同姓合葬墓和集体多人合葬墓已消失，这是一个明显而重要的变化，同姓合葬墓的消失，说明母系氏族已不存在；集体多人合葬墓的消失，说明父系制的转变已完成；而成对成年男女合葬墓的出现，则是父系氏族已形成的标志。妻随夫葬已成事实，妻子已失去了自己的族籍，归入丈夫的世系中。尽管存在着相当数量的单人葬，但并非是母系氏族独有的，整个父系氏族时代都存在。大汶口文化晚期的墓葬与中期墓葬并无多大差异，所不同的是随葬品悬殊颇大，反映出不同父系家庭之间的经济差别，表明私有制已有所发展。

父系氏族社会的重要标志，是在婚姻关系上牢固的一夫一妻制，以男系血统为延续。一夫一妻制出现之初，个体小家庭还只是单纯的婚姻关系，经济上仍然依附于家族共同体，人们还生活在集体公有与集体分享的原始共产制之下，不仅土地为家族公社共有，生产也可能由公社统一组织，收获物在家族内统一分配，维系家族关系的依然是血缘纽带。一个父系家族居住在一个村落里，家族的首领具有绝对权威，享有优厚特权，每个小家庭都依偎在那一栋栋、一排排屋址中，家庭的权利义务还无从谈起。随着时间的推移，新兴的父权制在与私有制的角力碰撞中，为一夫一妻共居一室小家庭的独立提供了强有力的支点，小锅饭的诱惑胜过大锅饭，小家庭逐渐实现了生产到消费的统一。与以往动辄数百乃至上千的家族共同体相比，一夫挟五口、治百亩田的农耕小家庭，无疑更加恬适自足充满活力。于是家庭终于从家族共同体中游离出来，成为独立的经济单位和社会单位，家庭的职能逐渐得到完善，权利义务日益明

晰，夫妻成为家庭经济的重要支柱。

父系氏族社会的一个显著标志，是男性家长对家庭成员拥有绝对权力，妻子、儿女处于屈从、依附的地位。在父权制下，"家统一尊，祖在则祖为家长，父在则父为家长。"所谓"家无二祖，尊无二上"，讲的就是这种伦理秩序。父系家长拥有很多特权，他可以一妻多妾，但要求妻妾必守贞操，一旦越轨，即可处死或休停再娶。对子女也同样十分严苛，儿女只能顺从不能违逆，否则轻则惩罚重则辄杀。家长握有家庭财产的支配权，"一户之内，所有田粮，家长主之。"当然家长对家庭的责任义务也是全面的，对供养家属有不可推卸的责任。不论妻子儿女能否参加劳动，他都要负责供养，家内尊长更须赡养了。正如《韩非子》所说，当家长的必须"夜寝早起，强力生财，以养子孙臣妾。"可见"家统一尊"的身份使家长具有全能性：既负责家业的生产、经营，又负责对家属的教育、护卫、供养，还要负责安排和主持家内各种活动，如祭祀祖先、子女婚姻、亲人丧葬、家内纠纷、对外交往等，"一家之中，大小事务，悉主于家长。"

不过客观地说，婚姻并不等同于家庭。所谓家庭至少包含以下内容：一是婚姻基础，即男娶女嫁，夫妻相聚，男成室，女有家，置产立业。二是供养能力，即经济上相对独立，生产生活上能够自理，有能力赡养尊亲、抚育子女。三是伦理秩序，一方面是凝聚家庭亲和力，崇尚"父慈而教、子孝而箴、兄爱而友、弟恭而顺、夫和而义、妻柔而正、姑慈而从、妇听而婉"的亲亲关系；另一方面是确立家长权威，恪守"父辈称尊、子辈称卑、兄行曰长、弟行曰幼、男子处尊、女子处卑、正妻为嫡、媵妾为庶、嫡子为贵、庶子为贱"的尊尊节义。各安其分，各守其志，以维护家内人伦秩序。只有同时具备这些要素，才算真正构成了家庭。

三

我国家庭职能的真正确立，始自春秋战国。这一时期各国纷纷变法，广大的个体小家庭终于逐渐从氏族共同体中挣脱出来，成为相对独立的经济单位。公元前594年，鲁国率先实行"初税亩"，土地不再分公田、私田，贵族平民皆可耕种，一律按亩征税。紧接着秦国在商鞅的倡导下，颁行"制土分民"法令，"废井田、开阡陌"，把原来的田疆地界一律打破，土地分给农民耕种。随后又确立户籍制度，"民有二男以上"必须分开居住另立户籍；不分者加倍征税。加之铁制农具、牛耕以及水利灌溉的相继应用，客观上也为个体家庭进行独立生产提供了充分的条件。一夫一妻同居一室的小家庭逐渐上升为独立的经济实体，成了小土地所有者。从此家庭成为我国乡村最小最稳定的经济社会组织，形成了男耕女织的小农经济格局。

那么，维系婚姻家庭的基础是什么？它的生命意义在哪里？美国著名学者摩尔根曾经说过："家庭是一个能动的要素，是最有活力的细胞。"家庭这个古老的组织，既不是单纯的经济组织，也不是单纯的社会组织，而是集生产、消费、生育、教育、伦理、文化等功用为一体的经济社会组织。它所具有的某些天然属性，能够充分适应和满足社会的多种需求。

家庭是建立在最紧密的血缘和婚姻关系基础上的具有多重功能的社会群体，其内部结构简单而密切。一个完整的家庭，有由婚姻联结而成的夫妻关系，也有由血缘联结而成的亲子关系、兄弟姐妹关系。家庭成员之间共同生活，具有密切的经济交往关系，还有在此基础上形成的感情、伦理、道德、文化等多种因素，使相互之间的亲和力、凝聚力最为牢固，信任感、认同感亲密一致。因此家庭无需依靠经济上的计较，就能使各个成员保持强烈的协作意愿，无私地奉献自己的智慧和力量。家庭组织的这种特性不但使管理成本最低化，而且随时可作出十分灵敏、十分及时、十分准确的反映，以适应和满足农业生产以及社会的各种需求。

家庭组织具有持久的稳定性，在一个家庭内血缘关系是无法选择的，但一经形成，就具有牢不可破的信念与默契。"打虎还是亲兄弟，上阵须教父子兵"就是这种信念与默契的生动写照。他们是由血缘传递而成的亲缘体，是"打断骨头连着筋"的亲骨肉。婚姻关系虽可以选择，但一旦结合，便具有长久性。这样的结合正是家庭生儿育女、人丁兴旺、宗祧相继、薪火相传的链条和纽带。因此家庭在一切社会组织中是最稳定的系统。《礼记》一书中说"父子犹如头和脚，兄弟犹如四肢，夫妻互为各半，合为一体。"由于"父子一体、夫妻一体、兄弟一体"，所以家庭间的亲缘关系是亲密无间、割舍不断的。

家庭是具有生产、消费的同一经济组织，在小农经济时代，家庭组织具有天然的劳动互补性。家族成员在性别、年龄、体质、技能上的多层次性，比较适应农业生产的特点。在影响因素既不确定又复杂多变、劳动时间被分割得支离破碎的农业活动中，能否充分利用闲散时间和辅助劳动，往往具有决定性的意义。这在分工严格的其他社会组织中很难做到，而小农家庭的自然分工却能较好地发挥这种作用。一个普通农家，上有老、下有小，夫妻中间为主角。平时家庭生产以夫妇为主，男主角从事田间劳动，女主妇从事家务。到了农忙季节老人、小孩都可以下田劳动，它的实际就业面很宽。正是家庭这种灵活的变通与安排，满足了农业对劳动力季节性需求的差别。

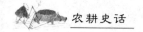
子孙绕膝天伦乐

任何社会都是以三种生产为内容的：一是物质资料的生产和再生产；二是精神生活的生产和再生产；三是人的生命的生产和再生产。而一切的一切都是以人的生命存在和生产为前提的。没有了人，就没有社会，没有历史，也就没有了意义和价值。正因为这个缘故，人的生命，人的生命的再生产，自古以来就有着重大的价值意义。人们进行各种活动的一个基本的动机，就是为了人，为了人的发展。人的生命的生产，既是一个自然的过程，也是一个社会的过程，是在一定社会中存在的男人们和女人们，通过一定的社会形式而结合，生产出自己的后代，为社会的发展提供源源不断的动力，从而构成人的生产的环环相扣的链条。每一代人都有自己的根，每一代人又都有自己发展出来的枝和叶。

一

在生命传递的过程中，首先是夫妻人伦关系。夫妻为人伦之始，自古"男女交合，子乃出焉"，这是万古不移的规律。人类脱离野蛮时代进入文明社会之后，由夫妻而父子，就一直是种族延续、生命传递的主渠道。生命传递过程中父母与子女、子女与父母的关系，是一种最基本的人伦关系。父母之于子女，是一种血缘派生关系，无论任何社会任何时代，都是伦常根本，既无可选择亦无可代替。父母爱子女，首先是自然情分，自身所出，其亲自厚，舐犊之情，人所共存；子女之于父母，既有生身之恩，养育之情，也还有教化之德，自然应反哺衔食，追养继孝。生命传递过程中的一母同胞兄弟姊妹，是一种血缘相同的亲缘关系。他们同根同源，秉承的血统份额是相等的，彼此间相互依赖、相互助益，奉行的原则是"兄友弟恭，平等相待"。幼时，兄弟姐妹在父母的呵护下，匡床蒻席、相拥相抱，亲情占主导地位；待长大各自成家后，相互间就变成了一种亲情关系，他们同生共长，手足情深，是推动家庭兴旺、人丁繁茂的重要动因。

自家庭脱离氏族的怀抱后，一夫一妻为核心的家庭便上升为主导地位，家庭的生育理念及人口的发展状况，一直影响着后世的人们。整个传统时代，家庭都在追求"子孙满堂、家口繁盛"。这是因为自给自足的自然经济，一家一户的生产方式，必须以充足的劳动力作保证，多生男子、增加"田力"成了农家美好的愿望。此外养儿防老和传宗接代，也是农家根深蒂固的信念。"不孝有三，无后为大""上以事宗庙，下以继后进"的古训，历来为农家所崇尚。因而多生多育、子孙兴旺、世代相继，就成了农家人口再生育的行为圭臬。

对于普通农家而言，理想的家庭规模应是多少呢？战国时期的孟子曾作过这样的描述："明君制民之产，必使仰足以事父母，俯足于畜妻子，乐岁终身饱，凶年免于死亡。"如何做到这一点呢？他又说："五亩之宅，树墙下以桑、匹妇蚕之，则老者足以衣帛矣；五母鸡，二母彘，无失其时，老者足以无失肉矣；百亩之田，匹夫耕之，八口之家足以无饥矣。"意思是说一个普通的 8 口之家，理应使他们上足以奉养父母，下足以供养妻儿，丰年丰衣足食，荒年不致饿死。为此每个家庭有 5 亩宅院，周围广植桑树，由主妇采桑喂蚕，从事纺绩；庭院内搞畜禽养殖，多饲鸡猪；百亩农田由主人经营耕种，国家不征或少征徭役，不误农时，8 口之家可衣食无虞了。家中老人不仅可穿丝着绸，而且终年可吃到肉食。这里说的"八口之家"有哪些成员呢？从"仰足以事父母，俯足以畜妻子"的话来看，大概是一个三代复合家庭，上有父母，中有夫妻，下有三四个子女。

二

从传统的观念来看，一个农民家庭至少要有一个男孩，才可以使家系绵延，但从婚姻的角度看，还须再生一个女孩，以便维系社会男女性别的平衡。一个家庭一子一女，儿女双全，是最起码的社会要求，也便于男孩找到配偶。然而多数家庭并不满足于此，为了壮大门庭，父母还要追求第二对或第三对子女。第一对是为家系绵延，香火传递；第二对或第三对则是为光大门楣。

不过现实生活中的家庭规模及人口结构远比人们的想象要复杂得多。在中国历史上，农家的理想追求和统治者的人口政策往往是并行不悖的。春秋战国时期，很多诸侯国为了扩充势力，称霸天下，普遍推行积极的人口政策。齐桓公治理齐国曾下令："丈夫二十而室，妇人十五而嫁。"越王勾践被吴王夫差打败后，为了重整越国，曾明确规定："男子二十不娶妻，女子十七不出嫁，罪其父母。"同时还规定，一对夫妇生一男奖励两壶酒，一条狗；生一女奖励两壶酒，一头猪；一胎生两子的官府给予粮食补助，生三子的给雇乳母。进入战国，秦国率先变法，商鞅推行二男以上父子分居异财别籍的改革措施，家庭规模开始趋小，但鼓励人口生育的政策并未改变，以"小家多户"为主要发展模式。汉承秦制，最初的家庭人口和秦大体一致。但随着社会的稳定，小农经济的定型，加之别籍异财的制度日渐松弛，乡村出现了一定数量的"中家"，还出现了少量的大地主家庭。这些"中家"和大地主家庭的人口大大超越普通农家的人口数量，且越到后期越加严重。王符在《潜夫论》中说，东汉末年"贡荐则必阀阅为前"。意思是说，推荐人才，总是以名门大族为先。这些名门大族一是人多势众，声名远播；二是占有大量土地，庄园遍布。

魏晋至隋唐，是家庭规模逐渐壮大的时期。随着小农经济的确立和社会的稳定，家庭规模过小的弊端逐渐显露出来。广大农民家庭本来田产就不多，儿子成年后析产分家，会把家产分割得过小，导致生活贫困，往往儿子越多家产越分散，家境越穷；在生产手段以人力为主的时代，父与成年的儿子，是家中的主要劳动力，分家后等于把生产力化整为零，不利于生产经营。另外，家庭规模过小也不利于老人赡养，有违立身行孝的伦理。于是从曹魏开始，废除了二男以上必须分居别籍的小家庭制度。明文规定，只要父母及祖父母乃至曾祖父母、高祖父母在世，子孙都不能分家，从而出现了一些三世甚至更多世系累世同居共财的大家庭。隋唐进一步强化了对父、祖在子孙别籍异财的处罚力度，如祖父母、父母在，而子孙别籍异财者，徒三年；如系祖父母、父母令子孙别籍异财，父、祖要被徒刑二年，因此出现了相当数量的大家族家庭。据《通典》记载，到唐中叶肃宗乾元三年，全国户均人口达8人之多，比秦汉翻了一番。《旧唐书·张公艺传》记述，唐郓州寿张县有个张公艺家族，从北朝开始就同居共食，至唐初已延续9代。一次唐高宗李治亲临其家，在旌表赏赐的同时，询问其家族团结不散的原因，张公艺连续写了100多个"忍"字，意在表明家族团结不散就在于忍让包容。只有相互忍让，大家才能相安无事，长久相处。

这样的情形不独在盛唐，即使是魏晋南北朝那样大动荡的年月，大家族家庭同样蓬勃发展，甚至出现"百室合户、千丁共籍"的士族家庭。据《魏书·节义传》记述，北魏卢伯源与卢昶兄弟"父母亡后，同居共财，自祖至孙，家内百口"；博陵李几"七世共居同财，家有二十二房，一百九十八口，长幼济济，风礼著闻"。这些家族往往是"牛羊掩原隰，田池布千里，虽朝代推移，鼎迁物改，犹昂然以门地自负。"众多子孙即便都已娶妻生子，也不分家析产别籍异财，常是家口溢室、子孙盈房，童仆成群，势倾于邑。更有意思的是，由于社会动荡，战乱频仍，赋役沉重，一些平民小户为躲避战乱和逃避赋徭，也竞相投奔和依附这些势族。他们不愿做独立的"编户齐民"，而是把全家户口登记在这些势族大地主门下，不再向国家承担赋役，以佃客身份世世代代隶属于主人。

这些大家族，为使家门雍睦，持盈保泰，根深叶茂，累世相继，无不以农桑起家、教育兴家。他们凭借优越的财富资源，办学兴教，"书之玉版，藏储金匮，生子咳喤，师保导之"，家室子孙靡不受教。长期的教育熏陶，确有一些子弟学养有素，儒雅清幽。他们通经史、博典籍、悉礼仪、笃品行，使家教门风焕然一新，旧望新声绵延不衰。其文化积淀绝非一般平民小户所能比拟。某些大家族为"轨物范世，整齐门内，提撕子孙"，还制定有严谨的家规、家训。南北朝时期的《颜氏家训》就是家族教育的最好典范。

宋至明清，家庭的演变进入新的时期。商品经济的发展和科举制的盛行，使世家大族走向衰落，经济、政治特权逐渐消失。特别是租佃制的兴起，使人身依附关系日趋削弱，富家大族的传递变得极为困难。原来依附于世家大族的个体小农，逐渐独立出来，成为自立门户的个体家庭。即使是世家大族中的子弟也纷纷分门立户，建立起自己的小家庭。正如钱穆先生所说："论中国古今社会之变，最要在宋代。宋以前，大体可称为古代中国，宋以后，乃为后代中国。秦前，乃封建贵族社会，东汉以下，士族门第兴起。魏晋南北朝迄于隋唐，皆属门第社会，可称为是古代变相的贵族社会。宋以下，始是纯粹的平民社会……故就宋代言之，政治经济，社会人生，较之前代，莫不有变。"

三

不过也不能简单认为累世同居的大家庭从此就不复存在。从全国来看，不同时期、不同地域，特别是城市与乡村的家庭还是有区别的，两者的价值取向也是不同的。相对来说，城市的繁荣，交通的便利，文化的发达，使世代垄断政治、经济、文化的特权大家族逐渐趋于衰落。而在广大的乡村中，累世同居、子孙盈室、世系相传的大家族仍是农家所仰慕和追求的。实际生活中，这样的累世大家族在乡村也是屡见不鲜的。《宋史·孝义传》记载，会稽云门山前乡民裴承询家族 19 世同居共食；同邑的姚宗明家族 13 世同居共耕。他们的共同之处是"世为农，无为学者""子孙躬耕农桑，仅能给衣食"。另据《元史·张闰传》记载，延安府张姓家族，从宋代起，8 世不异爨，家有百余口，向来没发生过争吵，族长在长房中产生，族人世代务农。农家何以执著于累世相依的大家族？因为就农村而言，聚族而居的生活方式，易于维系传统的家族伦理与家族凝聚力；农业生产的季节性特征，决定了族人之间的紧密依存关系；相对低劣的自然社会环境，迫使他们形成抱团取暖的生存意识。

但从历史发展的进程来看，这样的大家族毕竟是极少数，占主导地位的仍是小家庭或中小家庭。孟子笔下的"八口之家"，正是农家不懈追求的目标。一般家庭，一个成年男子有两三个子女并不为奇，在他们之上还有父母双亲，因此父祖与子孙同居的七八口之家是极正常的现象。祖父母仙逝后，可能由三代同居演变为两代同居，但随着儿子成年娶妻生子，又由两代同居演变为三代同居，这是家庭基本的循环模式。这样的家庭明清史籍中记载很多。清雍正年间的《四川通志》称："蜀中元年既复，民数日增，人浮八口之家，邑登万户之众。盈宁富庶，虽历代全盛之时未能比隆于今日也。"何止四川一地，当时八口之家非常普遍。

清末，太平天国创始人之一的萧朝贵，原本是广西桂平县一个普通的农民，起义封王后曾介绍过自己的家庭："朕有三子一女，长子十八岁，次子十五岁，三子十三岁，长女十六岁，幼女十一岁，还未安名也。"虽说这仅是个"两世之家"，但恰是"儿女成行"的兴盛之门。对农家来讲，也是一个理想的家庭构成，由夫妻及三子二女组成的七口之家，子与女的数目及年龄间隔，都是恰到好处的。长子、长女已届婚龄，行将嫁娶；次子、三子在农田中已能得力；膝下还有一弄瓦小女以点缀天伦之乐。劳动之余、茶余饭后或早晚晨昏，儿女问安、子孙绕膝，或说或笑，或戏或闹，有说不完的温馨，享不尽的乐趣，构成家庭生机勃勃、其乐融融的一幅生动场景。这样的家庭，如果上有祖辈健在，下再娶媳生孙，盎然是一个完美的"四世同堂"了。

四

为使家室兴盛、香火有继，在中国的婚姻史上，还有一种很奇特的现象。这便是一夫一妻制基础上的媵妾配偶。从古代原始群婚制解体之后，一夫一妻制的个体婚姻便逐渐形成。一个男人只能有一个正妻，称作嫡妻，所谓一夫一妻制正是从这个意义上来说的。而在嫡妻之外，还可以有媵妾作为配偶。媵是嫡妻的伴嫁女子，而妾是未经正式聘娶而纳的女子。媵的地位比正妻低，但又比妾高。妾的来源比较复杂，有的是买来的，有的是家中的女仆，有的是战争中的女俘，有的是亲朋赠与的，在家庭中的地位是最低的。在整个封建时代，置媵纳妾是王公贵族和缙绅之家的事情，但平民百姓经济条件允许也可纳之。金天德二年朝廷诏令"庶官许求次室二人，百姓亦许置妾。"元代又进一步规定："宜令民，年四十无子听取妾，已继宗祀计。"明清两代维持了元代的规定，允许无子者纳妾。当正妻难以生育时，通过纳妾来弥补，使家庭香火不致中断。

可以说在男耕女织自然经济时代，多子多福、人丁兴旺向来是农家的企盼和不懈的追求。他们不向往三妻四妾，但却羡慕子孙满堂。这从各地很多乡规俚俗中可见端倪，如江苏、浙江一带乡村，新郎新娘在拜堂成亲时，就寄寓着这一浓浓的愿望。新娘入洞房时地上要铺麻袋，麻袋一般有 5 条，新人每走过

1条，喜娘立即将其移置前面，1条接1条，直到洞房门口。当地人称其为"传袋"，意即"传宗接代"。传袋时，司仪要唱仪式歌："一袋传一袋，新娘子脚踏凤凰袋，新新娘子新新郎，一双金莲插在百子堂，百子堂上出贵子，贵子之中出了状元郎；一袋传一袋，找架麒麟送子袋，张仙送子到堂上，代代儿孙尽奇才；二袋传三袋，魁星提笔点元来，名标金榜上，福禄一齐来；三袋传四袋天宫赐福把门开，门前流水长长在，子孙兴盛万代载；四袋传五袋，五子登科一齐来，儿孙个个高官做，个个儿孙俱全才。"这种仪式看似很俗，但俗不伤雅，寄托的是农家的殷殷情怀。不过任何事情都不是绝对的，在小农经济时代，一些家庭常处于贫困之中，他们中"生儿不复举养，鳏寡不敢娶妻"者大有人在。

安土重迁守村野

在人类历史上，村落起源于旧石器时代中期。随着人类的文明进步，原始人为了生存延续，单独生活是相当困难和危险的。为了更好地生存延续，往往是一群人聚集在一起，于是出现了最初的村落。后来，在原始公社制度下，形成了以氏族为单位的村落。进入奴隶制时代，一些中心村落逐渐演变为都邑或城市。从出现城市之后，城市与农村两种不同的聚落文化就开始分道扬镳，形成各具特色的发展之路。城市以其显贵云集、工商互市、士人聚居的特有优势，优先发展了科学、教育和文化，建立了一套完备的政治体系和上层建筑，逐步形成了台榭日高、园圃日广、文明益进、财富积聚、政令以挟、制度以陈的天潢贵地；农村则占据着广袤的土地、丰饶的资源、壮丽的景观，形成自己特有的风貌和文化，建起了星罗棋布的农家村落，人们世世代代固守在田野上，延续着数千年不衰的农耕生活方式，"日出而作，日入而息""食惟田亩，衣惟桑帛，男耕女织、自给自足。"从一定意义上说，农村文化更能体现人类的初始特征，更接近于整个人类文化的本原。人类初始阶段是没有什么农村、城市之别的，在广袤无垠的大地上，先民们栉风沐雨，艰难跋涉，推动社会日益走向文明进步。自从有了城市，原有的社会形态打破了，城市与农村的格局形成了。最初的城市往往被称作"国"和"都"，而广大乡村则称"野"或"鄙"；城市是酋邦或国家政治权力的象征，农村则往往是被控制和管理的对象；城市以王族诸侯等权贵政要及士人工商为主体，农村则以务农之民为依托。形成了政治上城市统御农村，经济上农村供养城市的国野关系。

这种国、野之分，实际上就是城市、农村的区分。周人灭殷后，无数的亲族臣属被封为诸侯卿大夫，他们率领子弟族众及工商士人来到新封地，把城邑占据了，田土瓜分了，统治者及血缘相近的族人，以及为他们服务的工商士人、女婢仆从居住于国中；广大平民和奴隶，包括一部分被征服而亡国的前朝贵族遗民，大都沦为新贵们的耕夫，成了他们永久的佃户，被圈定居住于野。进入春秋后，管仲治理齐国，依然恪守"农之子恒为农"的制度，要求士农工商"不可杂处"，士要住在学校附近，农要安于田野，工要迁就官府，商要居于市井。到了晋国同样是"民不迁，农不移，工贾不变""庶人力于农穑，商工皂隶不知迁业。"

战国以降，各国改革浪潮迭起，商鞅率先在秦国变法，废井田，开阡陌，把全国的乡村、城邑集中设置 31 县，县设县令和县丞，县以下设乡，乡以下设里，里中居民建立什伍组织，五家为伍，十家为什，不得随意迁徙和自由流动。李悝在魏国"作尽地力之教"，让人们世守田园。伴随着改革的大潮，井田之法在多数国家相继废除，土地私有制逐渐形成和确立，一家一户的生产方式大量涌现。

一

小农经济的生产方式，聚族而居的村落生活，乡党邻里的亲和关系，加上政府管理直透乡里，遂使广大农民固守于乡间，终身厮守着自己的土地和家园，形成一个个相对独立的封闭型"小社会"。整日面朝黄土背朝天，足不出村可足衣食，足不出乡可尽其用，社会交往极其狭隘，活动半径非常有限。多数农民一生困守于一乡一地，对外部世界一无所知，犹如生活在一个独立王国里。社会如一袋马铃薯，无凝聚力，无向心力，安土守业，累世乡居，世代传承。《史记·律书》说，古代封闭型家庭"至六七十岁翁亦未尝至市井"。南北朝时期的颜之推为家族所撰的《颜氏家训》中说："生民之本，要当稼穑而食，桑麻以衣；果蔬之蓄，园场之所产；鸡豚之膳，坍圈之所生，爰及栋宇器械，樵苏脂烛，莫非种植殖之物也，至能守其业者，闭门而为生之具以足。"告诫子孙要居家守业，勤事耕穑，以求自给自足，丰衣足食。

在农业为主体的社会里，农民世代从事不变的职业，居住在固定的地方，大多数村民世世代代住在一个乡里，一个村庄，过着日出而作，日落而息的生活。唐代诗人白居易的一首《朱陈村》，逼真地刻画出整个传统农业社会的村落生活："徐州古丰县，有村曰朱陈。去县百余里，桑麻青芬氲。机梭声札扎，牛驴走纷纭。女汲涧中水，男采山上薪。县远官事少，山深人俗淳。有财不行商，有丁不入军。家家守村业，头白不出门。生为陈村民，死为陈村尘。田中老与幼，相见何欣欣。一村唯两姓，世世为婚姻。亲疏居有族，少长游有群。黄鸡与白酒，欢会不隔旬。生者不远别，嫁娶先近邻。死者不远葬，坟墓多绕村。既安生与死，不苦形与神。所以多寿考，往往见玄孙。"不难看出诗中描绘了一个典型的农耕村落社会。男耕女织，自给自足；黄酒鸡豚，岁时不绝，生活恬静安适。从血统到身份，从物质到精神，都处于相当稳定的自然状态，仿佛置身于桃花源式的乌托邦中。可以说它是中国传统农耕时代广大农村的缩影。其成因是多方面的：

首先，农业自身的特点，决定了他们"逐田而居、安土重迁"。生产的产品可以满足家庭或村落成员的需要，故缺乏与外界交往的动因。正如《颜氏家训》所说，吃自己种植的粮食蔬菜、自己蓄养的畜禽肉食，穿自己纺绩缝纫的衣物，住自己修建的房屋，"闭门而为生之具以足"。这一经济运行的基本特征可以用四个字来概括，那就是"自给自足"。东汉末年崔寔所撰的《四民月令》完整地记述了一个农庄的农事活动。这个农庄包括同一宗族的若干家庭，农田种植有粟黍、麦类、秔稻、豆类等粮食作物和瓜瓠、苜蓿、芜菁等经济作物。还有很多果树、竹林和桑榆树木，除收获各种干鲜果品、砍伐竹木、收取漆汁桐籽外，还采收榆荚、桑椹。农庄里还有饲养业，主要是马、牛、猪、犬、羊、鸡等。此外植桑养蚕也是农庄里的一件大事，每年3、4月养蚕季节，妇女儿童全力以赴。蚕入簇结茧后，收茧、缫丝、织帛、染色都在家庭内进行。农庄内的家庭手工业也很发达，除缫丝绩麻纺织缝纫外，还有酿造（包括酒、酱、醋、油、糖）、建筑、食品加工（包括各种果脯、肉脯、糕点）、药材采集等。全庄所有家庭人口的衣、食、住、用以及医药养生，都是自给自足。

进入唐朝，小农家庭男耕女织、自给自足的自然经济已成为整个社会的基本形态。唐代比较富裕的农家追求的理想生活是"树之谷，艺之麻，养有牲，出有车，无求于人"。就是一般小农也在追求"衣食温饱自足"。而到了宋代，所谓"老农锄水子收禾，老妇攀机女掷梭"更是当时村落社会的真实写照。宋代著名思想家李觏幼年丧父，"家破贫甚"，其母"夜治女功，斥卖所作，以左财用"。明代撰写《庞氏家训》的庞尚鹏，在"家训"中规定：女子在六岁以上者，均按不同年龄发给棉麻，"听其贮为嫁衣""妇初归，俱令亲自纺绩，不许雇人""丈夫岁月麻布衣服，皆取给于其妻"。可见男耕女织、自给自足的生产方式，一直是中国乡村和农家难以割舍的信条。

其次，国家和政府的封闭性管理，也是限制和束缚农民自由的主要原因。有史以来，各个朝代的统治者为了把农民固定在土地上安心生产，以保障国家赋役和社会安定，对百姓实行严格的控制。每个朝代几乎无一例外地实行画地

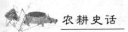

为牢的政策，倾全力将人民固着在土地上。从周代开始，专制君主就将"王土""王臣"并列为他们囊中的两大财富，分封诸侯，是与授民授土一并进行的，使人身、土地合二为一。秦以后历代政府都要通过建立户口、户籍，限制人口流动，禁止擅自迁徙。对土地造册登记，作为征收田赋的依据。

早在秦献公十年（前375年），秦国就建立了"户籍相伍"制度。秦王嬴政统治时期，户籍制度趋于完备，参照六国之律制定了全国通行的户籍管理制度。汉承秦制，户籍、田册制度更加完备。法令规定，乡民不经政府允许不得迁徙，擅自举家迁徙，要处罚家长，轻则服役，重则坐牢。不务本业，在城乡游荡者，要罚其劳役或军役。三国曹魏时期，政府大兴屯田，将大量失业流民编入到土地上，使土地和劳力实现有机结合，既解决了流民与荒地的问题，又安定了社会，但农民也被禁锢在了土地上。北魏实行均田制，直至唐中叶，都是计口授田，土不离人，人不离土。进入宋代，保甲制和乡约制并存，特别是乡约制，更是约束乡民自由的绊索。凡自愿入约者，必须遵纪守法，及时务农桑，交租赋，服劳役；不隐匿人丁、土地，不随意外迁。

明代，中央集权政治对人民和土地的控制更加严格。政府普遍设立了里甲制和关津制。里甲制规定，里甲内互相知保，不得隐藏人口，亦不能任意流徙，否则四邻都要连坐。关津制是里甲制的补充，在全国要冲之地，分设巡检司盘查行人。明律规定，出行百里外，没有州县所发的路引（通行证），民以逃民论，军以逃军论。里甲和关津把农民牢固地管束起来，强制他们固守于自己的家园与土地。清代的管理愈加严密，规定各户的丁口、田亩要详核登记，家庭互为担保，逃亡、流徙均为非法。每户发一印牌，上书户长及家庭成员姓名、年龄、职业等，政府定期不定期巡查，发现与印牌有出入，唯家长是咎，邻里也要连坐，甲长或保长连带处罚。

正是这诸多的制约因素，使中国农民自古养成了安土重迁的习惯，除少数行商走卒和宦游士子外，占人口绝大多数的农民，终身被禁锢在土地上，他们日出而作，日入而息，男耕女织，自给自足。除非极端严重的灾荒或战乱，是不能离乡背井、远走他乡的。

二

不过一个村落虽说就是一个封闭型的小社会，具有鲜明的自给自足的自然经济特征。但在村民之间或乡里内部实际上存在一种广泛的经济协作和交换补偿关系。在亲族之间、邻里之间、村民之间、亲戚之间，向来就有经济上的联系和生产、生活中的互助传统。"患难相恤、有无相通、守望相助、礼俗相交"，自古就是乡里社会约定俗成的"法则"。通过这些简单的互助协作、交换和互补，可以在很大程度上满足乡民日常生产和生活上的需要。从古代起，乡村社会就有主动关心亲戚、邻里的诸多典范。尤其是当村民邻里遇到困难时，富者出资出物，尽可能解囊相助，缺粮的赈粮，缺医的给药，缺棺的助安葬，缺钱的予财物。不仅在物质上帮助，精神上也加以慰藉。据《南史·孝义传》记载，南朝刘宋初年会稽永兴县有位姓丁的妇女，平素就肯帮助遇到困难的人，不管与自己家有无关系，只要对方有急难之事就主动伸手相助。有个乡邻叫陈攘，从小父母双亡，成了孤儿，丁氏将其收养在家抚养成人，给娶了媳妇才让他另过，恢复了陈家门户。

《元史·孝友传》记载，元代德州齐河人訾汝道，在家讲孝道，兄弟和睦，在外善待邻里。同乡刘显等人贫困无法维生，訾汝道一一分给他们田地，让他们收地租维持生活，直到他终老才把田地收回。有一年春青黄不接，一些村民的生活发生困难，他把自家的麦子、高粱借出。到了秋天，因蝗灾没有收成，借粮人无粮偿还，訾汝道把借约全部烧毁，不要他们归还了。

与此同时，农户日常生产中使用的铁、木农具，生活上所用的盐巴茶酒、陶瓦器皿等，不可能各家自己都能生产，于是农村集市顺势而生。最初，人们选择交通便利、人口较多的大村落为聚集交易的场所，每月定期而会。届时周边村落的农民、小手工业者、小商小贩都赶集赴会，进行商品交易，出售所余，购回所需。久而久之便发展为固定的集镇或街市。这种集市南方称墟或圩，北方叫集和会。

农村集市的历史可以追溯到春秋战国时期。据《史记·赵世家》记载，韩的上党郡"有市邑十七"，魏的大梁以东"方五百里"之地，有"大县十七、小县有市者三十有余"。唐宋以后，集市在乡间逐渐普及，据《元丰九域志》记载，元丰年间全国有镇市 1 871 个。浙江的临平、范浦、北关、青墩、清溪，苏南的角直、周庄、华亭等镇，已是驰名全国的大集市。到了明清，中国农村无论南北，集市星罗棋布，一乡或数乡、一村或数村就有一个集市。集市与乡民生产、生活息息相关，据《闽杂记》记载，福建各地"诸府乡镇间，市有定处，或二、七日，或三、八日，或四、九日为市期，百货皆聚，谓之墟场。"农村集市大多早集晚散，也有集中数日为市的，如明代青州安丘县的山三市，一年开市两次，每次集中交易五天；山西汾阳的三泉镇，每年春秋两会，会期半月以上；孝义县的兑镇，每月一会，每会三日。这些集会规模颇大，声名远扬，吸引相邻县乡各色乡民前来交易。宋代诗圣道潜在描述乡村集市景象时赋诗曰："或携布与褚，或驱鸡与豚。纵横箕帚材，琐细难其论。"可见多数乡

民是带着自己的剩余产品或特色产品来上市的，通过物物相交或先卖后买，交换到自己急需或所用的产品。从一定意义上讲，这种互换互利的交易，也是乡民之间一种简单的协作，同样是自然经济条件下的一种互助互济形式。

家国一体乡里制

在中国历史上，村落一般是最基本的地域单位，同时也是人们最基本的活动范围。中国古代乡村居民都习惯于相对集中地聚居在一定地域之内，几十户、几百户乃至上千户的居民，比屋而居，烟火相连，组成一个个村落。村落的名称，在一定程度上透露着村落形成的时代、原因或形貌特征。村址的选择，山区和丘陵地带，大多依山傍水，资源丰饶，风光壮美；平原地区则土壤肥沃，水系发达，交通便利。村落与村落之间，都相隔一定距离，其间是土地、山林或水域。这样的村落星罗棋布，镶嵌在辽阔的农村大地上。村民世世代代在村落里劳动、生活、繁衍。村落具有时间上的延续性和空间上的固定性，也就是说一个村落一旦形成，如果没有天灾人祸的摧残，是会在同一地点永久地延续下去的。即使有的村落偶然毁于战争或灾害，绝大多数也会在同一地点或附近地点，以同一名称重新建立起来。

村落内的村民聚族而居的现象十分普遍，"大村住一族，同姓数千百家；小村住一族，同姓数十家及百余家不等。"一个村落往往是一姓一族，起初多是一家一户定居，以后人口繁衍，逐渐发展成一个大家族。村民多是同一男性祖先的子孙，彼此间有着或亲或疏的血缘关系，是以血缘为纽带组成的家族社会。

一

聚族而居的村落一般都有两类并列平行的社会组织体系，一类是按地域关系划分的政权组织，如乡、里、保、甲等；另一类是按血缘关系构建的宗族组织，如家族、房支、家庭等。可以说家庭是构成村落的基础，而村落又是社会构成的基础。在中国历史上谁控制了村落，谁就赢得了统治中国的基础。正因如此，历代统治者都想方设法把星罗棋布的村落，通过一定的方式一级一级地统辖起来。

远在西周宗法社会里就曾实行过"五家为比、五比为闾、四闾为族、五族为党、五党为州、五州为乡"的制度。管仲治理齐国，以"五家为轨、轨十为里、里四为连、连十为乡、乡五为帅。"这种宗法加行政加军事的乡党什伍组织体系，成为后世农村基层行政组织的滥觞。战国时期，伴随着郡县制的形成，在县以下的行政组织结构中，有些国家推行乡、里、聚；有些国家推行连、间、伍；有些国家推行乡里制。叫法虽然不同，但总体上还是延续了西周宗法制的格局。秦汉时期，中国形成了统一的地方行政制度，县以下实行乡亭里制。十里一亭，十亭一乡。乡为县以下村落中最大的单位。亭为自然村落和民舍之馆。乡有三老、啬夫、游徼，三老掌教化，由年高德劭者充任；啬夫职听讼，收赋税，权力甚重；游徼逐捕盗贼，维持地方治安。乡吏乃郡县地方政府的属员。这种统治方法，就是以乡统里，以里临民的组织模式，故称之为乡里制。

南北朝时期，鲜卑族拓跋氏建立北魏，为维护地方治安，在政治上实行重大改革。特别是孝文帝时期，以三长制代替宗主督护制。三长制以五家为邻，立邻长；五邻为里，立里长；五里为党，设党长。选用乡村中能干谨厚者充任，负责稽查户口、征调赋役、管理民众。

隋朝建立后中国复归统一，为了有效控制地方，隋政权实行严格的编户齐民制度，建立起严密的乡党什伍组织体系。乡村居民以 500 家为一乡，设乡正一人；以 100 家为一里，设里长一人，由县官选取身家清白而精明强干者充任。隋亡唐继，县以下的基层组织仍维持了两级乡里制度。"五户为伍，十户为什，百户为里，五里为乡"。里设里正，负责向当地政府申报人口、土地，负责地方治安及租庸调征收；乡设乡正，主持民间诉讼案件，下派劳役赋税，督责户口调查。

宋初县以下有乡、里。乡、里不是以人口多少划分，而是以地域来划分。在乡、里组织中，设有里正、户长、耆长等职务，主要负责乡村事务。到王安石变法时，北方很多地方的"里"逐渐被保、都保所取代，变成了乡、保、都保等名称。后来又推行保甲制，将相邻 10 户组成一小保，设一保长；10 小保组成一大保，设一大保长；10 大保为一都保，分设都副保正。不过这种保甲制仅限于某些地区，并未在全国范围内推行。

明初，乡村组织可分为三级，最大者为乡，其次是社，最小者为村。社并非乡村行政组织，但自元代成为一种乡村区划。元末明初，很多乡村组织都以"社"来称呼，社长的权力日益扩大。到洪武十四年（1381 年），明朝政府设立里甲制，以 110 户为一里，设里长 10 人，推选丁粮多的户主充任，10 年一轮；其余百户编为 10 甲，每甲设甲长一人。里长、甲长负责基层户口、土地、治安、教化和赋役事务。又以税粮为依据，每万石为一区，选交粮最多的地主为粮长，专管田赋征收。清代，政府为了加强对地方的控制，在乡村实行了两种制度：一种是牌甲制，以维护地方治安而设；一种是里甲制，主要管地方赋税征收。牌甲制延续宋代的保甲制，10户立一牌长，10牌立一甲长，10甲立一保长。牌长、甲长、保长报官充任。每一编户门上挂一印牌，上面书写户主姓名和丁口数，便于稽查。

二

乡村民户向来就是专制统治的主要对象。而乡村组织正是这种专制统治的重要角色，它在维持国家赋役征收、兵员补给、地方治安等方面，发挥了无可替代的作用。所谓天下之治，始于里胥，终于天子，个中道理正在于此。在这个组织体系中，乡里头目是国家政策、法令的施行者，他们上受州县指令，体现国家意志；下连乡村农户，操纵监管乡民。基本职能是催征赋徭、宣扬教化、维护治安、课督农桑。

催征赋徭，是乡里政权的第一要务。每年农熟时节，乡里头目按自己所辖区域的土地和人口数目征派钱粮赋税，挨家挨户驱催。农户圆满及时缴纳者予以核销，少纳迟慢者辱骂责罚备受欺凌，正可谓"催租胥吏严相逼，里正打门急复急"。征收完毕，乡里头目俱到县衙交差、结账，领取完税凭证。至于其他名目的需索杂派，则不论是否农熟，随派随征不得延误。此外，他们还要为朝廷和各级官府圈派差役、杂役和兵役。这些无偿征调的科徭，皆由官府层层下达，最后到达里胥，"里胥之所令者，农夫而已。修桥道、造馆舍，则驱农以为之工役；远官经由，监司巡历，则驱农以为之丁夫；平时守边戍卫，战时起戎出兵，则驱农以为之兵丁"。为了使赋税、科徭征派有据，历代政府都十分重视户籍编造，或一年一造或数年一造。由乡里头目负责户籍、人丁、土地、家资的调查核实和造册登记。户籍的高下、丁口的繁寡与税数的多少，都由乡官里胥统计上报。倘若乡里头目心术不正，在造册登记时惟其所便，恣其所为，便会使奸户坐享无税之田，愚民枉纳无田之税。

宣扬教化，乡里设置"三老""里老"，掌管教化。他们一般由乡村中德高望重者或荣归故里的官员充任，由民推举产生。历来享有"众民之师、方巾御史"之称，既是乡里社会生活的楷模和表率，又是社会风气的训诫者和督导者。基本职责是"导民向善，倡良抑奸"。平时劝导民众"敬长爱幼、孝顺父母；邻里和睦，互帮互济；勤俭持家，各安生计；遵纪守法，勿作非为"。乡里出现好人好事、贞节烈妇、孝悌子孙，要大力宣扬并向上推介；出现作奸犯科之事或邪恶劣行，则要大加挞伐，严厉惩处，严重者还要纠送官府绳之以法。这些行为对乡民影响至为深远，客观上增强了乡民甄别善恶、美丑、好坏、是非的能力，起到了惩恶扬善、净化风气的作用。

维持治安，为使"争讼不扰官府，紊乱不祸朝廷"，历代统治者都很重视乡里治安，不但要求乡长、里正负有"稳定地方，保一方平安"的职责，某些朝代还专设"游徼"，主管地方治安。他们的共同职责是"究举游民、循禁盗贼、平息纠纷、剖决司讼"。为做到防患于未然，历代都对乡村民众的管理非常严密，村民邻里间建有互保制度，互相劝导，互相监督。遇有盗窃、杀人、放火、投毒、强奸、掠夺等重大事件，邻里都要检举揭发，知情不告则要连坐受罚。若乡民之间出现"户、婚、田宅、斗殴事件"，先由里老进行剖决。不经里老审断而直接上诉，视为越诉，要受笞刑。若发现陌人、游民或逃犯，民户都要向里正报告，并由乡里纠送官府。发现有反抗政府的言行，更要及时纠举，从速处置。

课督农桑，传统时代虽然农业是农民一家一户的事情，但作为基层政权的乡里组织，也有义不容辞的职责。一是劝谕农户不违农时，趁时耕种，勿使土地闲置荒芜；对那些不务正业、游手好闲、懒惰怠耕者，严加督责。二是安抚流民复业，开垦承种荒田，尽可能使人人有业，不致流亡或另行事端。三是捕蝗抗灾。蝗虫自古以来就是危害农业的严重灾害，一旦发生又是一家一户难以扑灭的，故需动员和组织民众捕扑。而一旦遭受灾害（不限于蝗灾，还有水旱灾害），又须及时上报政府，以求减免税赋或予以赈济。四是组织乡民筑堤蓄水，发展水利，增加土壤灌溉面积。作为乡里头目除动员民众出资出工外，某些较大的工程项目，还须协调户与户、村与村的利益。

可以说，乡里组织是一种地缘政治和基层政权。自战国秦汉以来，国家通过建立乡里制、户籍制，把分布广泛且又分散的农民家庭联结起来，构成国家的基层行政体系，使家与国形成紧密的联结体。历史上，乡里制也是几经变迁的，它的职能、作用及待遇，在不同时代是不一样的。秦汉乃至隋唐，乡里制虽非国家一级治所，但国家对它的作用倍加重视，乡官享有优厚的待遇，不但就职需自上委任，且禄秩优厚，或给职田，或免赋役，如西汉之亭长、三老、啬夫、游徼等，皆食百石以下禄秩。供职人员大都从乡间学人或士绅中选拔，或推荐退职官员充任，资望颇深。这一时期的地方治理有序，自治效果堪佳。从隋代开始尤其是唐朝后期，乡官乡政日益废弛，乡亭之职至困至贱，昔日"士大夫"治乡之职变成了"支应官差"的差役。这一职一役之间，社会地位宛若天上地下。许多地方乡里之职无人愿为，故有轮差之举。结果是"安分之人畏缩不前，好事之徒朦混接充，以致借端欺负乡民，民间反受其累"。宋元至明，乡政更是"完全供事于官役"，乡职"等同差役之民"。俟到清代，乡政削弱到了极点，"谓之无乡政之时期"。政府视乡官为当差之役，除了课督赋

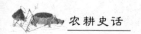

税、摊派差徭，协助政府逐捕盗贼之外，几无所为。

三

对乡村社会发挥作用的还有另一种民间组织，这便是涉古历今、延绵数千年的宗族制。它是政权以外的另一种农村组织。其特点是：构成宗族的各个家庭，都有血缘关系，俗称"一本归宗"，强调的是聚居群处及相互扶助。宗族一般有宗族长，是同姓家族的领袖，一族之主，通常由家族中的嫡长子孙相袭。或由族内辈尊年高、德高望重者担任，负责管理全族的事务。族内有族规、宗规或祠戒等，是全体族人必须遵守的行为规范。族人大多聚族而居，内有若干房支和家庭。有公共设施和族产，如祠堂、族田、族谱、族墓，等等。

古代农村宗族组织的历史可追溯至氏族时代。那时个体家庭作为最小的生活单位，存在于宗族之内，尚未构成独立的生产单位。族内之人以血缘相聚，没有等级差别与阶级分化，族长带领族人开垦荒地，耕种农田，收获物由族内统一支配，宗族是当时最基本的生产单位。随着社会的大变动及私有制的强化，族长及其近亲逐渐上升为贵族，而一般族人则沦为平民。宗族不再是一个基本的生产单位，其生产职能被若干收支独立、自成体系的家庭所取代。宗族由一个严密的经济共同体演变为一个相对松散的具有若干血缘关系的宗法组织。它的经济功能逐渐弱化，政治、社会功能不断增强。通过伦理的、道德的、观念的信条与说教，运用宗祠、族规、族谱、族产、祭祀等方式，达到对族人的约束与控制。

宗族既有约束族人的"根本大法"，又有适应外在秩序的应事手段。可以说宗族始终是农村不可小觑的一种群体组织。自古以来，在宗族与政权的关系中，既有相互适应、相互利用的一面，又有相互矛盾、相互斗争的一面，它在某些时候或某种情况下，有干扰和阻挠地方政事，并与地方政府分庭抗礼的作用；但从历史过程来看，它又有扶正压邪、约束族人，维护地方秩序，主持社会正义，顺应和支持政府的功能。宗族往往以宗主（嫡长子孙）为当然族长，但并非是一成不变的。通过家族会议，也可推举资质才干俱佳、经验丰富、家道殷实者来担当此任。族长首先要扮演一个风纪警察的角色，对那些违犯家族伦理者，由族长召集有关家长或房长，对其严加管教或责罚，在列祖列宗的牌位前数说罪状，启用族刑直至除籍或处死。在族人心目中宗族组织神圣而崇高。宗族的族规就是法律，祠堂就是法庭，族长就是地道的法官。在宗族昌盛的地方，姓各有谱，家各有宗，族各有祠，比户可稽，奸伪无托。它如同一棵大树那样把宗族的各个房支、家庭紧密联结在一起：有源流根系——始祖的由来；有枝干——本族大宗的传承；有枝条——各房小宗的派生；有叶梢——各房家庭的构成，鲜明地表现了本族的发展脉络和代际区分。

宗族的活动场所是祠堂。祠堂的功能至为广泛，首先是宗族的纪念堂。大堂内矗立着本族列祖列宗的牌位，始祖之位高居于上，依次是诸宗之位。如果世系延续较长，五世以远的先辈灵位撤出大堂，置于别室。祠堂中重要的活动是祭祀，即后辈对先辈的悼念。每次祭祀由宗主主持，协之以族长、房长及监事、执事等人。族人鱼贯而入，由各房宗子率各家，依亲疏远近各就各位，行礼如仪。除焚香跪拜叩头外，还要向祖宗神灵孝敬猪羊血食、时鲜果品。祭祀过程庄严肃穆，秩序井然，不仅不能大声喧哗或窃窃私语，就连咳嗽哭笑都要禁止。每经历这样一次祭祀，即是对族人的一次洗礼，一次心灵净化。除进行祭祀外，祠堂还是个大会场，族中的一些大型活动，如宗族会议、房长会议、处治族内伤风败俗之事，都在祠堂进行。有些宗族还在祠堂旁建有戏台，又是族人聚会、娱乐的场所。

宗族的宗主、族长、房长，往往是有钱有势的贵族、官僚、富豪、士绅，他们有力量对族内贫民、弱小予以扶助。有的设立赋田，帮助族人纳粮当差；有的成立义庄，供养族人或接济族内贫民；有的抽出家资，扶危济困，创办学校，修路建桥。东汉崔寔的《四民月令》，就提到每年春秋两季救济族人的情况，春天"振赡穷乏，务施九族，自亲者始，无或蕴财，忍人之穷"；秋冬之际"存问九族孤寡老病不能自存者，分厚彻重，已救其寒"；"同宗有贫窭久丧不堪葬者，则纠合宗人，共兴举之"。《后汉书·种暠列传》记载，种暠的父亲为定陶县令，死后留下家财 3 000 万，种暠"悉以赈卹宗族及邑里之贫者"。

北宋名臣范仲淹于皇祐二年（1050 年）在原籍苏州自出土地 1 000 亩首创义庄，供养族人生活。凡是本族人员，每月领白米 3 斗，每年领绢 1 匹；凡嫁女领钱 30 贯，娶媳领钱 20 贯；尊长丧领取安葬费 25 贯，次长丧 15 贯；族人取得大比资格的给路费 10 贯。义庄设义学，本族子弟均可入学。这是中国历史上办得最好的义庄，延续 900 余年，到清宣统年间义庄有田 5 300 余亩。清人钱大昕《在范文正公祠》中咏颂道："义田遗泽尚如新，古貌依稀佛地人……未登宰相输琦弼，已到真儒继孟荀。"意思是说，范仲淹在官位上只做到参知政事（相当于副宰相），不如同朝人韩琦、富弼官至宰相，但是他的思想境界直追亚圣孟子和荀子了，他所创立的义庄模式遗泽人间。清乾隆皇帝第一次南巡到苏州，临幸范仲淹祠堂，为其赐名"高义"，高度赞赏范氏顾恤同宗的义行。义田的创举影响深远，明清之际得到迅速发展，"义庄之设普天下"。除义庄外，常见的还有赋役田。明代嘉靖年间松江华亭人顾鏐捐田 10 000 亩，为宗

族助役田，替族人完纳赋役，使全族人解脱了赋役之苦。无锡翰林学士华察，见族人因役重致贫，倡议族人捐置役田，凡百亩以上者每家捐献3亩，全族的捐田一年可收租3 000石，专为族人缴纳赋徭，免除族人被追比的痛苦，让族人做个体面的好老百姓，为全族增光添彩。

四

宗族具有极强的自足、自律、自治和自我防御保卫功能。当族人与外界发生冲突，无论对手是外姓、外村、还是官府，族长、房长都会出面，从全族的整体利益出发，或平息化解，或对簿公堂，或组织族人反击。可见宗族恰如一桌丰盛的宴席，无所不有，面面皆备。相较于乡里政权组织，可谓占尽了天时地利人和，在乡村社会里有不可替代的作用和功能。正因如此历来为统治阶级所重视。在处理乡里政务时，凡涉及乡民之事，如催解赋税徭役，调解村民族众纷争，赈济贫困急难家庭，筹划地方公益事宜等，总是千方百计地利用和发挥宗族组织的作用，尽可能让宗族头目充当和扮演主要角色。

早在汉代国家大力整顿礼教，施行"六礼、七教、八政"。所谓"六礼"即全社会遵循的典章礼仪；"七教"即宗族组织的亲亲尊尊人伦关系；"八政"即社会生活中的行为规范。以后历代，都很重视宗族组织的作用。清代康熙颁布的《圣谕十六条》，要求宗族做到："敦孝弟以重人伦，笃宗族以昭雍睦，和乡党以息争讼，重农桑以足衣食，尚节俭以惜财用，隆学校以端士习，黜异端以崇正学，讲法律以儆愚顽，明礼让以厚风俗，务本业以定民志，训子弟以禁非为，息诬告以全良善，诫窝逃以免株连，完钱粮以省催科，联保甲以弭盗贼，解仇忿以重身命。"雍正帝也号召宗族"设家庙以荐烝尝，设家塾以课子弟，置义田以赡贫乏，修族谱以联疏远。"在许多地方，乡村政权的要职，如乡长、里正或保甲长等角色往往是由人多势众的大宗族族长或房长充任，使政权组织与宗亲组织合二为一，融为一体。

古代的家与国、族与政是不可分割的矛盾统一体，家国同构，是政治结构的首要特征。家是国的基石，族权是君权不可缺少的社会支柱。这种功能与作用，历代统治者看得最清楚，因而在政治关系中融进了血缘关系，形成了政治与宗法的合一。正如孟子所说："天下之本在国，国之本在家。"

乡规俚俗皆是礼

广袤深厚的沃土肥田，春种秋收的农耕生活，聚族而居的生存环境，与悠久的历史文明融汇在一起，陶冶铸就了农民的优秀品质，培养营造了农家的独特风尚。当我们深入到农家的衣食住行、亲戚邻里、人际交往中探求他们的生活图景时，不难发现，那种同一屋檐下的温暖，血浓于水的亲情，低头不见抬头见的父老乡亲间的温馨，同吃一河水，同烧一山柴的和谐，老成温厚、不计名利的奉献精神，无不打着乡规俚俗的烙印。千百年来正是这些礼俗文化的传承，维系了家庭的稳定，家族的和谐，乡村的繁荣，社会的太平。

中国号称礼仪之邦，礼产生于农耕社会。它随文明的进化而产生，又随文明的进步而光大。礼的基本功能是律己敬人，一方面通过道德观念约束言行，一方面通过仪式规范表达诚敬。《韩诗外传》说："凡用心之术，由礼则理达，不由礼则悖乱。饮食衣服，动静居处，由礼则知节，不由礼则垫陷生疾。容貌态度，进退趋步，由礼则雅，不由礼则夷固。"近代研究先秦礼制的陈戍国先生也说，礼者"门内门外之治也，推而广之，日常生活皆是"。

一

礼的最早表现形式是祭祀，即对天地自然和鬼神祖先的祭祀。它是我国民族文化的重要组成部分，向来排在传统"五礼"之冠。从《尚书》和甲骨文中可以看出，商代已有很浓的祖先崇拜意识。周代庶民已有祭祀祖先的权利。区别在于：奴隶主贵族的祭祀多用人殉、牛羊，而庶民的祭祀只可用鱼。《国语·晋语》说："庶人有鱼炙之荐"。到了后世，原有的礼制被打破，民间祭祖逐渐盛行，诸如"家祭""节祭""村祭""族祭"名目繁多。有些甚至立宗庙、建祠堂，仪式相当隆重。所谓家祭是一种家庭祭祀形式，相对简单，通常只祭祖父母、父母；"节祭"是"家祭"的另一种表现形式，祭祀的对象仍以祖父母、父母为主，也可扩大自曾祖父母或高祖父母，一般在清明节、中元节、冬至等节日举行祭祀活动。至于"村祭""族祭"，那就比较隆重了，祭品提高了，范围也更大了。祭祀的对象上推到同一村寨或同一宗族的共同祖先，一般以祠堂为祭祀场所。祭祀由宗子或族长主持，先向祖宗牌位行礼，接着摆上供品、奠酒，宣读祭文。然后焚烧纸糊的各种明器，奏乐。族人按照辈分次第行礼，反复三次叩头。凡同族子孙行过冠礼的，都须参加。在族人心目中，祭祖虽是祭逝去的人，表现的却是家族的崇尚，追求的是顺从和孝道，和睦与友善。最有利于调动家庭之间、家族之间所有成员彼此和睦团结的情感和道德。因此在民间的礼仪活动中，祭祖向来是最庄重、最神圣的。此外凡子孙入泮、中举、登士者，也要到祠堂祭拜。

在传统礼法中，还有一种祭社礼仪。大约自汉代始，每个村落都要举行隆

重的祭社活动。祭祀时，人们要设台建坛，举行歌舞、酒宴等活动，还要组织开展各种竞赛。唐宋之后，乡村中的巫觋把神鬼信仰也带了进来。多数村庄还要祭祀城隍、土地、关帝或妈祖。

二

古代社会，民间还流行一种"礼始于冠"的礼制。它由原始社会氏族时期的成丁礼演变而来。《礼记·昏义》说："夫礼，始于冠，本于昏，重于祭丧，尊于朝聘，和于乡射，此礼之大体也。"可见冠礼是人生中很重要的礼仪。一个人从童年到成年，象征着心理、生理的成熟，标志着有了"子民人臣"的责任与义务，其重要性不亚于生命的诞生。只有举行冠礼才能完成一系列角色转换，履行为人臣、人子、兄弟、晚辈的责任。先秦时期男子一般在20岁左右举行冠礼。加冠时，有相应的仪式，亲朋好友为其祝贺，已冠男子向父母、族中尊长及主持冠礼的人致谢。加冠方可取字，"冠而字之，敬其名也"，有了成人应具备的诸如参与政治活动、祭祀、结婚的资格和权利。

后来的冠礼仪式简化了，加冠年龄也提前了，大多在16岁左右举行，且多与婚礼合一。女子成年不加冠，但要梳发髻、插发笄，故又称"笄礼"。一般在农历三月初三，即上巳节举行。完成笄礼，女子许嫁。冠礼、笄礼流行很久，宋元以后仍有遗俗，往往赶在婚礼之前举行。明代《郑氏规范》中规定："子弟年十六以上，许行冠礼""女十五，行笄礼"。

古代乡村社会，男子加冠后即可谈婚论娶，举行婚礼。古人对婚姻格外重视，历来被视为人生之终身大事。古人结婚要经过六道程序，称为"六礼"，即纳采、问名、纳吉、纳征、请期、亲迎。纳采是男家向女家表达求婚之意，以雁作礼请媒人登门说亲，古人认为雁乃阴阳之物，象征着阴阳和合、夫妻和顺、婚姻美满。若女方家长同意，即收下礼品；问名是男家通过媒人向女家征问女子的姓名、嫡庶名分、出生年月日及生辰八字，以便占卜吉凶，是否合婚；纳吉是男家通过八字勘合，获得吉兆，请媒人向女家道喜，决定缔结婚姻；纳征是在报喜之后，正式向女家下聘礼，举行订婚仪式；请期是由男家择定完婚吉日，征求女家同意，而后各依既定日期筹办婚事；亲迎是指吉日良辰，新郎穿戴新衣，或备轿或乘马，亲往迎娶新娘。这些习俗一直延续到隋唐才逐渐简化，多数地方把纳采、问名、纳吉归并为一项，把单方面问名改为双方互换姓名、八字及父祖三代家世庚帖。而纳征与请期也往往合并，改为正式下聘礼、送婚期。

唐代，婚姻中的门第观念很重，门望不够要给对方陪门财。男女结合"必有行媒""无媒不得选"。婚姻要经媒人说合，由父母作主，不得擅自为婚。宋代门第观念逐渐淡薄，"婚姻不问阀阅"，唯以求财为上。北宋大臣蔡襄在《福州五戒文》中说："今之俗，娶其妻，不顾门户，直求资财。"宋人吴自牧在《梦粱录》中也说，宋代婚礼多所更易，只要两家协商同意，两小八字相合，便可结为姻缘，男家即可向女家下聘礼。聘礼多少，视贫富而定。富裕之家一般送"三金"：金钏、金镯、金帔坠，外加果品、团圆饼、羊酒等；贫穷之家只送织物一二匹，官会（当时流行的纸币）一二封，另置鹅酒茶饼等。

新娘娶回后先要拜天地、入洞房，行"同牢、合卺"之礼。所谓同牢，即新郎和新娘面对面进食；而合卺即是将一瓠分为两瓢，新郎新娘各执一瓢以酒对饮，后世改为交杯酒。之后新娘要行"拜舅姑"礼。拜舅姑即是拜公婆，新娘在第二天清晨起床，梳洗打扮后给公婆叩头献礼，向公婆敬食。正如唐诗所云："洞房昨夜停红烛，待晓堂前拜舅姑"。婚后三日，新娘要行"庙见"之礼，带上祭品到族庙去祭拜。这些礼仪完成后，新娘才算是丈夫家族的正式成员。

三

民间还有一项很重要的礼仪，即"乡饮酒礼"，是专为老年人设置的。它起于周，兴于汉，直至明清，历代相沿不废。但它不是由乡民自发组织的，而是由政府主导的。最早的乡饮酒礼是周代举行的宴饮之礼，一般于正月举行。"先王制乡饮酒礼以示尊贤敬老，申孝悌揖让之道。"延至明清，每年正月由各府、州、县的长官主持，设宴延请本辖区乡中耆老。按年齿设座，以体现尚齿尊老之义。宴前先由司正举觯致辞，互相作揖。"凡乡饮酒，序长幼，论贤良，别奸顽，年高德劭者上列，纯谨者肩随，差以齿，悖法偭规者毋参席。"官方举行乡饮酒礼，主要为倡行"敬老尊贤"，以期达到讲礼节，兴礼让，息争斗，和睦乡里之目的。明人叶盛在《水东日记》中描绘当时的乡饮酒礼，可谓是"献酬有客，笑言载厅，观者如堵，乃一幅太平盛世景象。"与乡饮酒礼相对应的是民间的生日礼俗，即为老人祝寿，象征着人们对老人健康长寿的美好祝愿。寿诞之日，儿孙们为其举行庆寿礼仪，亲友也来相贺。长寿被称为"五福之首"。我国民间很早就有这样的礼俗，《诗经》中就有"如南山之寿，不骞不崩"的诗句。

传统的农耕社会，民间礼俗源远流长，包罗万象。它以乡里为社会交往空间，非常重视邻里、乡里关系，形成"美不美，家乡水；亲不亲，家乡人"的浓郁乡土观念和强烈的乡族认同心理。有很多乡村，为使乡民"礼俗相交"，专门制定了乡约规条。如北宋陕西吕大钧、吕大忠所倡导的《蓝田乡约》，明朝黄佐创制的《泰泉乡礼》以及清朝年间的《朱氏条规》《岑氏祖训》等，都规定了乡民礼节性交往中的诸多条款。首先是按年齿区分长幼尊卑，凡年长于自己30岁以上的父行辈，为尊者；年长于自己10岁以上的兄行辈，为长者；与自己年纪基本相近的，为敌者（同龄之意）；比自己小10岁以下的为少者；小于自己20岁以下的，为幼者。对年高年长之人，以尊、兄之礼事之；对有恩于己或有德业之教者，尊之以师，以敬父之礼待之；对同年（指同科及第）之人，序以年兄年弟；年齿相仿之人，以友相交，以诚信处之；对少幼之人，视若弟、妹或己出，以亲近慈爱之心护之。这些条约与训诫对匡正社会人伦秩序得益良多，使"长幼必以序相洽，尊卑必以分相联"。

忠孝家风播乡间

"孝"在我国的传统道德中是最为人敬仰的了。人都有父母，父母与子女的关系是家庭也是社会最基本的关系。父母生育子女并把他们抚养成人，社会才能延续，家庭才不致中断。而子女热爱尊敬父母并尽孝道，也是顺理成章的事情。《诗经》中就有这样的句子："父兮生我，母兮鞠我，拊我畜我，生我育我，顾我复我，出入腹我。""无父何怙，无母何恃？"基于此，历代许多仁人志士、良家子弟，笃行孝道，尽心竭力侍奉父母，演绎了多少脍炙人口的动人故事。

最早行孝的例子是《尚书·尧典》中的一段记载。一次尧帝对四方诸侯首领说："我在位已经七十年了。你们能不能代替我出任帝位呢？"众多诸侯首领回答说："我们这些人的德行不配居于帝位。"尧帝说："大家可以明察贵戚中有无胜任帝位的，也可以推举地位低微的人。"众人提议说："有一个穷苦的人在乡野中，名叫虞舜，他是瞽叟的儿子，父亲生性顽劣，后母凶狠愚笨，同父异母弟弟为人傲慢无礼。但舜却能以孝道来侍奉父母，宽待弟弟，努力同他们和谐相处。虞舜孝心厚美，处事公正完美。"于是尧帝命两个女儿下嫁虞舜为妻，经过一段时间的考察，最终把帝位禅让给虞舜。虞舜的孝行在于他逆来顺受，始终无怨怼之心，所谓"事难事之父母，方见人子之纯孝"，所以他孝名远扬。可见孝作为一种立身处世的道德修养，是人生第一位的。有孝才会有忠，孝是忠的基础与前提，忠是孝的延伸与扩大，忠孝合而一体，立身处世之道尽在其中。

一

中国人注重孝行、孝道由来已久，对孝的界定也较广泛。归纳起来，大致包含了如下几方面的内容：

一是赡养父母。这是行孝最起码、最基本的道义。赡养包括饮食、衣衾、起居等诸方面的关照。富裕之家赡养父母，可奉以甘香美味，衣以丝帛锦缎；贫寒之家赡养父母能竭尽所能，谨身节用，以养父母，也算尽孝了。孔子曾说，穷人虽"啜菽饮水尽其欢，斯之谓孝。"汉代有个蔡顺，从小丧父，家境贫寒，靠打柴为生赡养母亲。一次采得桑椹，把黑白两种分装两篮。有人问为什么？他说白的没熟，我自己吃，黑的熟透了很甜，留给母亲。由于他尽心供养，母亲活到90多岁。自古"养儿防老，积谷防饥"，父母一生含辛茹苦为子女操劳，实指望儿女长大能孝顺，有个后成。乌鸦尚懂得反哺，羔羊也知道跪乳，哪有为人子女的反不知孝顺呢？

二是敬顺父母。孔子说："今之孝者，是谓能养。至于犬马，皆能有养，不敬，何以别之？"意思是只奉养父母，却缺乏内心的敬意，就无以区别赡养父母与饲养牲畜的不同，即使奉上酒食美味，也不是真正的孝。孝的内在要求是"敬"，它比"养"更为可贵。如果说养亲侧重于物质上、肉体上的奉养，那么敬亲就更注重于精神上、道德上的修炼了。荀子认为孝顺父母是人的小德，当父母的行为举止不符合道义时，作子女的能够服从道义，才是人之大德。

三是敬老尊贤。由孝敬父母推而广之，也孝敬其他长辈，包括有血缘关系的长者和无亲缘关系的老年人。这是传统道德在"孝"方面的延伸扩散。"老吾老以及人之老，幼吾幼以及人之幼"，是古人最崇尚的品德修为，是至高至大的精神价值，是真、善、美的具体体现。于是在家庭伦理、家族关系和社会生活中，形成了一种大众化的道德习俗。千百年来在广袤的乡村大地上，在广大芸芸众生中，把"孝"由近及远、推己及人，演绎成一种潜移默化的人间正义力量，弥漫人间。

二

"孝"在中国是个十分重大的问题。费孝通先生在《乡土中国》中说得好，在乡土社会中，每根绳子都被一种道德要素维持着。"社会范围是从'己'推出去的，而推的过程有各种路线，最基本的是亲属：亲子和同胞，相配的道德要素是孝和悌。'孝悌也者其为人之本欤。'向另一路线推是朋友，相配的是忠信：'为人谋而不忠乎，与朋友交而不信乎？'"可见忠孝二字乃人立身处世之根本。

"孝"讲的是"仁"，"忠"讲的是"诚"。"忠"不独限于朋友，还表现在对国家、社会的热爱。一个人只有将孝亲与爱国视为一体，摆正孝敬父母与为国尽忠为民谋利的关系，才是最崇高的道德。孝是忠的前提，忠是孝的延伸，所谓移孝作忠说的就是这个道理。只有以孝为核心的家庭，才能培养出孝子忠臣，俗话说"忠臣出于孝子之门"。历史上这方面的故事很多。西汉武帝时期的河南农民卜式，为国分忧、忠君爱国的大度气节，就赢得世人的敬仰。据《史记》记载，卜式为农人，以放牧为业，靠养羊发家。由于他勤劳俭朴，家业日渐兴盛，因而置得雄厚的田宅家资。当时的汉朝正与匈奴打仗，卜式上书，愿把家资的一半献给国家，以助边防。皇上不理解卜式的情怀，派使者询问卜式："想当官吗？"卜式说"从小放羊，不习惯做官。"使者说："家有冤屈之事想申诉吗？"卜式说"我一生与人无争，且常常接济乡邻，乡人对我都很尊敬，哪有什么冤屈？"使者又说："既然如此，你捐财为何？"卜式慷慨道："天子征讨匈奴人人都有责，有钱出钱，有力出力，匈奴就可早日消灭，为国尽忠，是天下人的本分。"使者汇报给皇上，但皇上仍心存疑惑。过了数年，国家又遇饥荒，国库空虚，难民无着，急等政府赈济。卜式携带20万钱交给河南太守，请求救济灾民。河南郡上报朝廷，皇上看到卜式的名字，才真正体会到卜式的忠贞品质。于是招卜式到京，拜为中郎，赐给左庶长爵位。卜式不愿做官，恳请皇上说："请允许我回乡牧羊。"皇上说："我有羊在上林苑中，你留下来在此放羊。"卜式仍穿着布衣草鞋，在上林苑中为皇家牧羊。他养的羊膘肥体壮，几年后数目剧增。皇上认为他忠诚朴实，工于谋国，越发喜欢，拜他为齐王太傅。

浑厚纯朴的黄土地，哺育了一代又一代卜式这样的忠臣义士。时穷节乃见，一一垂青丹。这些可敬的人物、高尚的节操，为中国民间增添了多少耀人的光彩。他们自尊、自重、自爱的品德，忍辱负重、舍生取义的高风亮节，反过来又激励了多少仁人志士的忠诚节义。这些高节义士：在汉有体国恤民的倪宽；在魏有洁己奉公的杜纂；在齐有恪守清廉的孙谦；在隋有修身洁己的玄素；在唐有官居鲠正的宋璟；在宋有忧国忧民的范公；在元有治乱安民的陈灏；在明有廉洁无私的况钟；在清有廉洁勤政的北溟。这些人大多出身贫寒，自幼躬耕苦读。在家能尽孝，在乡有义举。成年后或被举荐为孝廉，或应试中举及第，成为国家官制体系中的一员。他们尽管风貌各异，业绩不同，活动在不同的历史时期，但大都恪守本分，不负初衷。在个人生活上，志行高洁，自奉简约，固守清廉；在政治生活上，不论在朝在野，能勤于职守，忠君爱国，刚正不阿，公允执法，"居庙堂之高则忧其民，处江湖之远则忧其君"。有时难免被错综复杂的政治斗争卷入旋涡，甚至危及自身，带来悲剧性的结局，但他们从不计较个人安危，"矫然自拔与污世"，与邪恶势力作不懈的斗争。

勤俭持家日月长

勤劳、俭朴，历来是中国农民所奉行和崇尚的传统美德。勤劳有多种解释，但不外乎勤谨、勤恳、勤苦、勤勉等意涵，同时它还象征着生财、开源与创业；俭朴则是节约、俭省、吝惜、简朴的意思，也象征着堵漏、截流、缩减等意蕴。古往今来，中国农家就是凭借这两条持家度日、维持生计。

自农业产生和出现之后，擅长耕耙锄耘的小农，就以自身的勤快，维持着家庭的生存，推动着社会的发展。"身亲耕，妻亲绩""木耕手耨，土耰淡食""春不种而秋无所望，岁不勤则粟不丰""一夫不耕则受之饥，一女不织则受之寒"。因而常常是披星戴月，胼手胝足，一年四季，春忙到夏，秋忙到冬，顶烈日、冒严寒，终岁不闲，终生辛劳，一代一代，年复一年，勤奋不息。

一

中国农民的这种勤劳进取精神与生俱来，就耕作而言，处于农村氏族社会时期，氏族成员就有共同耕作的传统。商周井田制下的"公田"，多人共耕，很多时候是"饮食相约，兴弹相庸，耦耕俱耘"。就纺织而言，周代妇女就有"相从夜绩"的习惯，既可以"省费燎火"，又能"同巧拙而合习俗"。尽管它是以农村公社大家庭的面貌出现的，但却深刻反映了农民辛勤耕织的生存状况。进入春秋战国之后，私有制产生，氏族公社解体，以一夫一妻为核心的个体小家庭大量涌现，自主经营的能力显著增强，自给自足的自然经济有了普遍实现的条件，男耕女织、耕织结合的生产方式逐渐得到充分完美的发展。多数农家把衣食饱暖、自给自足作为一种理想模式，敬日惜时，含辛茹苦，在社会螺旋式发展的进程中摸爬滚打，苦苦挣扎。由于受当时生产力水平的限制，农业生产的劳动强度非常之大。《墨子·非命下》说："今也，农夫之所以早出暮入，强乎耕稼树艺，多聚菽粟，而不敢怠倦者，何也？曰：彼以为强必富，不强必贫；强必饱，不强必饥，故不敢怠倦。今也，妇人之所以夙兴夜寐，强乎纺绩织纴，多治麻统葛绪，捆布绸，而不敢怠倦者，何也？曰：彼以为强必富，不强必贫；强必暖，不强必寒，故不敢怠倦。"充分表明私有制下个体农民为求温饱而辛勤耕耘的场景。正如东晋诗人陶渊明所云"人生归有道，衣食固其端，孰是都不营，而以求自安？"诗中告诉我们，自食其力的农耕小民，衣食问题始终是他们不懈追求的目标，也是他们生存的唯一保障。千百年来，农民以小家庭为单位进行生产，农耕过程由数口之家全部完成。家庭的分工简单明确，男子下田耕作，女子理家纺绩。平时父子耕种耘耨，农忙季节男女老幼都下田劳动。即使是农闲季节，农家也不得清闲，家中妇女要专务纺绩，男子也要参与或帮忙。

整个传统时代，农民世世代代厮守着自己的土地和家园，视土地为唯一的养命之源。为了生存度日，也为给子孙留点田产，总想购得或占有一片属于自己的土地。为此他们宁愿起早贪黑、节衣缩食、忍饥挨饿，也要置田买地。"家有一簪一珥、一罗一绢，尽化为田""省一升半斗，年积月累，架屋而购田"。土地的收获直接关系到全家的衣食生计，因而众多小民往往是"夜寝早起，父子兄弟不忘其功，为而不倦"。农民的生存环境向来是险恶的，农耕过程不仅要应对风、霜、雨、雪、旱、涝、虫、雹等自然灾害的侵袭，还要应对如狼似虎的官吏、豪强的侵扰、欺压和剥削以及疾病死丧、兵荒马乱带来的贫困、散亡。正如宋代著名史学家司马光所说："窃惟国民之中，惟民最苦。夫寒耕热耘，沾体涂足，戴星而作，戴星而息。蚕妇育蚕治茧，绩麻纺纬，缕缕而织之，寸寸而成之，其勤极矣。"司马光的这段话，意在表述农民的艰辛，同时也揭示和颂扬了农民的勤劳，在一定程度上正是农民小家庭男耕女织的生动描绘和真实写照。

这种勤劳美德不仅为自己创造了丰富多彩的生产、生活场景，同时也发展壮大了我国的农业。大约从秦汉开始，农业的精耕细作水平就逐步得到提升，其技术含量、集约化程度之高，无与伦比，这使得我国农业发生了质的变化和飞跃。究其原因，正是农家对土地的那份执著、热爱和勤勉。土地不论是买来的或是租来的，他们都会悉心照料，勤奋耕作，以企在有限的土地上获得尽可能多的产物。可以说他们不是在耕作土地，而是在土地上绣花或绘画。这种惜土如金的精神，不仅令国人也令许多外国学者赞叹不已。宋代名相韩琦知并州期间，亲眼看到"高山峻坂，并为人户耕种"的景象，随即赋诗曰："春入并州路，群芳夹故关；古戍余荒堞，新耕入乱山"。"岭狭居多险，耕勤地少荒；地跷民力薄，天旱谷苗干；山鸟过云语，田夫半岭锄。"这是一幅多么壮丽的劳作场面，不论山坡野岭或是昔日废弃的荒垣，到处都是农民的身影。著名的英国古典经济学家亚当·斯密曾指出："中国，一向是世界上最富的国家，其土地最沃，其耕作更优，其人民最繁多，且最勤勉。……那里，没有听其荒芜的耕地。"美国学者 E. A. 罗斯在《变化中的中国人》一书中也说："从某种程度上来说，中国的耕地就像是花园一样，土块被弄得平平整整，杂草被拔得干干净净，每一株农作物都受到了婴儿般的照料。当一种作物接近成熟的时候，另一种作物已经快开始播种了。新的作物往往播种在已经成熟但还没有收获的作物行与行之间狭窄空地上。"不难看出，这种精耕细作的成就，正是农民辛勤耕耘的结果。

二

其实农家的这种辛勤劳作，并不独限于耕、织两项，为了生存和发展，为了家业的延续和壮大，在不影响农作的情况下，总是千方百计从事各种生产活动，诸如制陶、编织、刺绣、建筑、工具制造、打猎、捕鱼、砍樵，等等，见缝插针、因人而异地各施其能，以弥补家计的不足。这种情形一直贯穿于整个传统农业时代。唐文宗时，日本僧人圆仁法师赴长安途中，路经太原，曾目睹农人"利用空闲时间，开采石炭"的情景。明人朱国祯在《涌幢小品》中也说，乡村之民"世为农"，但在闲暇之余"又为善工""间出给人修缮房屋、编织竹器。"另据《嘉定疁东志》记载："每到冬季农闲季节，一些贫苦农民就肩担至本地或远至昆山、太仓等县，收买民间鸡蛋与鸡只销售到罗店等地，以博蝇头利贴补家用，也有担贩食盐者。其他具有一定技艺的手艺人也多于此时从事本行的工作，如木工、泥水、蔑作、成衣、漆匠、理发、铁匠、铜匠等，为数均不多。仅供本地雇佣。"对农人耕作和从事劳务记述最详的是清人徐继畲，他在《五谷新志·生计》篇中说，五台一带农民"皆以耕种为生，山巅有片土，履险而登，刨掘下种，冀收升斗，上下或至二三十里"。"农功稍暇，皆以驮炭为业，山路崎岖盘折，高者至数十里，民皆驱驴骡往驮。无驴骡者背负之，捷者能负百余斤。夜半往，傍午归，一路鱼贯而行，望之如蚁。农民完课授衣，婚丧杂费，皆赖乎此"。另有一些"闲民腰斧入山砍柴，扪萝攀葛，履罷羆之径，蹈虺蝎之窟，负归卖于街市，易一升粟。"可见质朴勤劳、坚忍不拔的农耕之民，为了生活从不惜其身，不避其险，一生"非疾不息，非老不休，非死不舍"，世世代代奋斗不息。正是这种勤奋不辍的精神，为自己赢得了生存、发展的空间，得以一代代地延续传承下去。

众所周知，传统社会是农业社会，耕耘向来是农家的大事，多数农家子弟最终都要落在农务上，农作技术的传承都是由家长手把手的传教。家长在传递农作技术和田土、宅院的同时，也把淳朴、善良、勤劳的美德传承下来。家有勤于农作或善理农务的子孙，深受家长青睐，也被乡人颂为贤能，而出现懒惰怠耕的子弟，常被乡民视为不肖子孙。所以农家十分重视从小教育和培养子女耕织，往往是家长"以身相教"，子女"亲力耕织"。家有男子，很小就把他们引到田间，教习耕作，让他们"随分耕作不疏懒"，从小懂得"田土深耕足养家"的道理。家有女子管教更严，从小就要教会她们纺织和理家的技能。十来岁就要学会纺纱，十一二岁就能登机织布，十三四岁就要裁衣、刺绣，娴熟针黹。明代农家出身的霍韬，居官之后仍不忘强调子孙学习耕作，他说："幼事农业，则习惯敦实，不生邪心；幼事农业，力涉勤苦，能兴起善心，以免于罪戾。"最具典型的是清末名臣曾国藩，一部《曾国藩家书》有很大篇幅是教导兄弟子侄勤俭治家、营务农桑。他的修身、理家、育人之理念，历来为中国文人政客所推崇。其实不论是先贤哲人，还是贫民小户，勤劳始终是立身处世的根本，既是开基创业、养家糊口的本钱，也是晓礼仪、知荣辱、明事理，增进个人修养的阶梯。古今成大事者，无不以一个"勤"字为先。对于贫寒之家，"勤"更是唯一的养命之源。

三

中华民族不但具有勤劳的美德，同样还有节俭的优良传统。所谓节俭，就是节约俭省。唐代李商隐有经典诗句："历览前贤国与家，成由勤俭败由奢。"可谓一语破的，道出了家国兴衰的真谛。纵观历代典籍、家教著作，勤俭从来是不可或缺的内容。勤，有劳作上的勤奋和不懈的进取精神；俭，有用财上的节约和生活中的淡泊习惯。对家庭来说，勤可以丰家，俭可以长久；对个人来说，勤可以成就事业，俭可以修身养德。故《尚书》说："慎乃俭德，惟你永固。"意思是说保持节俭的德行，是长久兴盛的根基。古代圣贤无不把个人修养贯穿于节俭之中。三国时蜀相诸葛亮一生为政清廉、简朴自守。其《诫子书》中"静以修身，俭以养德"的名句，历来为世人所崇尚。出身贫寒的宋代名臣司马光，一生以俭朴为荣。他憎恶贪污受贿之事，甚至连皇帝的赏赐都认为是非分之物，拒不接受。其夫人张氏，伴随他 46 年，早他 2 年去世。他居然拿不出给妻子办丧事的钱，无奈不得不把家中仅有的 3 顷薄田典当出去，用典当的钱置棺理丧。他的朋友见他年老体衰，想用 50 万钱买一婢女供其使唤，司马光婉言拒绝说："吾几十年来，食不敢常有肉，衣不敢纯衣帛，视地而后敢行，顿足然后敢立，何敢以五十万市一婢乎？"在《训俭示康》中，谆谆告诫儿子司马康："吾本寒家，也以清白相承""俭，德之共也，侈，恶之大也""奢者必惰，俭者必勤""由俭入奢易，由奢入俭难"。反复叮咛儿子要紧守节俭之风。

不论是诸葛亮还是司马光，他们都是大政治家，也是有名的大史学家。他们博古通今，自然在俭约问题上有很深的认识。也有一些有见识的开明贤良之士，一向很重视家庭的教育，通过各种家规族训化育子孙。秦汉时期，陕西宣曲的任氏家族，是当地有名的首富，但始终保持着谨身节用、谦朴自守得家风，《任公家约》规定："非田畜所出弗衣食，公事不毕则身不得饮酒食肉。"这种富而不奢的家风，使家族绵延数百年不衰。明末清初，江苏昆山朱熹的后人朱用纯，是一个很有教养和学识的乡绅。他在《朱柏庐治家格言》中教导子孙："一粥一饭，当思来处不易；半丝半缕，恒念物力维艰"；"器具质而洁，瓦缶胜金玉；饮食约而精，园蔬愈珍馐"；这些教诲，可谓句句玑珠，堪称"修身治家"之良方。不但影响着本族的子孙，也为后世众多家庭所效仿。清朝雍正皇帝在他的《大义觉迷录》中曾说："自古贫富不齐，乃物之情也。凡人能勤俭节省，积累成家，则贫者可富。若游惰侈汰，耗散败业，则富者亦贫。"所以自古以来贫弱无助的小民总是以谨身节用、俭朴寡欲为本分，不敢有半点奢念。

耕读相兼兴家邦

在传统的中国家庭文化中，政治人物可以用家国同构的最高理想安邦治国、光耀门第；稼穑之民也有"一子出家、九族升天"的愿望与追求。在古人看来，贤能的子孙是家庭的无价之宝，是一个家族吉祥、荣耀的象征。中国的传统文化教育向来就具有这种鲜明的以家庭为本的价值追求。自三代贵族崩溃之后，家庭教育即被赋予这种直接的、重要的价值趋向。中国的父母们将哺育后代、造福桑梓、荣耀门第视作至高无上的理念，不懈地追求着。当代学者丁晓山在《家运》一书中指出："在传统社会，政治生活改善的意义要大大超过经济生活的改善。要想提高家族的政治地位，最可靠、最简捷的方法就是读书、中举。没有起家的家族，讲究读书；已经起家的家族仍要读书。为了当官，要读书；不为当官，也要读书。"读书在很大程度上是农和官之间的一个台阶、一座桥梁。家庭中一旦有人当了官，就登上了社会的顶层。因为官僚集团正是分配和掌控一切社会资源的最大枢纽，也是衡量和实现人的价值——包括德行和才能、知识和财富的终极轴心。举凡尽忠报国、光宗耀祖、快意恩仇，乃至黄金屋子、玉颜美女，一切可能的人生目标，都在发出浑然一体的诱人光芒。

因而在传统社会中，农业虽一直被视为立国之本，务农者虽始终是社会的主体。但无论是社会的崇尚，还是朝廷的诱导，改善其地位的必由之路是载耕载读、耕读传家。由农而士，进而为官，熟谙圣贤之道、文韬武略，一变而为社会的栋梁、国家的干城，便是一条举世公认的金光大道。

一

历史上这样的事例举不胜举。汉代，出身贫寒的匡衡，祖辈为农，打从会走路起就下地劳动。为能在"乡举里选"中获得一个孝廉的名分，从小就一边劳动一边学习，靠自己打工赚钱支付书馆的学费。为能读书，他把自家与邻家相连的壁屋凿通，利用邻家炉膛里映射过来的火光夤夜苦读，于是有了"凿壁偷光"的掌故。进入太学后，"佣作以给食饮，以资学用"。同代寒士倪宽，在太学跟随儒学大师孔安国攻读《尚书》，但由于家境贫寒，和匡衡一样，不得不为同学烹炊，以换取读书的机会。另一位布衣翟方进，进入太学后贫无资用，其母跟他一同去长安"织履"，以供其读书。后来匡衡、倪宽、翟方进均以"射策甲科"而荣耀。匡衡、翟方进终至丞相，倪宽官至御史大夫。

进入科举时代，这样的例子更是层出不穷。唐武宗会昌三年，朝廷开考，江西袁州宜春人卢肇参加科考，一举得中状元，引起朝野极大震动。原来卢肇生于贫民之家，幼年丧父，家境贫寒。但他人穷志不短，穷苦自励，发奋读书。史书说他"窃奥索微，久而不疲，垂二十年矣"。他在进京之前，先参加了江西的解试（即后来的乡试），虽被选录，却被排列最末一名。进京之时，他与同郡的黄颇结伴同行，黄颇乃富家子弟，而卢肇则是典型的孤寒之士，两人尽管都是"得解"的举子，但当地官员却在践行时，只招待黄颇，不通知卢肇。卢肇从设宴的凉亭经过，官员们明明看见，却视而不见。此情此景，令卢肇心内惨然，但他并不计较，装着没有看见，径直而去。他暗下决心，一定要在今科考试中考出好成绩，以回报这些势利的地方官。果然他不负己愿，朝廷放榜，一举夺得今科状元。

宋代名相吕蒙正也是一个传奇人物。有关他的故事民间流传甚广，不仅乡间百姓津津乐道，就连上层社会的士人也兴趣盎然。此公虽满腹经纶，但因家境贫寒，时运不济，故而久困科场。传说有一年年关，他到肉铺赊了一个猪头，准备过年，谁知刚把猪头煮好，竟又被屠夫提了回去。原来有一富翁要用一个猪头烧香还愿，跑遍了大街小巷都没有买到，便到肉铺找屠户掌柜商量。富翁听说屠夫在昨天把剩下的一个猪头赊给了吕蒙正，便要他去提回来。吕蒙正眼睁睁地看着屠夫提走了猪头，又羞又恼，当即写了一首诗"人家有年我无年，赊的猪头要现钱；有朝一日时运转，朝朝暮暮赛过年。"

晚清的军机大臣李鸿章家族"世代耕读为业"。早先有"薄田二顷，小有产业"。但由于没有地位、功名，"乡曲豪强屡见欺凌"。李鸿章祖父李殿华，立志要光大门楣，发奋苦读，无奈时运不济，两次乡试均告失败。李殿华从此安于乡间，率子孙耕读。他几乎承担了所有家务，让自己的子孙专心学习，以求能有出类拔萃者。李鸿章的父亲李文安，"细务概从推脱，是以毕志读书，专攻进取"。但李文安的科场之路也不顺畅，数次乡试都名落孙山。觉得自己希望无多，李文安把厚望寄托在儿子李鸿章身上。儿子 6 岁，就为其开了蒙，并亲自教授，日夜督促。命运终于对李家露出了笑脸，李文安、李鸿章父子双双金榜题名，同取进士。一时间李家"以科甲奋起，遂成庐郡望族"。几代人的努力终于得到了报偿，原本凄清冷落的家庭，忽然间变得绚丽灿烂、光彩夺目。

<h2 style="text-align:center">二</h2>

对中国农民来讲，他们一直对读书怀抱真诚的崇敬，对有学问者更是崇拜。因此千百年来教育为本的思想深深根植于农家，诗书继世、耕读传家成为家庭一贯的追求和向往。不论是富人或是穷人，教子成才、望子成龙的愿望几乎是笃信不移的。如果不是因为家里太穷或遭遇不可抗御的灾祸，子孙们是必定要上学读书的。随着社会的发展特别是私学的创立，教育不断社会化、大众化，读书求学成为上至达官显贵、下至庶民百姓的共同追求。"欲高门第须为善，要好儿孙须读书"成了每个家庭的行为准则。尤其是在科举制下，许多家庭不惜举债破产，也要竭尽全力供子孙上学读书，力图通过科举仕进，步入上层社会，扬名显亲。在漫长的历史上，广袤辽阔的乡村社会演绎过不少"创学育人"的动人故事。所谓"山间茅屋书声乡""十家之村，不废诵读"，说的就是民间办学和读书的事情。

明清之际，位于赣、皖、浙三省交界处的江西省婺源县出了个进士村，名叫坑头潘。从明成化到崇祯年间，全村得中进士者多达 40 余人，平均每 4 户就有一个进士。村内有幢最显眼的明代大宅，门首标着"尚书府"，门前有一副对联：上联是"一门九进士"，下联是"六部四尚书"。这户人家在明朝一代竟出过 4 位尚书，11 名进士，堪称科甲世家。自明以后这个村一直人才辈出，清朝出了 37 位进士，有的官居二品。民国初年还出了 3 个留学生。一个百十余户的小村子，何以能出这么多人才？有人说这里"钟灵毓秀，系文人发脉之地，墨繁浩瀚之邦"；有人说这里"三省通衢，乃人文荟萃之乡，名流云集之所"。这些说法或许都不无道理，然而至关重要的是，这个村历来重视文化教育。据说从唐宋以来，村里就是"读书风气甚浓"。村人族人相继创办"书塾""义学"，聘请名师执教，村民子弟皆可入学。村里专门组织资深名望的老叟为"督学"，发现族人有不供养子孙上学者，严加督责。义学有村人捐助的"公

田",用以支付师资薪酬或资助贫困家庭子弟。正是这种文化的传承、知识的积淀、不懈的追求,影响和鼓舞了一代又一代的村民学子。

其实在民间办学中,最令人感动的是前清时期的武训。这位出身低微、一生贫苦的农民,小时候因吃了不识字的亏,立志要创办义学,让穷孩子读书。为达此愿,他一生吃粗饭、穿褴衣、宿破庙、终身不娶,靠打短工、卖手艺、拾破烂,甚至行乞要饭,化缘求助,终于积钱创办了柳林、杨二庄、御史巷三所义学,让附近穷人家的孩子都上了学,深受人们的敬仰。

三

农家尊崇教育,兴学育人,不单单是为了求取功名,即使为农为商,也不能不学无术。通过读书学习来兴善念而除邪心,晓礼仪而明事理。浙江嘉兴谭氏宗族的《资政公家约》说:"子弟无论智愚,不可不教以读书。四书经史皆可以闲其邪心,而兴其善念。读之而成名,固可为佳士;即不能成名亦须使其粗知义礼,而不至于入于下流。"其实读书还可以改变一个人的气质,《庞氏家训》上说:"学贵变化气质,岂为猎章句,于利禄者?"曾国藩也说:"人之气质,本难变化,惟读书则可以变化气质。"

中国的蒙幼读物可谓浩如烟海,主要包括文字、历史、经学、理学、杂识、文选几大类,所涉内容极其丰富,天文地理、岁时节令、饮食起居、鸟兽鱼虫、农桑水利、制作技艺、文事科名、姓氏称谓、人伦五服、器物用具等无所不有。较早的蒙学著作有《管子》一书中的《弟子职》,唐宋年间流行《太公家教》等书。宋代蒙学读物大量涌现,流传最广的有《三字经》《百家姓》《千字文》,人们习惯称之为"三百千"。《三字经》把识字、历史知识和伦理训诫融为一体,简练概括,押韵成文,便于记诵;《百家姓》是集姓氏为四言韵语的蒙学课本,全篇虽是400多个前后无关联的字,但由于编排巧妙,朗朗上口,亦极便于诵读;《千字文》是四言长诗,首尾连贯,音韵谐美,内容涉及天文、地理、自然、修身、人伦、道德、历史、农耕、祭祀等多方面,可以说是一部简练的百科全书。到了明清,除"三、百、千"外,流行一时的还有《千家诗》《龙文鞭影》《幼学琼林》《幼仪杂箴》等著作。这些启蒙读物主要是教给儿童掌握日常生活知识和基本的认字能力,同时培养他们的伦理纲常道德观念。

通过蒙学教育,成绩优异,有望获取举人、进士功名的学子可继续深造,深入研读儒家经典。但能挤上这条成功之路的人毕竟是少数,大部分子弟还要转向务农或从事其他生计。从蒙学出来的学子,如果不是顽劣愚笨或虚耗时岁者，已是一个有德行、有见识、有学养、懂规矩的人了。绝大多数子弟在乡村或家族事务中已能秉持正义、恭敬长辈、和睦乡里、礼善待人。

可见耕读传家向来是人们最理想的遗惠后世的家风。不但农家如此，经商为宦家庭也是如此。南宋大诗人陆游有首《示子孙诗》云："为贫出仕退为农，二百年来世世同；富贵苟求终近祸，汝曹切勿坠家风。"希望子孙能保持读书出仕、农耕守家的家风。清代大官僚左宗棠为家族祠堂撰写的对联是："纵读数千卷奇书无实行不为识字，要守六百年家法有善策还是耕田。"告诫族人要真正懂得传家的内在要旨，进可以应举出仕以求发展，退可以务农为生保家远祸，是一种稳妥的处世之道。

亦庄亦谐民俗风

农民的生活空间是狭小的，可是这并不妨碍他们丰富的想象力和创造力。在春种秋收的轮回岁月中，他们所孕育的具有浓郁乡土气息的农耕文化，远远超越了农业本身。

一

农耕文化首先是一种生命文化。因为农业培植的对象都是有生命的活物，无论是植物、动物，或是微生物，都是鲜活的生命体。农事活动的过程，就是这些生命的繁衍、延续、扩大的过程。在无数次轮回反复中，人们看到了这些生命的灵性，看到了它的神奇与壮丽，但受知识的局限，又做不出科学合理的解释，于是对这些天然物产生了崇拜，产生了万物有灵的推想，把各种动植物作为图腾崇拜的对象，赋予它们许多神秘的色彩。在黄河流域地区，古人把谷子（粟）视作"五谷之神"，每年秋收登场必先祭之；有的地方把柰（一种最古老的果品）视作"百果之神"，每岁开园之际先要焚香磕头。在动物中，它们威猛灵动的形象，更使人们崇拜不已，于是相继出现马图腾、虎图腾、蛇图腾，等等。"图腾"是印第安语，它的意思是"亲属"，是和自己有血缘关系的祖先。原始社会晚期，中国大地上的氏族、部落林立，各氏族部落都有自己崇拜的图腾。后来在各氏族部落的兼并融合中，蛇被确立为共同的图腾，随着众多氏族的加入，它被安上了角、鳞、足、爪，似蛇非蛇、似鳄非鳄，成了一种带有幻想意味的综合图腾和标志了。人们给它起了一个很好听的名字，叫做"龙"，于是龙图腾就这样诞生了。古人认为，这种动物乘时而变，或飞腾于宇宙之间，或潜伏于波涛之内，神秘、逍遥、魅力无穷。据闻一多先生考证，开始时龙是一种大蛇，随着别的氏族图腾的加入，在蛇的基础上增加了鳄鱼的脚、马的头、牛的耳朵、老虎的鼻子、兔的眼睛，鱼的鳞和鬚、狗的腿、鹰的爪子、鹿的角，等等。这样林中走的，旷野跑的，地上爬的，水里游的都具备了，可谓是周乎万物，融会天下。作为一种共同的崇拜物和神灵，它沟通了中华大地上不同民族、不同信仰的人的关系，成了中国人心目中最重要的精神信仰。

龙对中国人来说是非常神圣的，炎黄子孙都是龙的传人。龙的历史非常古老，早在六七千年前河南濮阳西水坡已有了"华夏第一龙"，是用蚌壳摆成的龙的形象。在湖北黄梅发现了 6 000 年左右的"卵石塑龙"，其形状为蛇身、鱼尾、兽爪、鹿头，龙首高昂，长角后扬，张口曲项，生动异常。在古书上，龙和蛇往往难以区分，东汉王充在《论衡》中说："龙或时似蛇，蛇或时似龙。"中国神话中开天辟地的盘古之君，就是"龙首蛇身"。中国人最早的"人祖"伏羲、女娲是"人面蛇身"。龙还是一种野马的象征，王充《论衡》曰："世俗画龙之象，马头蛇尾"。古人把好马称作龙，"马八尺以上为龙"，故有"马实龙精"之说。可见龙集中了多种兽类的形象，具有"多元一体"的特征，象征着中华民族的多元化。

随着农业的发展，对龙的崇拜也在不断发展。龙的善于变化以及与多种自然现象的联系，深刻影响着人们的精神生活，成为人们重要的精神寄托。龙可以带来喜庆、吉祥，是风调雨顺的象征。民间普遍认为，龙主管天河，成云致雨，所以龙王庙到处都有，每当天旱不雨，乡间必祀龙祈雨。在最热闹的节庆日子里，各地人民要舞龙灯、划龙船，其场面可谓是"生龙活虎""龙腾虎跃"。除元宵、端午这些与龙有关的节日外，还有专门的龙的节日："二月二龙抬头，"就是一个龙的节日——春龙节。农历的正月辰日是云南哈尼族和基诺族的"祭龙节"，乡民要停产 3 天庆祝；三月为湘西苗族的"看龙场"，人们要迎龙下界；谷雨这天山东渔民要在海滩上祭海龙王，在龙王庙杀猪献祭；农历三月十八日是浙江农民的"白龙生日节"，要在龙母庙祭祀，八月二十日则是"龙公上天节"，要送龙上天。千百年来有关龙的观念与传说，源远流长，丰富多彩，不胜枚举。

中国人对龙的崇拜，说到底是一种生命崇拜。这种生命崇拜由来已久，遍及各地。最有趣的莫过于每个中国人从出生开始就赋予各种不同的动物属相。古人用 12 种动物配以十二地支组成生肖，既是一种纪年方式，又是每个人的出生符号，称为"十二生肖"。可以说，它是中国特有的一种民俗文化，在民间世代相传。有关它的起源，可上溯到遥远的伏羲时代，司马迁在《太史公自序》中说："伏羲至纯厚，作《易》八卦，配生肖"。民族学家刘尧汉认为，夏以前至夏代，一直使用十二生肖纪日。十二生肖不仅在我国汉族地区普遍流传，许多少数民族也使用它。如维吾尔族、藏族、蒙古族、朝鲜族、哈尼族、苗族、阿昌族、黎族、白族、傈僳族、纳西族、土家族等都广为流行。哪里有华人繁衍生息，哪里就有十二生肖相伴相随。十二生肖作为一种文化，不仅用来纪年和界定人的属相，还融入了民俗学、社会学、美学、心理学等诸多要素。古往今来，有关生肖的诗文书画卷帙浩繁，各种生肖文物屡有出土，民间工艺层出不穷，生肖活动丰富多彩。南北朝时沈炯首开生肖诗篇，后有元人刘因、明人胡俨、清人赵翼的生肖诗文更是妙趣横生。北齐的墓葬壁画中有精美的生肖图案，隋唐有生肖俑的出土，圆明园有生肖钟、生肖兽，彝族聚居区有生肖庙宇，汉族民间工艺中有生肖剪纸、生肖面塑、泥塑、木雕、石雕、年画，等等。十二生肖文化可谓俯拾皆是、无处不在。中国人就是生活在这样一个浓厚的生肖文化氛围中，生生不息、代代相传。

二

不独如此，在中国乡间就连岁时节日都具有很多神秘的色彩。我国岁时节日非常多，一年四季都有节日。节日习俗也是民间一种极其复杂的文化现象。每逢过年（春节）民间的祭祀活动达到高潮。似乎是辞旧迎新，年末岁首，一年始终，必须对各路诸神致谢、安慰或寄予新的期盼。从腊月二十三（小年）开始，祭祀活动就拉开帷幕。首先祭拜的是灶神。灶神为一家之主，好似玉帝派到各家的监察组长，要把一家人的言行记录下来。到了腊月二十三，玉帝要召他们去天宫开会，灶王要对每个家庭做出鉴定，好事坏事都要上报天庭，好的家庭预示会有好的报应；不好的家庭预示要出现灾祸。因此民间祭拜灶神的活动历来都很隆重，早早的备了香火纸烛、饴瓜糖点，当日晚上跪于灶前，礼拜磕头，为其送行，祈盼给全家带来平安吉祥。除夕傍晚，许多地方要祭拜祖先，请灶神回宫，吃年夜饭，守岁，分发压岁钱。大年初一为一年之始，人们争先早起迎喜神。在民间诸神中，喜神是位没有姓名的神祇，历来受人奉祀。荆楚等地称迎喜神为"出行"，上海叫"兜喜神"，河南称"出天方"，浙江叫"走喜神"，陕西关中叫"迎喜"。各地叫法不同，但都要面向吉方跪拜行礼。江苏一代的"拜喜神"，要备香烛、茶果、年糕，家长肃衣整冠，牵妻子儿女依次跪拜。迎过喜神，还要祭祀财神、门神、山神、灶君、土地，等等。

过了大年，正月初七为人生节，中原一代家家户户挂"长命灯"，吃"长寿面"。荆楚及江南一带，则用7种菜肴做羹汤，以祛病避邪，祈福求安。正

月15元宵节，又称灯节、上元节，村村寨寨玩社火，家家户户挂红灯，男女老幼观灯、赏灯。许多地方搭彩楼、闹花灯、扭秧歌、踩高跷、舞龙狮、兜旱船、燃爆竹、猜灯谜、放焰火，百艺杂陈，热闹非凡。

清明节是传统的扫墓日，主要的活动是祭祀祖先，一般都由家长带领一家老小，提着酒食祭品，到祖宗坟前，斩草添土修坟茔，供祭品，烧楮钱。五月初5端午节，又称端阳节。人们要喝雄黄酒，门上挂菖蒲和艾叶，用以避邪和消除瘟疫；不少地方还要佩戴香包，里面装着柏子、艾叶、菖蒲、沉香、雄黄等中药材；有的家户还要贴"五毒符"，吃"五毒饼"（一种画有蛇、蜈蚣、蝎子、壁虎、蛤蟆的糕点）。而最热闹的活动是赛龙舟、包粽子、放河灯，以纪念爱国诗人屈原。

六月六是天贶节，又称虫王节。家家晒衣、晒书，给人畜洗浴。七月七是乞巧节，除祭拜织女外，媳妇姑娘人人望月穿针，"家家此夜持针线，月下穿针拜九霄"。七月十五中元节，也称盂兰盆会，是祭奠祖先的日子，人们或到坟上或在路口，烧纸磕头，祭拜亡人。八月十五是中秋节，也叫"团圆节"。无论是富家巨室，或是铺席草民，都要解衣市酒，安排家宴，团圆子女，以酬佳节。当月亮升起时，家家在院中点烛、焚香、供月饼、果品，然后对月叩拜：愿离人早日团聚，男子早得佳偶，女子得如意郎君，学子早日"蟾宫折桂"。九月九重阳节，是登高避难日，老人登高可长寿，年轻人登高可高升。

随后的节日是冬至节，古书上把它称作"南至"，即太阳到达黄道的最南端。这一天白昼最短，黑夜最长，象征着严冬的到来。此日是祭祀冬神玄冥和祖先的日子，北方民间吃饺子，挂"九九消寒图"；南方人吃糯米粉团。古代妇女要孝敬公婆新鞋新袜，使其温暖过冬。进入腊月，首先迎来的是腊八节，家家要吃"腊八粥"。这些全民性的节令风俗，蕴涵着极深广的民族文化，具有强烈的民族认同感，许多节日还渗透着地域、民情、生活习惯等方面的差异，就连专家也未能一一悉究。

多姿多彩田园趣

千百年来，我们的祖先在这块古老的土地上，不但用自己勤劳的双手培植出辉煌灿烂的物质文明成果，同时还用睿智的才情铸造出灿古烁今的文化艺术。这些文化艺术植根深远、历久弥新、与时俱进，具有无穷的生命力和永恒的魅力。

8 000年前裴李岗文化遗址发掘的7孔骨笛，就镌刻着先贤文明的烙印，蕴含着丰富的艺术价值，表明这一时期的音乐与演奏技法已经形成，是世界同期遗存最完整、最丰富的音乐实物，是中国吹管乐器的祖型，充分显示出人们对于精神世界的渴望与追求。

一

新石器时代中期人们仍处于氏族公社阶段，过着原始共产主义的生活。为了应对各种恶劣的自然社会环境，协调集体劳作时的动作，以至舒缓和减轻劳作的疲劳，激励调动大伙的劳动情绪，先民们在劳动过程中创作出劳动号子，边劳动边唱歌，配以相应的音律节拍，自娱自乐，自成意趣。久而久之，便形成了音乐歌舞。可见音乐歌舞的起源来自劳动，它凝聚着众多劳动群体甚或若干代人的智慧，是最原始的时代产物。

如此说来音乐歌舞的产生非常悠久，但真正走向繁荣已到了殷周时期。这一时期的农业已是社会经济的重要组成部分，农作物的丰歉主要依赖气候及雨水的多寡，殷商甲骨文中有很多祈雨作舞的记录，最出名的是《桑林》乐舞，不仅技法娴熟，使用的乐器也越来越多。考古发掘到大量的乐器，无论数量质量都发生了很大的变化。河南辉县琉璃阁商墓出土的陶埙，有 5 个按音孔，可以发出 8 个连续的半音；河南安阳出土的虎纹大石磬，琢磨精细，可发出错落有致的声音，而成组的编磬、编钟、编铙等，由低到高，可以演奏出多种不同的音乐。周代更是一个崇尚礼乐教化的时代，周人把歌颂黄帝、唐尧、虞舜、夏禹、商汤、周武的乐舞分别作成《云门》《咸池》《萧韶》《大夏》《大濩》《大武》等雅乐，合称"六代之音"，用以祭祀天地、日月、山川、祖妣及宗庙。同时创立了宫、商、角、徵、羽为主要轮廓的 5 声音阶。依据制作材料的不同，又创立了"八音"分类法，分别以金、石、土、革、丝、木、匏、竹等八类乐器来命名，今天人们看到的"八音会"就是由此传下来的。

不过这时的乐舞多被统治者垄断，全社会笼罩在神权统治之下，以维护严密的贵族等级秩序。音乐歌舞真正步入民间，出现于春秋战国。这是个礼崩乐坏的时代，原先供职于宫廷、贵族的士人阶层，被迫散落于民间，其掌握的礼乐教化知识也扩散辐射到民间。《论语·微子》曾描绘了春秋末期王室乐队四散天下的图景："大师挚适齐，亚饭干适楚，三饭缭适蔡，四饭缺适秦，鼓方叔入于河，播鼗武入于汉……"在这样的背景下，音乐歌舞走下神坛，步入寻常百姓家，逐渐成为上至达官贵人、下至平民百姓喜闻乐见的娱乐形式。

音乐歌舞一旦与劳动群众结合，便盛行不衰，创造出愈益丰富的文化财

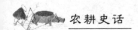

富。据《战国策》记载，当时的齐国"地盛富，其民无不吹竽、鼓瑟、击筑、弹琴"。《列子·汤问》也说，在三晋大地上，涌现出韩国女子韩娥这样著名的民间歌手。韩娥因家贫而流落到齐国的雍门，靠卖唱为生。据说她每唱完一歌："余音绕梁，三日不绝"。当她唱起"曼声哀哭"的悲调时，"一里老幼，悲愁垂泪相对，三日不食"；当她唱起"曼声长歌"的欢调时，"一里老幼，喜跃抃舞，不能自禁，忘向之悲也"。人们能够情不自禁地随歌而悲喜，足见她的歌声感人至深。而她离开雍门后，她的演唱技巧与风格在当地民众中长期流传，经久不衰，以致形成"雍门之人，至今善歌舞"的传说。

从秦汉到魏晋，到隋唐，再到宋元明清，音乐歌舞的流行范围愈加广阔，艺术与内容不断翻新，始终占据着民间娱乐活动的主导位置，成为维系人们情感的重要载体。举凡各种重大节日、重要庆典、纪念活动、婚姻寿诞等，都有规模不等的乐舞表演活动。它不仅为人们增添了喜庆和吉祥，而且也起到了托物言志、抒发心扉的作用，极大地丰富了人们的精神文化生活。

二

伴随着音乐歌舞的发展，民间还出现了另一种娱乐形式——杂技艺术，大约在汉代初见规模。其盛况可从张衡的《西京赋》中窥见一斑，赋中列举了汉武帝时期的各种表演节目，常见的有"乌获扛鼎""都卢寻橦""冲狭燕濯""跳丸剑""走索"以及奇特的驯兽表演。

东汉时，杂技艺术更加丰富多彩，山东沂南北塞村东汉墓壁上的巨幅雕刻《百戏图》，完整地保留了当时宏伟壮观的艺术图像。从中不难看出，这是一个专业表演的马戏团，有相当熟练的表演技能。全图从左至右分为4个部分：第一部分表演的是"跳丸弄剑""载竿"和"七盘舞"。载竿技术高超，1人额顶十字长竿，上有3个小孩作倒垂翻转表演；跳七盘舞者袖带飞舞，飘曳潇洒。第二部分是乐队，吹奏的乐器有磬、钟、铙、建鼓、琴、埙、排箫等，共15个人参与演奏。第三部分是"刀山走索"，一人立在刀尖上拿顶倒立，两端各有一人在索道上表演，一位手挥流星锤，一位双手执戟。第四部分是"马戏"和"鼓车"表演，演马戏的挥鞭走马，马上作倒立或流星奔腾，人欢马跃；鼓车隆隆如雷之声，人在竿上作柔术表演。如此盛大的场面，感受当时的真切表演，该是多么生动壮观。

三

娱乐活动是一种文化积淀，它不但给人以欢乐，还能增进人的修养，启迪人的智慧。在诸多娱乐活动中，要说富含智力趣味的还数弈棋。弈棋即下棋，民间最富乐趣的莫过于象棋，它不仅具有悠久的历史，而且深受民众喜爱。象棋的起源可追溯到春秋战国之时，据古籍记载，当时盛行一种原始的象牙制棋，故后世统称为象棋。每方有棋子 6 枚，两人执棋游戏，乃中国象棋的前身。三国时期，象棋开始流行。到了唐代，象棋已有"将""士""象""车""马""砲""卒"等棋子，棋盘纵横成格，棋子布于格子内。进入宋代，象棋即以定型，界河明显，红黑两棋相对，棋子置于线上，每粒棋子的移动都有规可循。马走日，象走田，车走直线，砲必有架，卒子过河横冲直闯。

虽然象棋只有 32 个棋子，但走法路数多样，布阵变化万千。宋代学者陈元靓在其所著的《事林广记》中，辑录了当时许多出色的棋局，成为我国发现最早的一部象棋谱。清初棋手王再越的《梅花谱》，以高度的想象力，设置了引人入胜的 50 个棋局和可供参考的 120 多种不同的棋路，展示了象棋对弈中相生相克、相准相制的变化规律，尤其是卷首描绘的"当头炮"等八局棋谱，精妙异常，堪称绝技，为后世棋手所推崇，是一部闪烁着智慧火花的棋苑名著。清代三乐居士所著的《韬略玄机》，对后世棋手影响更甚。书中 100 多个残局（亦称残棋），尤为棋手关注，堪称精彩绝伦。

象棋一经定型，就走入民众的生活。上至达官贵人、下至庶民百姓都把它作为一种消遣娱乐的工具，在棋盘上排兵布阵，搏杀戏耍，以慰一时之乐。城邑居民不消细说，亭榭楼台、酒肆茶馆、街坊路旁，凡是人群聚集的地方，就有棋局对垒的场面。而在乡村，虽说平日里人们都为生计奔忙，但每到农闲季节或雨雪天气，甚至茶余饭后、歇晌的空间，总有人聚在一起，以棋相搏。每盘棋执子者不过两人，围观者却很"盛大"，有的充当"参谋"，有的充作"军师"，每每棋到紧要之处，往往众口当家，指手画脚，喧宾夺主，真可谓"当局者迷，旁观者清"。

四

就在这些艺术门类蓬勃发展的同时，戏曲这门独特的艺术也在百花竞放中产生和发展起来。而这一艺术的形成与发展，可追溯到很远，确切地说，它与乐舞艺术的形成密不可分。唐代以前，中国戏曲就有两大渊源，一是俳优戏，一是歌舞戏。唐之后，俳优与歌舞戏相融合，并配以乐器伴奏，形成既滑稽幽默，又载歌载舞的表演形式，深受世人喜爱。宋元时期，戏曲不断创新，逐渐演变为后世史家所说的"宋元杂剧"，这种杂剧不但上演人数增多，剧目也日益丰富。最初上场的演员头戴面具，手舞足蹈，专示表演，面具上绘着不同的脸谱，演什么戏带什么面具；而念白与歌唱则由后台的演员充任，把唱念与身段表演分割开来。进入元代中后期，随着戏曲的发展，要求演员必须载歌载舞，把唱、念、做、打融为一体，以塑造完整的舞台艺术形象。那种妨碍演员念白和歌唱的面具便逐渐被淘汰，代之而起的是日臻完善的勾脸艺术。

其实从元末明初起，杂剧就渐趋式微，而江浙温州一带的南戏则随之崛起，并在后来的发展中形成四大声腔：海盐腔、弋阳腔、余姚腔和昆山腔。日后昆山腔风靡舞台，日益红火。特别是"临川派"剧作家汤显祖的名作《牡丹亭》更把昆腔推向鼎盛。以至从明中叶起，昆腔逐渐取代其他剧种而获得正统地位。与此同时，其他声腔也不甘寂寞，纷纷向外谋求发展。弋阳腔走进安徽等地，逐渐演变为"四平腔"和"青阳腔"，为日后京剧的发展发挥了积极的作用。到了清代，昆腔被称为"雅部"，弋阳腔与其他梆子腔则统称为"花部"或"乱弹"。由于当时的统治者及文人士大夫竭力推崇"雅部"，贬低"花部"，遂使昆腔日益雅化、僵化，成了"曲高和寡"的"阳春白雪"，脱离了广大民众，逐渐从剧坛的主导地位上降了下来，而"花戏"则日益盛行。清代朴学大师焦循在其所著的《花部农谭》中就极力称赞花部。他特别提到幼年时随长辈连看了两天戏，第一天演的是昆曲传奇剧目，"观者视之漠然"，而第二天演的是花部剧目，观众"无不大快"，甚至"归来称说。浃旬未已"。表明"花部"在民众中有广大的市场。这种巨大的感染力，即使"清廷百般禁毁，也无法抑止"。

在昆腔衰落的同时，却出现了一个地方戏空前繁荣的局面。从明代始，川剧、湘剧、赣剧、陕西秦腔、同州梆子、山西梆子、河北梆子以及汉剧、徽剧、粤剧、滇剧等相继形成。各大剧种下又产生各种流派，兼容并蓄，各示其长。此外还产生了许多乡土气息较浓的小剧种，如花鼓戏、花灯戏、秧歌、道情、眉户等，散布全国各地。直至清乾隆年间"四大徽班"进京，终于为后世称作国剧的京剧奠定了基础。京剧的出现，是中国戏曲史上的一个重大事件。它标志着"花雅之争"的结束，花部取得了决定性的胜利。可以说，它融合了宫廷趣味与民间精神、南方风情与北方神韵，在塑造人物形象，表现人物性格，追求形神统一方面，都达到了艺术完美的境界，成为古代戏曲艺术的光辉篇章。

戏曲真正的生命来自民间。它一经问世，便成为广大民众喜闻乐见、雅俗共赏的艺术形式。通过演员在舞台上的表演及时空切换，呈现给观众一个千变万化活生生的人间世界。所谓"三五步行遍天下，六七人百万雄兵"，就是中国戏曲的主要特点。戏曲演员运用"四功五法"（四功即唱念做打，五法即手眼身法步）来表现戏中人物，更给观众留下了广阔的想象空间和情景交融的审美情趣。更为重要的是，它在中华文明史上的贡献，远不局限于只是众皆喜欢的一种艺术形式，更深层的意义恐怕是它的寓教于乐。它在揭示世情世相、针砭时弊、比奸骂谗、展示历史、传承文化、弘扬公意，进而在形成中国民间基本的价值趋向、道德标准、人伦礼仪与文明理念等方面，都发挥了举足轻重、不可替代的作用。它的很多剧目直接取自于民间，反映了民间的世态人情，从宋元杂剧中的《钟馗嫁妹》，到元杂剧中的《陈州粜米》，再到元末明初的《窦娥冤》《玉镜台》等，无一不是民间百姓悲欢离合、饱受辛酸欺凌的真实写照。

农家才俊亦风流

中国农民从来就是一个聪明、勇敢、勤劳的群体。在漫长的历史进程中，他们以自己艰苦卓绝的辛勤劳作，以无与伦比的聪明才智，创造了光辉灿烂的科学文化，涌现出许多杰出的优秀人才。他们的事迹在民间广为传颂，他们的成就遍布神州大地。

一

在我国古代传说中，车船作为交通工具出现得很早。《易·系辞》中说，五帝时"刳木为舟，剡木为楫。舟楫之利，以济交通。"舟为船只，辑为车驾，可见我国先民很早就发明了车船。此外，还有许多发明创造的传说，如伯余作衣裳、仓颉造字作书、鲧作城郭、尧作宫室、伯益作井、祝融作市、仪狄作酒、夔作乐、昆吾作陶、隶首作算数、容成作调历、伶伦造磬作律、巫彭作医、咎繇作耒耜、挥作弓、夷牟作矢、雍父作杵臼、宿沙煮盐——这些发明创造与人们的衣食住行、社会生活息息相关。可惜传说终归是传说，并没有确切的文字记载。其实历史上有许多的发明与创造，事不见经传，名不留史册，这不独因为其古老悠久，还因为这些发明与创造者出身寒微，社会地位低下，从来不被统治者重视，故而淹没在历史的尘封中。

二

人类历史充满着追求和探索，留下无数的创造发明，如同绚丽的鲜花，把漫漫历史长河装扮得多姿多彩。以中国"四大发明"中的造纸为例，习惯上人们把它的发明归功于东汉的蔡伦。但许多证据表明，早在蔡伦之前，纸张已经在中国大地上诞生了。年代最早的实物，是在陕西西安附近的灞桥古墓中出土

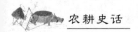

的，约在公元前 140 年到前 80 年间，人们称之为"灞桥纸"，比蔡伦生活的年代提早了二三百年。据专家检验，古纸都是麻纤维制成的，色泽微黄，与现代纸相比，显得粗而厚，质地也不均匀。有些纸上还可以看到一束一束的麻纤维，这当然是制作时原料没有充分化解的缘故。

中国古代劳动人民在洗涤麻织品时，要把它放在水中捶打、漂洗，然后把它晒干，此时残留在苦席上的败絮往往会积成薄薄的一层。这种现象无心者自然熟视无睹，有心者则获得灵感，纸张极有可能是某位有心人注意到了这一现象而认真加以试验的结果。

不可否认，在纸张的发明中，蔡伦占据了重要地位。在他之前，造纸采用的原料不外乎破麻布、旧渔网之类的破旧材料。蔡伦的贡献在于提出以树皮、麻等生纤维替代原来的造纸原料，这使得造纸原料大大增加，纸张的生产规模日益扩大。可以说大麻、黄麻、亚麻和苎麻，在当时的中国已广泛种植。既然破旧麻制品可以用来造纸，直接采用更容易得到的生麻纤维，似乎是更容易的事。尤其是蔡伦的家乡湖南莱阳，有一种楮树，树皮浸泡之后加以捶打，面积会迅速膨胀，粘连性也很强，通常人们用它制作遮风挡雨的帷帐，因而用楮树树皮的原料制作纸张，也就成为顺理成章的事了。

汉代有几位工匠以改良纸质著称于世，东莱人左伯是其中之一，后人称颂他造的纸"妍妙辉光"，纸张质量比蔡伦的大有改观。从最初原始纸的形成，到蔡伦纸、左伯纸，从早先的发现到不断的改进，倾注了许许多多发明家的心血。这些发明家中绝大多数是无名英雄，蔡伦、左伯成了极个别的后人还能知道姓名的幸运儿。现在大家歌颂蔡伦、左伯，实际上是在歌颂站在他们身后、由他们代表了的众多不知姓名的发明家。

三

中华文明源远流长，博大精深，虽历经磨难，却经久不衰。勤劳勇敢的中国人，既具有饱经忧患、不屈不挠的斗争精神，又具有敢于探索、勇于献身的伟大品格，是人民大众创造奇迹的力量源泉。

在河北省赵县城南五里之地，有一座举世闻名的大石桥——赵州桥。它历经 1 400 年的风吹雨打、洪水冲击，多少次的强烈地震，数不尽的车马穿行，仍旧雄伟矫健地横跨在洨河之上。人们称赞它"奇巧甲天下"。远眺似"百尺长虹横水面，一弯新月出云霄"；近观如"水在碧玉环中过，人在苍龙背上行"。古往今来，有多少生动的神话故事在民间流传，又有多少文人墨客赋诗赞美于它。可是你是否知道？设计和建造这座大桥的是一位出身寒微的石匠，他的名字叫李春。"谁站桥头问李春，仙驴仙迹幻成真，长虹应卷涛声急，似向残碑说故人"。唐人张嘉贞在《安济桥铭》中这样赞赏说："赵州洨河石桥，隋匠李春之迹也，制造奇特，非夫深智远虑，莫能创是。"

　　洨河发源于山西封寨村，流经处峰峦峭削，瀑布悬崖，每大雨时行，伏水汛发，奔腾咆哮，势不可遏。石匠李春发挥他高超的智慧与创造才能，根据当地的自然环境，精心设计建造了这座石桥。桥的基址选在洨河平直的天然地基上，桥台建筑在粗沙层上，地层稳定，土质均匀，能安稳承载桥身重压，能抗击地震危害，能承担过桥活载的负荷。千年之久的考验证明，选择这样的桥址是十分合理的。没有丰富的实践经验和超群的智慧，根本不可能作出这样精确的设计和选择。石桥跨度大弧度平稳，车马行人过桥十分方便，桥洞开阔宽大，船只在桥下穿行畅通便利。大桥妥当处理了内部结构中整体与局部的关系，每道拱券不受周围拱券的影响，一道拱券损坏不影响全桥的安全与功能。同时它又环环相扣，与整体及周围地理环境高度协调统一，使整座桥形成一个高度完美的有机体，内聚力、承载力极强。它的建造，在我国桥梁建筑史上具有开创性的意义，在世界桥梁史上也有极其重要的地位。

　　李春生活在隋朝，有关他的生平事迹，除历代书法家、画家、诗人有所颂扬外，在官修"正史"中是找不到的。但是有石桥在，人们就忘不了他的名字。其实李春属于劳动人民中那种"能工巧匠"型人才，不仅有娴熟的技术专长，又极善巧思，再加上勤奋实践，积累了丰富的经验，于是便有了独到的创举。历史上，这样的人才举不胜举。

　　明代晚期，我国科技界曾出现三部伟大的名著，分别是徐光启的《农政全书》、李时珍的《本草纲目》和宋应星的《天工开物》。《天工开物》全书16卷，全面记述了我国古代农业和手工业技术，尤其着重于手工业技艺，如对纺织、染色、制盐、造纸、烧瓷、冶铜、炼铁、炼钢、采煤、榨油、制造军器、火药等生产过程和工序，有精深的研究和独到的见解。这部书图文并茂，共有插图123幅，画面生动，使当时生产工具的构造和生产现场历历在目。它是我国古代第一部将农业与工业技术综合研发、记述的科学专著，精确反映了当时工农业生产水平的状况，对后世影响极大。

　　该书结构严谨，论述精当，数据精确，叙述科学。在大部分生产过程靠手工操作的情况下，十分注意数据的精确性。原料搭配比例、工具制作尺寸、容积容量计算，都十分精确，充分显示出其内容的严密性和科学性。该书注重实践，穷究原理，大部分资料来自作者的亲身实验和考察，在处理历史文献方面，他认为是对的便引用，认为是错的就批判，相信书本但又不迷信书本，既有继承又有发展。同时对那种脱离实际的胡言乱语、不求实际的治学之风给予了强有力的针砭。《天工开物》典出《易·系辞》中的"天工人代"和"开物务成"，意思是人一旦掌握了自然规律，就可替代主宰天然的"神"，实现由天然王国到自由王国的跨越。中国历史上出现的科技著作很多，但从全面、系统、综合的角度分析，宋应星的《天工开物》更具代表性。著名的英国科技史专家李约瑟博士，把宋应星的著作与西方文艺复兴时期的科技界代表阿格里·柯拉相提并论，称他为中国的阿格里·柯拉。他与那些"纨绔子弟，以赭衣视笠蓑，以农夫为诟詈，晨炊晚馕，知其味而忘其源"的八股学士是截然不同的。《天工开物》就是一部体现这种精神的科学巨著。

下篇　农民之处境

父耕原上田，子劚山下荒；六月禾未秀，官家已修仓。

锄田当日午，汗滴禾下土；谁念盘中餐，粒粒皆辛苦。

二月买新丝，五月粜秋谷；医得眼前疮，剜却心头肉。

我愿君王心，化作光明烛；不照绮罗筵，只照逃亡路。

——唐·聂夷中《田家》

农家从来苦难深

　　说到传统农民，给人的第一印象大概就是居于乡间，忙于田间，光着脊梁，挽着裤管，整天面朝黄土背朝天，晴天一身土，雨天一身泥的"乡巴佬"。在许多人眼里，农民总是和贫穷、落后、愚昧、保守、肮脏、粗俗等不良形象联系在一起的。事实上，中国农民是处于社会最底层的老百姓。古往今来，他们历经磨难，饱受摧残，始终是社会中的弱势群体。

一

　　《汉书·食货志》引晁错奏疏曰："今农夫五口之家，其服役者不下二人，其能耕者不过百亩，百亩之收不过百石。春耕、夏耘、秋获、冬藏，伐薪樵，治官府，给徭役；春不得避风尘，夏不得避暑热，秋不得避阴雨，冬不得避寒冻，四时之间，无日休息；又私自送往迎来，吊死问疾，养孤长幼在其中。勤苦如此，尚复被水旱之灾，急政暴（虐），赋敛不时，朝令而暮改。有者半贾而卖，无者取倍称之息，于是有卖田宅，鬻妻子以偿债者矣。"这段记述，至少反映了2 000多年前农民的生存状况。它真切地表明，中国农民自古就是一个灾难深重的群体。他们不但饱受大自然的蹂躏、侵袭，而且时时遭受贪官污吏、奸商富绅的盘剥、欺凌。虽然他们终岁辛劳，一年四季"无日休息"，仍不免穷困潦倒、财匮力尽，生计无着，饥馑相仍，重者不得不"卖田宅，鬻妻子"，走上倾家荡产、奔亡流散的路子。

　　西汉末年，时任谏议大夫的鲍宣从维护汉王朝的统治出发，向哀帝上书痛

· 139 ·

陈时弊："凡民有七亡，阴阳不和，水旱为灾，一亡也；县官重责更赋租税，二亡也；贪吏并公，受取不已，三亡也；豪强大姓吞食无厌，四亡也；苛吏徭役，失农桑时，五亡也；部落鼓鸣，男女遮泄，六亡也；盗贼劫略，取民财物，七亡也。七亡尚可，又有七死：酷吏殴杀，一死也；治狱深刻，二死也；冤陷无辜，三死也；盗贼横发，四死也；怨仇相残，五死也；岁恶饥饿，六死也；时气疾疫，七死也。民有七亡而无一得，欲望国安，诚难；民有七死而无一生，欲望刑措（即废弃刑法），诚难。"众多的贪官污吏构成了官场的腐败；腐败的官场，又不断滋生复制新的贪官污吏，恶性循环，导致政风日下，世道浇漓；私家日富，公室日贫，国匮民穷，社会走向动乱。

对农民苦难感受最深、分析最透的是唐代翰林学士刘允章，他在给唐僖宗的奏疏中说："今天下苍生，凡有八苦，陛下知之乎？官吏苛刻，一苦也；私债征夺，二苦也；赋税繁多，三苦也；所由乞敛，四苦也；替逃人差科，五苦也；冤不得理，屈不得伸，六苦也；冻无衣，饥无食，七苦也；病不得医，死不得葬，八苦也。"刘允章对农民的了解不可谓不深，他所说的农民"八苦"不但突显于唐代末期，而且是贯穿整个传统农业时代的一个共性问题，只不过程度不同而已。让我们顺着刘允章的思路，透过历史的沧桑，去探究和见识农民的这些凄楚吧。

二

官吏苛刻，一苦也。传统中国封建社会，官吏号称"亲民之官"。特别是处于基层的州县长官更是称为父母官。所谓父母官，必是爱民如子。但在历代官场上，所谓爱民如子，其实只是一种幌子。诚然我们在史书上读过《循史传》《清官谱》，也看到过一些官吏的动人事迹，如宋代的包拯、范仲淹，明代的况钟、海瑞，清代的于成龙等，但他们终究是极少数，在整个封建官僚队伍中可谓是凤毛麟角，少之又少。而相当多的官吏往往是利用自己的官职、权力，各出奇奸异巧，采用不同的手段和方法任意敲诈和搜刮百姓。"掌钱谷者盗钱谷，掌刑名者吃刑名"，挖空心思在农民头上打主意，竭尽所能榨取民脂民膏，斫吞生人骨髓。南北朝时期，有个大贪官名叫鱼弘，历任南谯、盱眙、竟陵太守，一贯贪婪成性，走一处搜刮一处。他常对人说："我为郡，所谓四尽：水中鱼鳖尽，山中獐鹿尽，田中米谷尽，村里民庶尽。丈夫生世，如轻尘栖弱草，白驹之过隙，人生欢乐富贵几何时？"因而他依仗权势，恣意侵夺，大肆贪贿，到处搜刮，搞得百姓苦不堪言，民穷财尽，流离失所。

私债征夺，二苦也。自私有制产生以来，地主阶级的势力就逐渐膨胀起来。在土地占有上，地主富豪势力占有或兼并民田的现象此起彼伏，一直贯穿于整个传统农业时代，劳动人民辛勤耕耘积累起来的财富被分割掠夺，自耕农、佃农、客户在内的广大农民，生活条件日益恶化。当他们的生活无着，或遭受天灾人祸，或青黄不接，或缺牛少种时，被迫向地主富豪伸手举债。而这些富豪恶霸就会恃其财势，乘人之危，敲诈勒索。他们或私放高利贷，或乘机高抬地租，或以贱易贵、虚收实买，"惟以债负累积，侵并贫民庄宅田土。"这样巧取豪夺的结果，使贫民"日削月窘，寝以大穷"，田土尽归缙绅富豪之门，农民则多数沦为佃民、客户。最可怕的是高利贷，一个家庭一旦被高利贷缠身，便很难翻身。据元代大德八年江浙官员反映："江南佃民，多无己产，皆于富家佃种田土，分收子粒，以充岁计。若值青黄不接之时或遇水旱灾伤之际，多于田主家借债贷粮接缺食用"，而田主"必多取利息，方才应付；或于立约之时，便行添答数目，以利作本。才至秋成，所收子粒，除田主分收外，佃农合得粮米，尽数偿还本利，更有不敷，抵挡人口，准折物件，以致佃户逃移，田地荒废"。

赋税繁多，三苦也。中国的赋徭征派，历来名目繁多，征取无度，各种繁杂的赋徭杂费压得老百姓喘不过气来。"小民终岁勤动，纳赋之外，竟至不敷养赡"。其实国家的正赋历来并不很高，很少超过 10％的。某些朝代甚至是"三十税一"或"百之取五"。所谓税重民贫，往往来自"赋外之赋""税外之税"。那些大大小小的官吏在正赋上做足文章后，还要别出心裁地"创立"很多名堂，借公肥私，假公济私，层层加码，事事索取。做大官发大财，做小官发小财，甚至没有正式取得官阶官衔的衙吏皂役，也利用一切机会发混财。他们侵夺百姓事无所由，深不见底，上下勾连，相互包庇。县官要发财，先贿府台，府台欲升迁，贿通督抚乃至京官；而京官要通过地方官发财，则庇护地方官以固其基。如此上下联手，官吏勾结，形成一个贪污的官僚群体，变着法地巧取横夺、借端勒索。

所由乞敛，四苦也。农民向来是个弱势群体，多数情况下总是任人宰割和驱使。面对官吏、富豪的欺压和盘剥，他们只能忍气吞声、逆来顺受。虽心生怨气，也还得俯首低眉，屈事官豪。对于形同散沙的小民来讲，哪路"神仙""菩萨"都得罪不起，因为他们乞求于人的时候太多了：岁荒歉收，缴不起赋税，要乞求于官吏；缴不起田租，要乞求于田主；青黄不接或遇灾害，少不了向富人乞贷；徭役差派，则要听命于里胥乡正。愈是贫穷之人，愈是有求于人。因此只能唯命是从，听其摆布，任其蹂躏。

替逃人差科，五苦也。据《汉书》记载，时人鲍宣向哀帝上书，痛陈时政

的腐败时指出："县官重责，更赋租税；贪吏并公，受取不已；豪强大姓，蚕
食不厌；苛吏徭役，失农桑时。"虽说此话是针对西汉晚景而言的，但确切地
说哪个封建朝代不是如此。正是这无止境的租赋徭役，搞得农民"倾家荡产，
资产俱竭。无以自保"，逼得农民背井离乡，举家出逃。有的被迫投依富豪大
族，充当部曲、佃客；有的藏匿山林，沦为盗贼，干起偷窃、抢掠的勾当。而
人口的逃亡，使在籍的人口数量大大减少。在籍日少，则剩下的在籍者租赋徭
役负担必然加重。南朝时期的齐武帝永明六年，顾宪之给武帝的书启说道：
"山阴一县，课户上万，其民赀不满三千者……三分余一。"从东汉至三国两晋
南北朝时期，是人口逃亡最重的时期，也是依附关系突出和盛行的时期，大量
农户成为依附民。依附者皆无赋徭，他们寸绢不输官府，升米不进公仓，却要
受豪门富绅的驱使和征敛。据《隋书》记载，当时的黄河中下游地区，"避役
惰游者十六七"。此外历代还有一个难以克化的病根，那些缙绅富豪为了自己
的私利贿通官吏，勾结里书，擅改册籍，隐匿田亩，把赋徭转嫁到小民头上，
以致出现"有田而无赋者，有赋而无田者。"

冤不得理，屈不得伸，六苦也。传统中国社会，官与民是界限分明的两个
等级，官僚士大夫们具有天然的双重身份，他们一方面在朝廷和各级官府中充
当国家权力的执行者，一方面又在农村霸田制产、盘剥乡民。而农民多是没有
任何特权或身份的生产者。这些权豪缙绅从朝廷到地方，形成一张张严密的关
系网，相互利用，沆瀣一气。历史上我们常常可以看到各级官衙倚势恃强、非
法拷掠、枉法酷刑、草菅人命的现象。

冻无衣，饥无食，七苦也。历史上农夫身不离田亩，手不释耒耜，终岁勤
动，无日休息，但温饱问题始终难以解决。抛开农业技术和自然环境等因素
外，沉重的田租、赋税、徭役是使农民深陷饥寒的根本动因。一方面是"豪人
之室，连栋数百，膏田满野，奴婢千群；另一方面则是贫弱小民"常衣牛马之
衣，（常）食犬彘之食"。而一旦遇到水旱灾害，"民至剥树皮掘草根以食，老
幼离移，颠踣疲乏路，卖妻鬻子以求苟活"。

病不得医，死不得葬，八苦也。农业文明是讲求安定的文明，农民最渴望
安稳平顺。但在历代社会中，农民阶级特别是贫苦农民连衣食都难得到温饱，
更何况生老病死等意外事件呢。他们常处于贫穷与凄苦的境地中，有生而养不
起，有病而看不起，有死而葬不起。

三

古代专制政体下，普通庶民皆为"蚁民""草民"。在统治阶级的眼中，他

们是"冥顽不化"的"群下"，卑微粗野的"小人"，是被压迫、被剥削、被奴役的对象。五代时期的思想家谭峭对统治者的残酷剥削和农民的处境有过深刻地揭示。他指出，农人之苦，百通丛身，他们勤动一岁："王者夺其一，卿士夺其一，商贾夺其一，兵吏夺其一，战伐夺其一，工艺夺其一，道释之族夺其一，七夺之余，尚能剩几？"然而还不止如此，年丰谷价低，用钱交税，须籴出平常数倍的谷米才能完纳；荒年收成减少，"率乏粮谷，竭其财以奉上，父母妻子已迫饥寒。"农民一年到头过的是"蚕告终而缫葛苎之衣，嫁云毕而饭橡栎之实"的日子。

可以说封建专制时代，老百姓命如纸薄。天灾可以使其死，盗贼可以使其死，徭役可以使其死，战乱可以使其死，贪官污吏的敲诈勒索可以使其死，豪绅恶霸的横行盘剥可以使其死。不说别的，历史上因徭役、战乱出现多少"新婚别""垂老别""无家别"的悲剧。民间传说的"孟姜女哭长城""望夫石""农臣怨"等故事，便是其生死离别的真实写照。历代频繁的徭役和战争，不仅使农民失去人身自由，也使他们的生产、生活遭受极大的破坏，在春天则荒废农民的耕种，在秋天则荒废农民的收获，而只要荒废一季，百姓则不免"饥寒冻馁而死"。为此历代多少有识之士曾呼吁统治者"珍惜民力，勿夺农时"。秦朝末年陈胜吴广的第一次农民大起义，就是在繁重的徭役、苛刻的刑法下被迫发动起来的。《史记·陈涉世家》记载："二世元年七月，发闾左适戍渔阳，九百人屯大泽乡。陈胜吴广皆次当行，为屯长。会天大雨，道不通，度已失期。失期，法皆斩。陈胜吴广乃谋曰：'今亡亦死，举大计也死，等死，死国可乎？'"于是这些被奴役的戍卒，在失期遭斩的苛法之下，走投无路，只得举起求生存的义旗，奋起造反，死里求生。

无数史实证明，一切弊政的产生，大多源于统治者的贪图享乐、奢侈无度。隋朝建立不久，隋炀帝穷奢极侈，"驱天下以纵欲，罄万物而自奉，徭役无时，干戈不戢。"以致黄河上下，千里无烟，江淮之间，满目荒凉，造成多少家庭妻离子散，倾家荡产，隋政权也很快在风雨飘摇中覆亡。幼时，我们曾读过不少悯农怜民的古诗词，"诗旨未能忘救物，世情奈值不容真"。很多诗句真切地反映了历代王朝的社会矛盾和农民的惨痛境遇。其中有首五代后梁杜荀鹤所写的《山村寡妇》，就深刻揭示了兵荒马乱给农民带来的惨不忍睹的灾难，千千万万善良的农民在战乱的摧残下，妻丧夫，父丧子，千村薜荔，万户萧疏，一片破败凋敝的景象：

夫因兵死守蓬茅，麻苎衣衫鬓发焦；
桑柘废来犹纳税，田园荒后尚征苗。

时挑野菜和根煮，旋斫生柴带叶烧，

任是深山更深处，也应无计避征徭。

全诗描述了一个身穿麻衣破布、面容憔悴、孤苦伶仃的寡妇，其夫因兵而死，致使田园荒芜，桑柘尽废，不得不逃到"深山更深处"。以野菜、草根度日，然而即使这样，还照旧要服徭役、纳赋税，未能逃出苛政的魔掌。

田土多在富豪门

自农业确立以来，土地就成为人类社会最重要的生产资料，成为人们创造物质财富的主要来源。英国著名经济学家威廉·配第说："土地是财富之母，劳动是财富之父。"可见土地和劳动力是形成财富的两个原始要素，尤其是农业，对土地有一种特殊的不可替代的依赖性。在中国历史上，土地问题历来倍受关切和重视，成为人们竞相争夺的对象。

氏族社会时期，土地为氏族成员共同拥有，他们在土地上共同劳动、共同生活，人与地的关系是和谐宽松的。确切地说，当时地权观念还没有产生，人们可以尽情地垦殖和占有。进入奴隶制时代，土地的氏族公有制转变为土地的王国所有制："普天之下，莫非王土；率土之滨，莫非王臣"。全国范围的土地和劳动力都是君王所有，对其享有绝对的支配权。君主（天子）把土地和劳动力分赐给自己的子弟、亲属及臣下，称之公田（即份地）。公田只有使用权而无所有权，"田地里邑既受之，于公民不得鬻卖"。

一

到了春秋战国，随着生产力的提高和私有因素的增长，土地私权开始出现。最初各诸侯国在公田之外开辟大量的荒地，这些新辟的土地便成为私田。私田完全属于私有财产，可以自由支配。它不纳贡，可买卖，可交换。渐渐地私田的数量超过了公田，那些受封的诸侯和臣属逐渐富裕起来，有些甚至超过王室，"田里不鬻"的制度被打破。为扭转这一局面，鲁宣公十五年（前594年），鲁国率先实行"初税亩"。即无论公田私田，一律取税，等于废除了井田制，土地私有权被确认。继而是秦国的商鞅变法："改帝王之制，废井田，开仟陌，民得买卖"。鼓励农民开垦荒地，耕织收入多者，免其税。这一系列的变革，意味着王国土地所有制已经瓦解，井田制已经废止，原有的份地（公田）成为可以世袭的私有地产了，以地主土地所有和自耕农土地所有为代表的土地私有制形成。而国家征收赋税的对象也从土地领主制改变为一家一户的小土地所有制。无论是地主或是农民，只要向政府如实呈报占有土地的数额，并按规定缴纳田租（土地税），其土地所有权就可得到官方的承认和保护。

秦始皇统一六国后，仍行商鞅之法，土地私有化在更大范围内得到推广。随着土地私有化的发展和深入，普通百姓也可以通过买卖拥有自己的土地，土地兼并由此发轫。全国不仅出现诸多依军功发迹的大地主，而且也出现了一些没有政治特权的庶民地主。他们采用分租或雇佣的方式，对"无立锥之地"的农民施行超经济的剥削，社会贫富悬殊加剧，地主与农民之间的阶级矛盾开始突显。据《史记》记述，秦末农民起义的领袖陈涉："少时尝与人佣耕。"佣耕又叫"庸客"，自无田产，受雇于地主，与后世的雇工相类似。地主对这些"卖庸而播耕者"提供饭食付给报酬，强迫其服役。至于军功地主，国家在赏赐土地的同时，还拨付给他们相应的劳动力，这些劳动力又称"庶子"，与主人之间有严格的人身依附关系，是固定在主人田地里的"农奴。"

西汉初年，时值秦末农民战争之后，社会贫富分化尚不明显，以小土地私有者为主体的自耕农占绝对优势，大地主很少。东汉政论家杜林说，汉初"邑里无营利之家，野泽无兼并之民，万里之统，海内赖安。"这样的局面大约维持了30～40年。土地出现兼并始于武帝之时，如汉武帝之舅田蚡，"治宅甲诸第，田园极膏腴，市买郡县器物相属于道"。郎中将灌夫退职回家后，"诸所与交通，无非豪杰大猾。家累数千万，食客日数十百人，陂池田园、宗族宾客为权利，横颍川"。号称"为人谨厚"的儒家丞相张禹"内殖货财，家以田为业。及富贵，多买田至四百顷，皆泾、渭溉灌，极膏腴上贾。"

当时的官僚地主、商人都在兼并土地，形成社会人群的一极，被雅化为郡首、名门、世族，等等；社会人群的另一极则是广大贫困破产的农民，他们的土地变卖出售之后，就成了一无所有的佃农，有的甚至沦为奴婢。在土地兼并加剧、贫富分化日益严重之时，一些有识之士相继提出各种解决问题的方案。西汉大儒董仲舒就曾向汉武帝建议："古井田法虽难猝行，宜少近古，限居民田，以赡不足，塞兼并之路。"大概意思是，应参照古制，限制民间富户占田过多，损有余而补不足，以堵塞兼并。但汉武帝并未采纳其主张。到汉哀帝时，大司空师丹再次提出限田的建议。哀帝采纳了这个建议，遂下限田之诏，王侯、吏民占田不得超过30顷，"贾人皆不得名田、为吏"。但诏令一出就遭到贵族、官僚、富豪的群起抵制，使其成为一纸空文。王莽篡汉，建立新朝。面对愈演愈烈的土地兼并，宣布全国实行王田制，实际上是恢复历史上曾经出现过的井田制。土地国有，授田于民，均衡占有，不得买卖。规定一夫一妇授田百亩，什一而税；占田过限者，分余田与宗族邻里。可是这一办法在实施过

程中同样遭到贵族豪强的抵制，阻力重重。仅隔 3 年便下令废除了。于是豪强之势日盛，土地兼并愈烈，农民破产、流亡者愈众，不久便引发了浩大的农民起义。

东汉继立，为限制富豪兼并土地和藏匿人口，保证国家的赋税和徭役，朝廷下令在全国"度田清户"。当时很多贵族富豪、官吏恶霸为逃避赋徭，隐瞒土地和人口，竭力反对清查。郡县官吏怵于这些豪强的淫威，任凭他们谎报作伪，而对广大农民则百般苛刻，连房舍、场院、村落都划作农田进行丈量，到处出现"优饶豪右，侵刻羸弱"的现象。"百姓嗟怨，遮道号呼"。为平息民愤，光武帝刘秀以"度田不实"之罪诛杀了 10 余个郡守。但终因豪强势力过大，遂使度田清户草草收场，土地兼并又复如旧。到了东汉后期，政治日益黑暗腐朽，土地兼并甚嚣尘上，宦官、外戚轮流把持朝政，他们"手握王爵，口含天宪，权倾朝野，抢夺民财，掠取民女，肆无忌惮，无恶不作"。广大农民贫困破产，到处流亡，不断引发农民暴动，起义烽火此起彼伏，终使东汉政权走向覆亡。

二

三国两晋南北朝时期，战争不断，烽烟遍地，人民惨遭战乱、饥荒、疾病、死亡，全国出现民死田荒的局面。为恢复生产，巩固政权和保证军需供应，当时的政权曾相继推行过几种不同的土地制度。

曹魏的屯田制。众所周知，三国是个战乱频仍的年代，连年的战争使生产遭受严重破坏，从黄河流域至江淮平原到处出现"百里无烟、城邑空虚"的悲惨景象。曹操在不触及原有土地制度的前提下，鼓励军民开垦无主荒地，推行屯田之法。屯田分军屯、民屯两种：军屯是政府拨给士兵土地垦耕，种地与打仗相结合，由军事系统直接管理；民屯是招募流离失所的农民，由政府划拨给土地，让他们垦荒耕作，使其终年务农向国家缴纳粮食。国家备有耕牛，供给种子。用官牛者，地租率为官六民四；不用官牛的官民对分。政府与屯民的关系，如同地主与佃农的关系。史载建安元年"乃募民屯田许下，得谷百万斛。于是州郡例置田官，所在积谷，征伐四方，无运粮之劳，遂兼灭群贼，克平天下"。

西晋的占田制。这一时期强势家族对土地的侵占愈加疯狂，已到了"豪门巨万，孤贫失业"的境地。面对这一局面，司马政权下令实行占田制。所谓占田，主要内容有三：即"课田制""户调制"和"品官占田荫客制"。此制只强调占田限额和课租数量，依身份等级的不同，规定占有土地的数量。王公贵族，允许其在京城保留一所住宅，在京郊占有土地 7~15 顷（封地的土地不在其内）；各级官吏，按品级占地，一品占地 50 顷，以下每低一品递减 5 顷，到第九品可占田 10 顷；一般平民，男子每人占田 70 亩，女子 30 亩，但政府不会直接拨给他们土地，农民要想达到限额，必须经过垦荒才能获得。但不论农民是否占足限田，政府都要按这个标准征收田赋。它对农民垦荒耕种，恢复生产曾起到一定的积极作用，但并没有从根本上达到抑制豪强兼并土地的作用。加之时局不稳内乱不断，占田制推行十分短暂，且极不普遍。晋室东渡后，土地兼并之风更甚，"占夺田土、封略山湖"之事不绝如缕，"权门并兼，百姓流离，日甚一日。"

北魏的均田制。它与西晋的占田制截然不同，主要特点是以土地国有为前提，同时有极明确的土地授、还制度。北魏太和年间，孝文帝为解决"地有遗利，民无余财，或因争畔以亡身，或因饥馑以弃业"的严重社会问题，下令推行均田制。将耕地划分为露田和桑田两种，不栽树的空地为露田，凡年满 15 岁以上男子授露田 40 亩，女子 20 亩，奴婢授田同良人，耕牛每头加授 30 亩。露田属口分田，按丁口授之，不准买卖，身死及年满 70 者归还官府。栽桑榆枣果的耕地为桑田，额定男丁每人 20 亩，女子、奴婢可得相同面积的田。桑田属永业田，可以继承也可买卖。官吏按职位高低授给公田：刺史 15 顷，太守 10 顷，治中、别驾各 8 顷，县令和郡丞各 6 顷，去职时移交后任，不得变卖。均田制是以国家名义"均给天下民田"，但实际上只有无主荒地才可直接用于分配。对于地主豪强的私有土地，很难触及。地主仍可利用桑田、永业田的名义，利用奴婢、耕牛的名义，保住原有的土地。而分得土地的农民，是通过开垦无主荒地而获得的。均田制初始，对调和民族矛盾、恢复生产、改善一部分农民的处境，起了一定的作用，政府更是最大的受益者。

均田制不仅在当时，对后世也有深刻影响。继北魏之后的北齐、北周乃至隋唐，都相继推行过均田制。不过越到后世，均田制执行越难，或徒有虚名，或流于形式。以唐初为例，当时规定凡年满 18 岁的男子授田百亩，其中 80 亩为口分田，20 亩为永业田；女子一般不授田，但寡居者每人给田 30 亩，年老及残疾者授田 40 亩，凡作户主者加永业田 30 亩。口分田有授有还，达到丁龄授之，身没归还；永业田属私有，可以世袭，亦可买卖。而在实际执行中农民授田普遍不足。贞观十八年唐太宗李世民视察京畿，在临潼发现每丁授田只有 30 亩，天子脚下尚且如此，其他地方更可想见。从甘肃敦煌发掘的一批唐初户籍残卷中，可以更清晰地看出农民授田的不足。卷中记载较完整的 55 户，平均每丁授田 35 亩。根本原因在于，均田制没有废除贵族官僚豪强地主的私

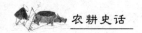

有土地，而且还增加了允许土地买卖的特例，如家贫无以为葬者、流徙去乡者，均可变卖出售永业田或口分田，给豪强地主提供了更大的兼并空间。宋人叶适在其《田赋考》中评价说："要知田制所以坏，乃是唐世使民得自卖其田开始。"

<h2 style="text-align:center">三</h2>

均田制的解体，标志着大量土地集中到王公官吏、豪强地主手里。他们把所占据的土地，或设置庄园，招募佃客；或直接租给佃农耕种。

进入宋代，国家"不抑兼并，不立田制"，任土地自由买卖，遂使兼并之风更为剧烈。"势官富姓，占田无限，兼并冒伪，习以成俗。"据《太平寰宇记》记述，北宋太平兴国年间，全国户数中40％是佃客，60％是主户（指自有土地的自耕农）。而在60％的主户中，又有80％为下户（自耕农及半自耕农），他们占有的土地不及全国耕地的20％，而少数上户（豪强地主）占有的土地达到80％以上。对小农来讲，最值钱的莫过于土地，最易失的也是土地。当他们遭受疾病死丧，穷不得医，贫不得葬时，能换钱的只有土地。加之政府对土地买卖不予限制，反把交易契税视为重要的财政收入。更为奇特的是，政府也参与土地买卖，公然出卖官田和强购民田，而把强购来的民田，再转租给农民，收取地租。而每当战争紧迫，军用浩繁时，便以出卖官田补救一时之急。宋室南渡后，土地兼并更加严重，皇亲国戚、文臣武将纷纷在江南掠夺土地，有的田产绵亘数百里，年收租达百万斛。

元末明初连年战争，土地大量荒芜。明朝立国之初，曾鼓励农民垦荒，所垦土地不论有无原主，都归垦荒者所有，作为永业田永久耕种。明洪武二十七年，朝廷又发布了额外垦荒永不起科的诏令。这些政策曾一度使自耕农和中小地主的数量增加，农业生产迅速得到恢复。但明中叶之后，从皇室到官绅地主兼并土地的情况愈来愈猖狂，他们依靠权势大量侵占官地和民田。明万历三十四年（1606年），四川巡按孔贞一上言："蜀昔有沃野之说，然惟成都府属，自灌抵彭十一州县开堰灌田故名焉。近为王府有者什七，军屯什二，民间仅什一而已。"蜀王一府占去了成都平原最肥沃良田70％，而留给农民的不到10％。神宗的弟弟朱翊镠，受封于河南卫辉，是为潞王，占田多达40 000顷。神宗的爱子朱常洵被封为福王，朝廷坚持按潞王标准封给土地，经廷臣和地方官力争，才减为20 000顷。这些皇室子孙不仅凭借恩宠，奏讨无厌，偿赐无节，而且在地方上大肆受纳投献，夺田侵税，恨不得将天下田土尽收囊中。除皇室宗亲外，一般的官僚地主和缙绅富豪，也利用他们的优势地位巧取豪夺，兼并大片土地。大官僚董其昌在苏州、湖州一带有膏腴良田上万顷。明人郑廉在《豫变纪略》中说："缙绅之家，率以田庐仆从相雄长，田之多者千余顷，即少亦不下五七百顷。"在这样疯狂的兼并下，明末土地高度集中，多数农民被剥夺了土地，变成官绅地主的佃仆，甚至成为失地失业的流民，四处流浪。

明亡清继，土地制度仍袭明制，所不同的是兼并手法更加多样。清廷入关后，为给"东来诸王、勋臣、兵丁等人……俱着拨给田园"，在京畿大地上演绎了一场残酷的"圈地"运动。朝廷派遣骑队官兵，手持户部文牒，奔驰在京郊原野上，凡经跑马抛绳圈划范围内的土地尽皆收为官田，田主立即被赶出。所有京畿附近的土地几乎都被夺去，农民被迫流亡外地，有的留下来作了贵族的农奴。圈地首先在京畿、直隶附近的州县进行，进而又扩展到山西、山东、四川、河南、陕西、宁夏等地，持续 20 年之久。康熙八年（1669 年）才下诏停止圈占。清政府把圈占侵夺来的土地设置了许多庄田，按占有形式划分，有皇室庄田，简称皇庄；宗室庄田，是皇帝赐给王公贵族的土地；八旗庄田，是朝廷赐予满族八旗成员的庄田。这些庄田几乎遍及全国，一可继承世袭，二不纳税服役，役使庄丁为其劳作。

在民间，土地的私有与自由买卖，也使地权的转换变得极为频繁。康熙四十三年（1704 年）的一道上谕曾指出："田亩多归缙绅豪富之家，小民所有几何？……约计小民有恒业者，十之三四，余皆赁地出租，所余之粮，仅能度日。"表明当时乡村中大地主（缙绅豪富）占有大部分土地，有田的农户（包括中小地主、自耕农、半自耕农）只占乡村人口的 30%～40%，而没有土地的佃户占了绝大多数。到了雍正年间，湖南书生曾静在《上岳钟琪书》中说："土地尽为富户所收，富者日富，贫者日贫。"《中国近代史稿》归纳了清代中期的土地占有资料，给出的结论是：地广人稀，土地最分散的西北甘肃，60%～70% 的乡村人口是土地的"粮户"，没有土地的"穷丁"占人口的20%～30%；人口、土地相对集中的湖南，地主占有土地的 50%～60%，没有或只有少许土地的佃户占 40% 左右；人口、土地高度集中的东部苏南江浙，10%～20% 的人口占有土地 80%～90%，近 90% 的农户，占田仅 10% 左右。进入清代后期，朝廷腐败，内忧外患不断，"吏治日坏，民生日困"，两极分化的现象更为严重。

贫民泰半为佃丁

传统中国社会，田土大半归富户，贫民大半皆佃户。这种现象几乎贯穿于整个封建社会。何为"佃"？简单地说，就是耕种之意。《广韵》曰："佃，也作田也"；《集韵》曰："佃，治土也"。古代一般"田""佃"同用，"田"即为"佃"，"佃"也多指"田"。而"佃户"则是靠租田耕种为生的农户，是租用地主土地从事农业生产，以缴纳一定租额为代价的一种经济行为。租佃制是我国传统社会中最普遍的一种土地经营形式，自战国时期土地私有制确立之后，租佃关系其实就产生了。地主拥有大量田土却不愿或无力耕种，而农民的土地被大量侵吞兼并，成为无地、失地或少地的贫民，这为租佃制关系中最基本的两个主体——地主和佃农的形成提供了充分的条件。

租佃制在我国延续了2 000多年，伴随着土地私有的发展和土地兼并的加剧，租佃制也得到充分的发展。租佃制的第一特征是土地私有制。一方拥有土地，而另一方却少地或无地。拥有土地的一方将土地租给无地或少地的另一方，由此产生租佃关系。租佃制的第二个特征是出佃收租。地主占有土地的所有权，租佃者定期定量支付地主租金，租额由出租者和租佃者双方商定。租佃制的第三个特征是缔约关系，也即法律关系。无地少地的农民按照契约的规定，保证缴纳所规定的地租，否则，官府要进行干预。

一

自租佃制产生后，土地问题日益复杂，在地主和农民争夺土地所有权的冲突和对立中，又衍生出农产品收获物在分配上的冲突和对立。《汉书·食货志》说："至秦用商鞅之法，改帝王之制，除井田，民得买卖，富者田连阡陌，贫者无立锥之地"，不得不"耕豪民之田，见税什五，故贫民常衣牛马之衣，而食犬彘之食。"可见自战国商鞅变法之后，土地兼并因之而起，农民内部出现明显的贫富两极分化："强者规田以数，弱者无立锥之居。"到了汉代，这种情形一脉相承地沿袭下来，富人倚仗权势，巧取豪夺，侵吞民田，贫者无田而取富人田承佃，除偿付高额的地租外，还要替主人完纳课税，服务差役。时人崔寔一针见血地指出："上家累巨亿之赀，斥地侔封君之士……故下户踦岖，无所跱足，乃父子低首，奴事富人，躬率妻孥，为之服役，故富者席余而日炽，贫者踧短而蹴，历代为虏，犹不赡衣食。生有终身之勤，死有暴骨之忧，岁小不登，流离沟壑，嫁妻卖子。"崔寔是东汉士大夫，一生做官，曾先后任五原和辽东两郡太守，亲眼目睹了当时的世情世态。他向我们揭示了几点：一是土地兼并异常剧烈，"上家累巨亿之赀，斥地侔封君之士（扩展的土地等同于奴隶制时的封君），下户踦岖，无所跱足（无以立足）"；二是地主对佃户的残酷剥削，"富者席余而日炽（成桌的酒席日益丰盛），贫者踧短而蹴（恭敬谦卑，小心谨慎），历代为虏，犹不赡衣食（不足以供衣食）"；三是在地主庄园制下，佃农与地主还有极强的人身依附关系，他们须"父子低首，奴事富人，躬率妻孥，为之服役"，一家人常年受地主驱使。地主对佃户视若奴隶，侵夺无度。以致"生有终身之勤，死有暴骨之忧"甚至"流离沟壑，嫁妻卖子，失生人之乐。"

租佃制与土地兼并相随行，贯穿于整个封建社会的始终。在租佃制下，土地是地主的私产，他们把占有的土地以租佃方式租给了农民，从中获取地租。可以说地租是形成财富的源泉，多征收一分地租，即多增加一分财富。因而地主总是力求把剥削率提高到尽可能的高度，即使对农民进行敲骨吸髓的剥削，使他破产流亡，也不直接影响自家的利益。在租佃制的特殊经济规律支配下，不仅地主有尽量提高地租的强烈愿望，而且也提供了相当便利的条件。随着土地兼并的不断发展，乡村中经常存在着失地失业的农民，这为地主保证了充沛的劳动力来源，地主可以从这些失业的人群中招募佃客或佣工。土地兼并进行的愈剧烈，则失掉土地的农人愈众多。闲散之人既多，则不论租佃条件多么苛刻，也不愁无人承佃。而无地的农民愈众多，则佃耕土地的竞争愈激烈。宋人陆九渊在《与苏宰书》中曾说："农民递互增租刬佃，故有租重之患"。而争先加租承佃的结果，更加重了佃租的苛刻，也给地主乘机增租提供了充分的条件。

整个传统时代，围绕土地展开的争夺，历代都很激烈。战国时期的《吕氏春秋》已有"富有天下"与"贫无立锥之地"的记载。秦汉"富者田连阡陌，贫者无立锥之地"更是一种普遍现象。魏晋南北朝及隋唐，虽有"屯田、占田、均田"等平抑土地的措施，但仍未避免"豪强兼并、孤贫失业"的境况，特别是唐中后期的均田制解体，大批农民丧失了土地，不得不作贵族官僚、富豪地主的佃户。宋代以至，官府不抑兼并，更使"势官富姓，占田无限，兼并冒伪，习以成俗"，全国有近半数的农户沦为佃客。宋室南渡后，土地兼并愈加激烈。很多地方出现一年收租百万斛的大地主。时人方回在《续古今考》中说："余在秀……望吴依之野……皆佃户"。不难看出，当时的江南特别是吴松一带，多数农民沦为了佃农。

到了明代，兼并更甚，不但皇室亲贵占田无限，就连一般的地主豪绅也是"阡陌连亘"。清承明制，民间土地争夺之风更甚，连朝廷都公然掠夺圈占民田。乾隆年间，权臣和珅占田 8 000 顷，大官僚徐掌乾在无锡一带有田 10 000 顷，在苏州、太原、昆山、吴县等地还有房屋田土。据《江阴县志》记载，该县"国初至乾隆年间……农无田而佃于人者十居五六。"湖南《巴陵县志》载：

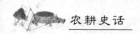

"十分其农而佃种居其六，十分其力而佣工居其五。"湖北则是"田之归富户者十之五六，旧时有田之人今俱为佃耕之户"。无怪清人吴英慷慨呼吁："田之大半归富户，而民大半皆耕丁"。据当代学者李文治研究，到清光绪年间，佃户或无地农户占全体农户的比重，以江苏、苏州等地为最高，达80％～90％，多数地区在50％～60％之间。

二

传统习惯上的租佃制，大体有两种经营方式：一是庄园式经营，二是租佃式经营。庄园式经营，早在东汉及两晋南北朝就出现了。由于当时土地私权不断膨胀，形成世族大地主特权阶层。他们从官府或小民中掠取大量的土地，然后设置庄园，役使庄客耕种。庄园经营多属庄墅结合，一方是田园，一方是别墅，形成了中国地主庄园的特色。一个典型的庄园，往往就是一个封闭的自给自足的小社会。庄园内聚集了大量的部曲、庄奴、佃客，终年为庄主耕种土地、从事杂役，庄主对他们基本上是奴仆式管理。多数庄客属破产小农，他们既没有生产资料，更缺乏生活资料，所需的种子、耕畜、农具、宿舍、口粮等多仰赖于庄主。也有部分庄客是为逃避赋役，带产投充、依附于庄主。所有庄客没有独立的户籍，"王役不供，簿籍不挂"，终身甚至世代被束缚在庄园经济中，成为庄园里的庄奴供庄主驱使。庄园经济开始时聚庄而居，环庄而耕，以后不断聚集发展，遂形成一个完整独立的村庄，后世很多带"庄"字的村落大多来自于此。从东汉至两晋再到隋唐，是庄园经济发展较快的时期。庄园一般为官庄、私庄和寺庄。官庄又有皇家庄园和贵族庄园之别；私庄是一般大中小地主的庄园；寺庄是佛院和道观的庄园。宋元至明清，庄园经济逐渐式微，但皇庄、王庄、贵族庄园依然盛行，甚至相当的绅衿地主也设置庄园。

租佃式经营是历代封建社会最主要最普遍的经营方式，特别是庄园经济日益衰微之后，它很快上升为主导地位，成为生产的主体。大大小小的地主，以向农民出租土地的方式榨取地租收入。汉初，许多官僚、大地主，甚至经商致富的大商人，虽家财万贯，仍要购买土地，把购来的土地转租给农民，从中获取地租。此外国家为解决流民失业，也将大量官田出租给农民。西汉宣、元二帝前后8次下诏"假民公田"，承租官田的流民向国家纳租，"输太半之赋"。

与庄园经济不同，租佃经营原本是一种契约、法律关系，主佃双方的地位是平等的。但在租佃制的初期，却存在着很大的随意性，不仅无契无约，而且常常附带很多不平等的条件。地主往往依凭自己的土地资源，把佃农当佃仆，任意驱使和侵掠，甚至采取超经济的强制手段，以求自己利益的最大化。随着租佃经营的日益发展，以及地主与农民的长期较量、相互妥协，遂使租佃经营不断完善。到唐时，立契租佃已广泛出现，宋代已成主要特征。立契租佃制的实行，是历史上第一次对主佃双方的权利、义务有了较明确的规定。当时的租佃契约，一般分画疆畎（即四至），写明田主、租佃人和见知人，并规定地租的数量、交租的形式以及租佃的期限等。对佃农来说，契约基本上保证了他们在一定期限内对土地的耕作权，也使佃农摆脱了人身依附的绊索。明清之际，佃农与地主已是一种完全的契约关系。佃农根据契约租种土地，依约缴纳地租，虽然承佃的租额有后来居上之势，但却可以独立自主经营，特别是在实行定额租的地方，佃农与地主的依附关系更加弱化。地主不论年景好坏，每年的租额不变，因而对生产过程的各个环节也就不再干预，也不存在"临田监分"的问题了。

三

　　佃租制一开始，租率就相当高。《汉书·食货志》说"下户贫民，自无田而耕垦豪富家田，十分之中，以五输本田主也。"就是说佃农终岁劳动的成果，有一半是用来交租的。此后，租率愈涨愈高。唐德宗朝，时任中书侍郎的陆贽在其《均节赋税恤百姓六条》的奏疏中就深刻揭露了"兼并之家私敛重于公税"的时弊。指出："今制度驰紊、疆理隳坏，恣人相吞，无复畔限，富者兼地数万亩，贫者无容足之居，依托豪强，以为私属，贷其种食，赁其田庐，终年服务，无日休息，罄输所假，常患不充。有田之家，坐食租税，贫富悬殊，乃至于斯。厚敛促征，皆甚公赋。今京畿之内，每田一亩，官税五升，而私家收租，殆有亩至一石者，是二十倍于官税也；降及中等，租犹半之，是十倍于官税也。耕稼农夫之所为，而兼并之徒居然受利，官取其一，私取其十，穑人安得足食？"陆贽没有交代当时的亩产量，唐代应是中国社会最繁盛的时期，农业生产水平不会太低。据《资治通鉴》说："唐元和中，振武垦田四千八百顷，收谷四十余万斛"。按此标准，大致是亩收近一石。另据吴慧的《中国历代粮食亩产研究》一书所示，唐代的粮食平均亩产为 0.94 石。如此看来佃农每亩的收获至少半数以上是用来交租的，"官取其一，私取其十"，正好是亩产量的一半。但实际上土地是有等级差别的，在土地肥沃，产量较高的地方，地主是不会轻易便宜佃农的，他们会千方百计增租加额。正如陆贽所言："官税五升，而私家收租，殆有亩至一石者，是二十倍于官税也"。严格地说，这正是级差地租的充分表露。

　　在封建社会，不论土地在谁手中，都是剥削农民的利器。地主的私田是如此，官府的官田也不例外。明洪武年间，朝廷大幅度扩大官田，"凡民间有犯法律复籍没其家者，田土合拘收入官"。这些"籍没之田，抄没入官，其簿籍租税，即为原额"。所不同的仅是佃户原来向地主缴纳的地租改为向朝廷缴纳而已。当时的民田"每亩起税不过三升五升，而其最下者有三合五合者"。而官田就完全不同了，"一依租额起粮，每亩四五斗、七八斗，至一石以上"。甚至"亩税有二三石者"。一亩官田应缴纳的租税是一般民田的十几倍、几十倍。同样的耕地，仅因官、民一字之差，所承担的义务竟如此巨大。更可恶的是，私租改为官租后，一切要由衙门吏胥经办，要缴送到附近官仓，大大增加了农民的负担。"未没入之时，小民于土豪处还租，朝往暮回而已。后变私租为官租，乃于各仓送纳，远涉江湖，动终岁月，有二三石纳一石者，有四五石纳一石者，有遇风波盗贼者，以致累年拖欠不足"。在封建官僚队伍中，各级官吏多视经手钱粮租税为发横财的绝好时机，遇上这样的机会，正好为他们巧立名目、不择手段的讹诈勒索提供了便利。

租佃制的初期，普遍实行分租制，即地主、佃农各一半。这种租佃形式，主佃关系比较紧密，佃农对佃主有一定的人身依附性，佃户在耕作之余，还要帮地主做些租约之外的杂事，如挑水、抬轿、修屋、送粮、晒仓等。地主也比较关注佃户的生产，收获时还会亲自或派人监督，防止佃户私藏偷拿。分租制到后来租率越来越高，到明清时，有的地方要将七八成的收获物用于纳租，而佃农所得不过二三成，"佃人竭一岁之力，粪壅工作，一亩之费可一缗，而收成之日，所得不过数斗，至有今日完租，而明日乞贷者"。

大约从唐宋开始，出现了一种定租制。定租制的租金固定不变，丰年不增，灾年不减。地主对佃农的生产也不再过问，一方收租，一方耕种，典型的两权分离模式。定租制有硬租、软租两种：硬租不论丰歉，都是不折不扣的；软租遇到不可抗御的灾荒，主佃双方可通过协商酌情减租。随着定租制的日益盛行，在一些人地矛盾比较突出的地方，如江苏、浙江、福建、广东、台湾等省，曾流行过一种永佃制。永佃制的特点，是把土地所有权分成两个部分：即"田底权"和"田面权"。地主占有"田底"，他的权利是向佃户收租；佃农占有"田面"，他的权利是永远保持土地的使用权。永佃制下，除佃户欠租外，地主没有权利撤田。佃农如果自己不愿和无力耕种，可以把土地转租出去，地主通常也无权干涉。而佃农在转租之时，要向承佃者加收田租，俗称"小租"，而原土地上的租金称"大租"。田面租通常低于田底租，但有时也会大于田底租。

永佃制起源很早，史学界普遍认为它产生于宋元，兴盛于明清。永佃制的出现创造出许多"超级小地主和超级小佃户",形成了"一田二主或一田三主"的局面。一些有经济能力的佃户在向"二地主"转化,他们往往承佃大规模的土地,而以分批小规模的形式转租或转卖出去,从中谋取更大的利益。这样层层剥皮,使高地租、高租率愈演愈烈、愈抬愈高,更使广大贫苦农民不堪重负。不少佃户"终岁勤动,冻而织,馁而耕,犹供不足,则卖儿鬻女,又不足。然后不得已而逃",过起了四处流亡的生活。

风雨飘摇自耕农

从战国起直到近代,历时 2 000 多年,中国社会经济的基本形态始终是小农制经济。在这一经济形态下,土地的直接生产者或土地的经营者主要是两种人:一是佃农,二是自耕农。清人秦蕙说得好,整个传统农业时代"务本之民,不外业户、佃户二种,业户输赋,佃户交租,分虽殊而情则一。"所谓业户,主要指自有土地的农民,也就是自耕农;佃户则指租赁地主土地的农民。有关佃农的情况,前文已作了介绍,本篇将围绕自耕农的成因、背景及历史境况略作说明。

自耕农的前身是先秦时代的授田农民,由国家通过分封制的形式逐层授予,最后到达农民手中,是为"份地"。随着分封制的解体,份地就成了农民的私有田产,农民也就顺理成章成为名副其实的自耕农。处于这一大变革时代的孟子,曾对当时的自耕农作过这样的描述:"五亩之宅,树之以桑,五十者可以衣帛矣,豚狗彘之畜,无失其时,七十者可以食肉矣;百亩之田,勿夺其时,八口之家可以无饥矣。"由此可知战国时期的农民,刚刚摆脱农奴制的束缚,上升为一家一户的个体自耕农,获得"我疆我理"的自由,形成了独立的家庭经济,农民生产的粮食在缴纳赋税后全由自己支配,一部分用于消费,一部分用于生产(如留足种子、饲料等),生活在一定程度上可获得温饱。这一点可以从当时的改革家李悝笔下得到印证。李悝任魏国宰相时,曾就农民的收支状况作过系统调研和分析:"今一夫挟五口,治田百亩,岁收亩一石半,为粟百五十石。除什一之税十五石,余百三十五石。食,人月一石半,五人终岁为粟九十石,余有四十五石。石三十,为钱千三百五十。除社闾尝新、春秋之祠用钱三百,余千五十。衣,人率用钱三百,五人终岁用千五,不足四百五十。"

李悝的调查不可谓不细,一个五口之家种田百亩,正常年景可收"粟百五十石",扣除向国家缴纳的赋税 15 石,五人口粮 90 石(人月一石半),还余

45 石。用 30 石换货币，通过销售或交易得钱 1 350。支应村社活动和家族祭祀用 300，还剩 1 050，添置家人衣服每人 300，全家需 1 500，尚有 450 的缺口，等于一个半人不得其衣。不过这个家庭应该还有 15 石粮食未作安排，如果把它换成钱，满足全家之衣绰绰有余。不知李悝是无意的疏忽，还是另有所用。按常理推论，这户人家还必须考虑下年的生产，留足必要的种子、饲料，或许这便是那 15 石的去处也未可知。如此说来，这户人家辛勤耕耘一年，如果厉行节约一点，维持全家低水平的温饱是完全可能的。

无论是孟子笔下的八口之家，还是李悝笔下的五口之家，在井田制解体之初，每户自耕农有田百亩，似乎是一种常规定式，不独孟子、李悝都持此说，很多文献也多这样表述。《管子》曾说："一农之量，壤百亩也"；《荀子》中多处有此记述，在其《王霸》中说："农分田而耕……百亩一守"；在《大略》中又说"故家五亩宅，百亩田"。不过当时所说的"百亩"是百步为亩的小亩，而非后世的 240 步 1 亩。据吴慧的《中国历代粮食亩产研究》一书所给出的结论，当时 1 亩合今 0.328 市亩，百亩之田不过今之 32.8 市亩；当时的 1 石也只合今 0.2 市石，所谓百亩之收"百五十石"，相当于今之 30 石而已。

——

在中国历史上，自耕农是小土地所有者，是一个自食其力的群体，也是农村中最有活力的直接生产者。他们有自己的土地，具备一定的生产条件，较少受地主阶层的剥削。但他们的经济能力又很弱小，经营规模十分有限，通常只能维系简单的再生产。沉重的赋税、徭役又使他们常处于拮据状态，随时陷入困境，辗转踌躇，反复挣扎。可以说他们是一个极不稳定的阶层，当一个政权在草创伊始的当口，自耕农往往是国家扶植的对象，官府通常会把改朝换代后的一些无主荒地划拨给农民耕种，遂使自耕农的数量增加，上升为主导地位，使一度遭到战争创伤的农业经济得到恢复和发展。但这个政权稳固之后，继之而来的是土地兼并和贫富分化，大量的自耕农相继破产，而许多王公贵戚、勋臣豪强则利用特权，不择手段，"治宅甲第，广殖田园"。以致出现"强者侵渔僭窃，田连阡陌；弱者拱手他人，身无立锥"的局面。而在土地兼并的过程中，只有少数自耕农可以经过努力上升为地主，绝大多数自耕农则不免贫困破产丧失土地，沦为流民或佃农。可以说自土地私有化以来，这一怪圈便在各个朝代循环往复，成了中国社会一个难解的死结。

土地私有化初期，各国鼓励耕战，授田制亦未完全废弃，自耕农尚占多数。到了秦朝，秦王朝急征暴敛，"收秦半之赋，发闾左之戍，男子力耕，不足粮饷，女子纺绩，不足衣服。"社会矛盾日益突出，人们陷于水深火热之中，民不聊生，天下汹汹，这个王朝很快在农民的暴动中败亡。西汉初年破秦之弊，政府招抚流亡，鼓励垦荒，减轻田租，节制徭役，自耕农土地所有制一度占据优势，成为西汉经济繁荣的基础。但时隔不久，这一局面便逐渐消失，土地兼并重新燃起，加速了自耕农的破产和流亡。东汉几乎毫无例外地重蹈了西汉的覆辙。北魏至唐中叶颁行均田制，自耕农的数量大幅度增加，相继出现"贞观之治"和"开元盛世"的鼎盛时期，形成长达百年"河清海晏，物阜民康"的繁荣景象。但从中唐以后，土地兼并又复盛行，失地、无地的农民越来越多，自耕农的数量急剧减少，农业极度萎缩，国家再度陷入贫困。两宋至明清，地主兼并土地的记载史不绝书，周而复始，轮番上演，自耕农从国家版籍上大量流失。

纵观历史，自耕农是中国传统社会经济发展的基础。国计民生、赋役钱粮，主要出自自耕农。那些所谓的封建"盛世"大都是自耕农有一个比较安定宽松的发展环境，反之，社会衰亡的时期，也是自耕农极度困惑和萎缩的时期。

二

自耕农虽然在名义上是一个土地所有者，但他们所受的剥削和压迫，与佃农相比并无多大差别。他们在一般情况下不佃耕地主的土地，故不向地主缴纳地租，但是却不能不向国家缴纳赋税和服徭役。赋税虽少于地租（正常情况下）但勒索骚扰则又远非私租的剥削所能及。徭役以丁差派，田赋则按亩征收，佃农没有自己的土地，故不纳田赋，只服丁徭，而自耕农则要承担双重负担。尤其是从唐代后期，中国社会掀起了一浪又一浪的赋役改革。如唐德宗时期的"两税法"，北宋王安石的"方田均税法"，明代万历年间的"一条鞭法"，以及清雍正年间的"摊丁入亩法"，等等。这些改革尽管各有特点，但大都是"赋役合一，按亩征收"。原本是为均平赋役，防止乱派，但实际效果却与初衷相反。原来税目繁多时，各种征派名目繁多、应有尽有。改为一体征收后，税目是简化了，新的税目已将各种赋徭杂派尽收其中，正好为众多官员另出新花样提供了便利，后继的官员不知其因，每出一事必增一项摊派，反倒加重了农民的负担。历史上每搞一次这样的改革，农民的负担就加重一层。一些自耕农无法忍受沉重的负担，往往弃土舍家，背井离乡，被迫逃亡，而他们所应承担的赋役，便转嫁摊派到在籍的自耕农身上。此外中国历史上还有一个很奇特的现象，即一些奸猾之民，为了逃避赋徭，往往依附于士族豪门成为隐户，因而大部分赋役又落在自耕农身上，在这种情势下，即使是最富裕的自耕农，也难免枯萎干瘪，陷入困顿。

为维持生计，弥补用度的不足，他们必须利用一切空闲和工余时间，从事各种副业和家庭手工业生产，以维持一家人的生活。这种以小农业和家庭副业互补的经济结构，正是自耕农维持生计的生存方式。为此，他们在庄稼收获完毕后，总是寻找一切机会，利用一切可利用的时间，组织家庭成员从事力所能及的生产。清代江苏学者在其《租覈》一书中曾说："余尝周历远近村落，窃观夫老稚勤动，男妇况瘁三时无论矣，其在暇日，或捆屦，或绚索，或赁舂，或佣贩，或撷野蔬以市，或拾人畜之遗以粪壅，都计十室之邑，鲜一二游手，亦极治生之事矣。"从这段话中可以看出，农村中不论男女老少，一年四季皆无空闲，不论农事繁忙的季节或是农闲时节，都在不停地奔走讨活。而且所从事的多是又脏又累别人不愿干的营生：钉鞋纳履、织席缠绳、采集伐薪、贩运倒卖、充人佣工。即使是最不济事的老人、小孩也不得空闲，转游于街巷拾人畜之便"以为粪壅"。

其实在整个传统农业时代，农村中除了农耕生产，最普遍的是家庭纺绩。它是农家一项重要的经济支柱，向来以"男耕女织"著称于世。既是家庭内的一种简单分工，又是家庭经济的重要补充。平常男子晨出暮入，忙于田间；妻女夙兴夜寐，纺绩织纴。生产出来的产品，在满足家庭需要之外，还可到附近城镇集市上销售，换钱以贴补家用。特别是那些土地不足的贫寒之家，妇女作用尤显突出，家中"往往待织妇举火"，靠纺绩度日。

对这一现象记述最详细的莫过于清朝末期（1852年）英国驻广州官员米契尔，他在给英国政府的报告中说："当收获完毕后，农家所有的人手，不分老少，都一起去梳棉、纺纱和织布。他们就用这种家庭自织的料子，既粗重而又结实、可以经得起两三年粗穿的布料，来缝制自己的衣服，而将余下来的拿到附近城镇去卖，城镇的小店老板就把这种土布买来供给城镇居民。这个国家十分之九的人都穿这种手织的衣料，其质地各不相同，从最粗的粗布到最细的紫花布都有，但都是在农家生产出来的。生产所用的成本只有原料的价值，或者说得恰当些，只有他交换原料所用的糖的价值，而糖又是他们自己的产品。……世界各国中也许只有中国有这个特点，在其他各国，人们只限于梳棉和纺纱，生产过程到此为止，而把纺成的棉纱送交专门的织工去织成布匹。只有节俭的中国人才把全部工作做到底。"

米契尔不明白，中国农民之所以这样做，首先是生存的需要。他们必须依靠自己的力量解决人生最基本的需求，即所谓"衣食温饱"。没有这种家庭纺织业作支柱，他们是无法生存的，更谈不上什么发展。在自给自足的自然经济状态下，农家一切的生活资料，都要靠自己生产。即使如此，贫弱无助的小农，衣食问题从未得到根本的保障，正常年景下，还可勉强糊口。倘遇灾荒兵祸，不免田畴荒芜，杼机凋敝，贫困破产沦为佃农或流民。

三

在漫漫的历史长河中，自耕农犹如茫茫大海上随风飘荡的小木舟，很难经得起任何风浪，随时都有沉没的危险。一次偶然的事故，一场突发的灾祸，比如遭受一场水旱灾害，或家中有人疾病缠身，或遇盗贼偷窃、抢劫，或因讼事而对簿公堂，都有可能使其身遭险境走向破产。对此，马克思有过精辟的分析："小生产者是保持还是丧失生产条件，则取决于无数偶然的事故，而每一次这样的事故或丧失，都意味着贫困化，使高利贷寄生虫得以乘虚而入。对小民来说，只要死一头牛，他就不能按原有的规模来重新开始他的再生产。"可见自耕农的经济极其细小而脆弱，根本经不起天灾人祸的摧残，当他们的生产生活陷入困境，或因赋役沉重，或遭疾病死丧，穷不得医，贫不得葬时，不得不出手举债，以解燃眉之急。这样高利贷便会乘虚而入，以几倍之息重利盘剥。

高利贷向来就是一种吸血资本，它专门吸取穷人的膏脂血液，它的寄生点就是穷人的不幸与灾祸。一个家庭一旦被高利贷缠身，便很难翻身，它会像寄生虫一样，紧紧吸附在你的身上，吮吸着你的脂膏，抽干你的血液，使你精疲力竭，直到你一无所有。历朝历代，"豪民乘人之危，多贷钱贫民，重取其息，岁偿不逮，即平入田产"的事例屡见不鲜。对贫弱无助的小民来讲，最值钱的莫过于土地，而一旦失去了土地，也就意味着毁灭了他们的生产，使多年苦心经营的成果毁于一旦，很快沉沦在饥寒交迫的死亡线上。

小国寡民自缠缚

世代相传的中国农民，在承袭祖先立身传家的土地与田园的同时，也承袭了祖先借以安身立命的生活方式。他们既生活在一个宽松、和谐的家庭秩序中，一贯有"父慈子孝、兄友弟恭、夫义妇随、崇尚节制、严于律己、宽以待人、勤劳朴实"的优良品质；但也经常处于一道道有形无形的绳索捆绑之下，缺乏自由、独立的个性，逐步养成了束缚自我的内倾心态，制约了人格的开发和舒张，往往表现出"胆小怕事、遇事退缩、明哲保身、忍气吞声、因循守

旧、墨守成规、自私自利、麻木懦弱、愚昧迷信"的一面。这些既对立又统一的优点与弱点，正是中国农民千百年来的典型心态和人格特征。

一

在数千年延续的专制集权政体下，在以利益为纽带而形成的各种社会群体中，农民的这种复杂多变、似被扭曲的性格，是有其深层原因的。从历史上看，中国农民有四大弱点：

一是奴隶性。中国独特的历史和政治文化，造就了中国农民独一无二的"顺民性格"。几千年的中国历史其实就是一部专制技术发展史。专制制度是世界上最自私的一种社会制度，为了让一家一姓能够千秋万代享有全天下的膏脂，尽最大可能地压缩社会其他人群的权力和利益，消灭一切对专有权力的觊觎和挑战。套用鲁迅的话说，专制技术就是掠夺者刺在中国社会神经上的一根毒针，它使中国社会麻痹、僵化，失去反抗力。在这样的专制统治下，皇帝的昏庸暴虐、官吏的贪赃枉法，常使百姓生活在棍棒的恐惧中。生活在这样的国度里，人人都可能变成奴隶，更何况处于最下层的农民群体。长此以往，中国农民的性格出现了很大的扭曲，胆小怕事，缺乏自尊，行为拘谨，自私麻木。

二是分散性。农民不但居住分散，劳动分散，更重要的是观念上的分散。有人形容中国农民如同"一盘散沙"，没有自组织能力，这话确实切中要害。虽然我国是一个古老的泱泱农业大国，但农民从来没有表达自己意愿、代表自己意志的社会组织，即使偶尔出现，也多是由外部引导而产生的。对此，马克思曾有过相当精辟的分析，他说农民是人数最多的一个阶级，但却是由一些同名数相加形成的。"好像一袋马铃薯是由袋中的一个个马铃薯所集成的那样"，看起来很庞大，实则是一个个分散的个体。"由于自身的分散，很难在政治上有势力。"因此"他们不能代表自己，一定要别人来代表他们。他们的代表一定要同时是他们的主宰，是高高站在他们上面的权威，是不受限制的政府权力。"千百年来，中国农民就是在这样的环境下过来的，他们只是希望有一个好皇帝，有一个好父母官，能代表他们的意志，维护他们的利益不受侵犯。他们的生活空间很狭小，但对外部却有一种天然的排斥力，他们不愿意介入别人的事务，但也容不得别人来打扰他们。"各人自扫门前雪，不管他人瓦上霜"，就是他们做人处世的基本心态。

三是嬗变性。农民内部很难产生代表自身利益的杰出人物。即使偶尔出现，在与不同政治群体的较量中，很容易异化和嬗变。应该承认，农民队伍中不是没有杰出的人物，他们一开始都是农民中的佼佼者，在某些方面有过人的能力或曾取得过引人注目的成就。但一登上政治舞台或地位有所变化，就很难把握自己，很容易迷失方向，极有可能脱离和背叛自己的阶级，走向农民的对立面。翻开历史，中国农民的悲剧正在这里。曾经高呼"王侯将相宁有种乎"的秦末农民起义领袖陈胜，从揭竿而起之日，就把矛头指向腐朽没落的秦王朝。但他在淮阳称王之后，很快成为金钱财富的俘虏，民心失尽。这样的事例在中国历史上屡见不鲜，昔日的贫寒之徒，一旦得势或高居人上，能够保存本性的，真是少而又少：小官僚总幻想着自己的发迹伟大；暴发户总想夸耀他的珍珠宝物；权势到手的人首先想到的是休妻纳妾，脸子阔了的人看不起贫贱之交。归根到底，这种变态的心理根源在于心智的狭小。

四是保守性。农民常年厮守于自己的庭院与村落，他们最关心的是自己的"一亩三分地"，不管社会上发生什么事，只要与己无关，便漠然置之。因而对外边千变万化的世界，不但知之甚少，而且很难适应。他们终身困守于一乡一曲，既缺乏文化素养，又少有科学知识，对出现的新事物不仅不敏感、不认同，还有相当的排斥心理。他们总是习惯于传统的思维，习惯于缓慢的、常规的、按部就班的运作方式，这在很大程度上成为他们适应环境变化、把握发展机遇的最大障碍和致命弱点。众所周知，农业创立时的中国农民是何等的睿智和富有创造精神，从"刀耕火种"到"耒耜沟洫"再到"铁犁牛耕"，以至于"农田灌溉、精耕细作"等，中国农业可谓经历了几级跳，每一跳都是一次质的飞跃，而每一次飞跃何尝不是农民的创造与实践？然而，从封建专制制度以来，专制使农民的思想禁锢，甚至麻木，专制使农民日益走向贫穷，使农业经济的发展长期迟滞。以致 2 000 多年前农业经济发展已经达到的水平和取得的成就，到了 2 000 年后的近代仍然基本相同或大同小异，或者仅仅是一点量的增加。用英国经济学家亚当·斯密的话说，叫做"停滞的农业或农业的停滞"。而这一切的根源，就在于农民的行为受到限制，他们不再有想象力，不再有超越性，没有了先进性，成了保守、狭隘、自私的落伍者。

二

这样的性格特征，遂使农民的风气散而不聚，默而不群。历代许多有识之士普遍认为，中国农民向来善分而不善合，不患贫而患不均，这话是有一定道理的。2 000 多年来中国的农耕过程，土地总是在不断集中的同时，又在不断地分散。集中，是指地主豪强通过兼并拥有越来越多的土地，而分散则是由多种原因形成的，最常见的莫过于土地私有状况下的分家析产。中国的多子平分财产的继承制度，起源于商鞅变法。当其"废井田、开阡陌，使民得买卖时"，同时即规定了："民有二男以上不分异者，倍其赋。"到了汉代以后，多子继承制度便成了固定不变的传统，且长、幼、嫡、庶之间的区别已趋于淡化。多产之家往往多妻妾，多子孙，而再多的田产也经不起一分再分。几代之后，集中的土地就会化整为零，被切割的支离破碎。一份完整的家业，有兄弟几人，就要均匀搭配切割成几份，多一犁、少一垅或多一钱、少一文都不行，弟不让兄，兄不让弟，稍有不均便可能祸起萧墙。他们并不在乎财物的多少，却最忌不公。《史记》记载，汉武帝派陆贾出使越南，回来后，陆贾将赵佗所赠1 000金，分给五子，每人得200金，令他们自谋生路。可见汉代已有兄弟均分的定例。《太平御览》中还记载了这样一则故事，有"田真兄弟三人，家巨富而殊不睦，忽共议分财，金银珍物，各一斛量，田产生赀平均如一，惟堂前一株紫荆树，花叶美茂，共议一破为三，三人各一份，待明就截之。"可见诸子均分的继承法，已到了斤斤计较、锱铢必较的地步。

其实，这种均平分配的原则，不仅在社会上公认通行，而且还受法律的保护。《唐律疏议》中就明文规定："同居应分不均平者，计所侵坐赃论……应分田宅及财物者，兄弟均分……违此令文者，是为不均平。"直到明清，同出一父的每个男性后代都享有均等的生存和发展机会，法律规定"嫡庶子男，除有官荫袭封先尽嫡长子孙，其家财田产，不问妻妾婢生，止以子数均分。奸生之子，依子与半分。"也就是说，嫡庶之别，仅体现在政治权力的继承上，而财产的分配则不论"妻妾婢生"一律均平，甚至"奸生之子"也有享受家产的权利。这在很大程度上保障了家族成员的公平权利，但也使家庭田产的进一步细碎化。《学海类编》讲述了这样一个故事：明人温以介母亲陆氏问儿子，我们宗族为什么穷人多？温以介分析说，祖上葵轩公有田1 600亩，分给4个儿子，每家就只有400亩。至今传到第6代，每1代分1次家，传到我们这1代，不用说自然是人丁多而土地少了，因而受穷也就成了很自然的事了。温以介的话，道出了乡村社会一个很普遍的行为与现象。

在漫长的传统时代，中国的农民一方面遵循"礼有分异之义，家有别居之道"的古训，把分家析产视为不二法则，走上了一条诸子继承、绝对均等的褊狭之路，尤其对于可以生息的土地，更是视如珍宝，必须绝对平分，多一犁少一垅互不相让。正如亚当·斯密所说："在中国，每个人都想占有若干土地，或拥有所有权，由此引发的争拗随处可见"。另一方面，中国农民又有多子多福的观念，一般平民养子二三个并不嫌多。至于富室豪门，更是姬妾成群，子孙满堂。于是我们看到这样一幅景象：拥有大量土地的富裕之家有能力养育更多的人口，从而增殖分化出更多的家庭，土地集中过程的本身即已成为日后再度分散的条件。这样的情形经过 2 代、3 代，一分再分之后，不论原来的地产有多大，也都因一再分割而成了零星小块。因此在漫长的岁月中，尽管土地在不断地集中，但也在不停地分散，通常总是被切割得支离破碎。这便是小生产者一直处于农业经营主导地位的深层原因。他们经营的土地一般只有三五亩，七八亩，至多不过 20～30 亩。历朝历代的多数农家，就是在这样的田产上耕作，很难形成规模经营，贫穷也就是很自然的事了。

三

然而小国寡民，虽财运缺乏，并不觉得可怕，只要能均分就意味着公平和平等。如此才能各得其所，彼此相安。套用《论语》中的话说，就是"不患寡而患不均，不患贫而患不安"。在这种极度扭曲的心态下，中国的农民不但有落落寡合、蜗角相争的一面。通常还有"富而忘忧，富而奢靡"的另一面。一个家庭含辛茹苦，好不容易积攒到大片的土地，逐步上升为富裕之家，然而这种富裕的传递却极为困难。常见的情况是"富不过三代"。富裕家庭最易出"败家子"和"纨绔子弟"。这些纨绔子弟往往是财富的奴隶，很少能抵抗各种诱惑。传统社会的乡村不知上演过多少贫贫富富的沧桑。很多家庭积累了财富又耗尽了财富，可谓是贫了富，富了贫，循环往复。明人顾炎武读《旧唐书》后感叹说："世变日新，人情弥险，有以富厚而名，而反使其后人无立锥之地者。"清代曾有一首《少年行》的打油诗，描写了一个游手好闲的富家子弟由富变穷的经历，人们称之为《纨绔传》，以讽诫那些溺爱子女的父母。

明代大学者冯梦龙在其所著的《古今谭概》中收录了这样两个故事。一则是说有个监司名苏掖，为人富而吝啬，喜好买房又惜钱，为一文之差，也要和卖主争个高低上下，甚至不惜变脸变色。有一次买进了一宅房屋，契文都写好了，但为 100 文钱又与卖主发生争执，他的儿子在旁劝他说："大人，您老别争了，不妨多给他一点，将来我们卖房时也能卖个好价钱"。一句话说得父亲哑口无言。另一则说，有个"才略之士"郭进，建宅落成后大摆宴席，请宾客和工匠坐在堂上，儿子们则坐在廊下，有人问其故，他说："工匠师傅是造宅的，儿辈们是卖宅的，卖宅人自然应该坐在造宅人的下边。"千万别小瞧"才略之士"的这句话，道出了人世间的常规定律。

灾荒兵燹祸民间

灾荒历来是农民深受苦难的最大根源。翻开历史，拥有数千年灿烂文明史的中国，竟然是一个灾荒频仍、多灾多难的国度。在历史的时间断面上，每年都有这样那样的灾害发生；在空间范围上，没有任何一个地方从来没有发生过灾荒。据邓云拓先生的《中国救荒史》统计，从秦汉至明清，全国各地发生各种灾害和饥馑就有 5 079 次，几乎每半年即罹灾一次。其中水、旱灾害最多，还有蝗、风、疫、地震、霜雹等奇特灾害。差不多每年都可以找到"天灾""饥荒"的字眼，都会看到"饥殍遍野、难民流徙"的记载，甚至在某些年份还会引发社会动荡、政治危机，以至农民起义，王朝更迭。

的确，这是一片多灾多难的国土。灾难深重的中华民族，经历了太多的悲惨场面，留下了太多的"啃树皮""嚼草根""人相食"的心酸故事，饱尝了太多的"田畴荒芜""颠沛流离""生离死别"的腥风血雨。每一次灾难的降临，都给社会政治、经济带来严重的破坏，给生产发展与社会进步造成严重阻碍，而农民更是首当其冲，成为灾难的最大最直接受害者。

何为灾荒？《堪舆·灾变》说："自然的超常变异必为灾"。《尔雅·释天》说："谷不熟为饥，蔬不熟为馑，果不熟为荒"。可见灾荒主要是由自然灾害造成的土地荒芜与农业歉收，以及由此引发的饥馑现象。在中国历史上，"灾"总是与"荒"并存的，有灾必有荒，灾多必然荒。有史以来，我国发生过无数次的、种类不同的灾害，尤以农业灾害最为突出。

一

从地理上说，我国位于亚洲东部和太平洋西岸，直接受世界上最大的陆地和海洋的影响。每年秋冬至次年春季，干冷的冬季风从西伯利亚和蒙古高原吹到我国，造成全国的寒冷干燥，很容易发生沙尘暴、冻灾和干旱；而从夏初到中秋季节，受海洋吹来的暖风气流影响，全国普遍高温多雨，极易发生洪涝、台风、干热风等灾害。

就区域而言，我国的黄土高原与黄淮海平原，最易发生旱灾；而长江中下游、东南沿海、松花江流域和辽河中下游则常发生洪涝灾害；台风主要袭击东南沿海和华东地区；干热风则时常对华北平原形成危害；中国西部地区常受冰雹的袭击，内蒙古草原常常遭受雪灾，而西南、西北等地则常发生地震和泥石流灾害。

就降水而言，我国各地千差万别。南方的年降水量多达 1 600 毫米，北方特别是西北地区的年降水量不足 200 毫米，相差 8 倍还多。这种降水量悬殊的情况，是产生水灾和旱灾的根源。由于雨量分配不均，多的地方则涝，少的地方则旱。另外降水量在年际间的分配也不均匀，有些年份雨多，极易造成洪涝灾害，有些年份雨少，往往导致大面积干旱。在各种自然灾害中，尤以水旱灾害最为频繁。竺可桢先生在《历史上气候之变迁》一书中说，我国自公元1世纪至19世纪，水灾凡658次，旱灾凡1 013次，每年或水或旱几乎都有灾害发生。这些灾害不仅有频发性，还有传变性。大旱之年常伴以蝗灾、风灾；水灾过后常随以疫疠、瘟病等灾害；一些年份往往是水旱交替发生。

西汉建始四年（前29年）9月，黄河在馆陶及东郡金堤决口，洪水泛滥兖、豫，入平原、千乘、济南，4郡32县受灾，淹没农田15万余顷，毁坏庐舍4万所。东汉末年，瘟疫流行，死亡相枕，家家有强尸之痛，室室有号泣之哀，或阖门而□，或举族而丧。

西晋咸宁元年（275年）11月，京都大疫，死10万人；永嘉三年（309年）大旱，江、汉、河、洛皆可涉；第2年5月又出现蝗灾，自幽、并、司、冀、秦、雍，草木牛马毛鬣皆被吃尽。东晋咸和七年（332年），太原至巨鹿千余里惨遭雹灾，行人被砸死者以万计，树木摧折，禾稼荡然无存。

唐高宗总章元年（668年），京师及山东，淮南大旱；二年，括州飓风，永嘉、安固二县遭海啸袭击，死亡近万人；三年8月，40余州旱蝗霜灾，百姓饥乏，关中尤甚。唐贞元元年（785年）春，继上年冬大旱又续旱，至8月，灞、浐将竭，井皆无水；夏，东自海，西至河陇蝗灾，群飞蔽日，旬日不息，所经之处草木叶及畜毛吃尽，饿殍枕道；八年河南、河北、山南、江淮等道40余州大水，淹死2万余人；二十一年春大饥，东都、河南、河北斗米千钱，死者相枕。

宋真宗大中祥符九年（1016年）和次年，黄淮海平原连续两年大蝗，受灾有130州军。仁宗景祐四年（1037年）12月，忻、代、并三州大地震，地裂涌水，压死3万余人，伤五六千人，损失牲畜5万头。南宋淳熙七年至九年（1180—1182年）江南连续3年大旱，赤地千里，禾嫁枯死，蝗、疫相继，民大饥。金开兴元年（1232年），河南、汴京一带大疫，死亡90余万人。

明宪宗十七年（1482年），晋东南、豫西、豫北、畿南发生近500年不遇的大洪水，淹死近12 000人，冲走牲畜18.5万头。明崇祯十年至十四年（1637—1641年），河北、河南、山东、山西、陕西、甘肃6省连续5年大旱，并波及江淮，并发蝗虫、大疫，河水枯竭，禾苗枯死，饿殍载道，赤地千里，十室九空，白骨如山，一片凄惨景象。

清康熙九年（1670年），冀、鲁、豫春夏大旱，其中山东最重，三季连旱，受灾47州县；第二年，旱情继续发展，波及全国，东部9省200余州县最为严重，沁、济、泌河皆竭，草木皆枯，每日渴毙多人。清光绪十二至十三

年，山西、河南、陕西、河北、山东等北方省份发生特大旱灾，井泉干涸、河水断流，禾近枯，草皮树根剥掘殆尽，死者相枕藉，饿死千万人，时人称其为"丁戊奇荒""晋豫大饥"。旱灾过后，紧接着又发生鼠疫，死亡五六万人。

<h2 style="text-align:center">二</h2>

纵观我国的灾荒史，不但具有显著的交替性，而且有着愈益加重的聚发性。越到后世，灾害越频、越重，损失也愈加惨重。邓云特先生在《中国救荒史》中说："自公元一世纪以来，灾荒之频度愈密，强度愈深。第一世纪灾荒总计为六十九次，第二世纪则增至一百七十一次，十一世纪增至二百六十三次，十四世纪又增至三百九十一次，十六世纪更增至五百零四次"。灾荒的频繁发生，原因很多。其中社会生态环境的严重失衡，是一个不可忽视的因素，除此之外，战争的频繁出现，也是导致灾荒的一个重要成因。

先说生态环境。众所周知，我国是一个经济开发历史悠久的国家，人们在开垦大量可耕地的同时，对大自然进行了破坏性的掠夺，滥垦滥伐，使森林植被遭到大面积毁坏；拦河造田、围湖淤地，又大大削弱了蓄水泄洪的能力。秦汉以来，政府大力推行移民实边政策，大量开垦草原林地，虽然在短时间内取得了一定的经济效益，却严重破坏了土地植被，造成水土流失。以黄河为例，原本并不以"黄"相称，战国所写的《禹贡》提到黄河时都称之为"河"，但在《汉书》中已出现"黄河"之称。黄河之所以得名，是由于河水夹带大量泥沙而浑浊色黄，它与黄河流域的过度垦殖是分不开的。长江流域及其江淮地区，历史上曾是"地广人稀，饭稻羹鱼，地势饶食，无饥馑之患。"但从汉代开始，随着人口数量的增加，土地开发和水利灌溉不断发展，遂出现"陂堨岁决，良田冲没，人居沮泽，水陆失宜"的情况，造成生态环境的严重破坏。唐宋以后，由于人口压力对耕地的需求增大，围湖造田之风日趋盛行。明代思想家顾炎武曾明确指出："宋政和以后，围湖占江，而东南之水利亦塞。于是十年之中，荒恒六七，而较其所得，反不及于前人。"明清以来，人口增长与耕地不足的矛盾日益突显，人们纷纷向地广人稀的地区去拓荒，更给愈益脆弱的生态环境带来恶劣影响。不仅造成大量的水土流失，而且严重地丧失了调节气候的功能，加速了气候干燥化、土壤沙化的进程，最终加大了水旱灾害发生的频度和强度，造成了"水则汪洋一片，旱则赤地千里"的严重后果。清代学者魏源曾一针见血地指出："长江上游的川陕一带，本有许多老林深谷，由于大批移民和流民的进入，刀耕火种，无土不垦，多年形成的植被遭到严重破坏，泥沙随雨尽下，几同浊河，造成了长江中下游水道堵塞，再加上江边农人纷纷在冲积而成的洲渚上筑圩围田，更加阻塞了水路。由此长江的水患自然也就日见其严重起来。"可见人们对自然生态有意无意地破坏，是使各种自然灾害频繁发生甚至愈演愈烈的重要原因。

再说兵燹战祸。战争本身就是一种极强的灾难。通常情况下，灾荒最易诱发战争，战争往往又使灾荒进一步扩大和加重。在中国历史上，各种各样的战争不可胜记。仅春秋战国时期，有记载的战争就发生过 670 余次。秦汉时期，全国一统，但战争仍不能避免，仅就诛秦灭楚的战争就打了几十年。两汉三国不仅战争频发，而且旷日持久。至于魏晋以后，更有"五胡乱华""八王之乱""南北朝更迭"。隋末唐初又是连年兵战，天宝后期的"安史之乱"持续数年。唐后五代争霸，内战不绝。宋元明清也是兵灾屡屡，战祸不已，民族厮杀，相互侵略，民罹俘戮，惨不忍睹。

无数次的战争，给中国社会带来巨大的灾难，而农民更是首当其冲。不说别的，单就东汉末年开始的大动乱和大破坏，历经三国两晋南北朝几个时期，及至隋文帝开皇九年（589 年）全国统一才告结束，跨时 3 个多世纪。在这 3 个多世纪的灾难岁月中，大半个中国几乎天天是在相互砍杀中度过的，整个国家一片天昏地暗，战争、灾荒、疫疠几乎毁灭了全部人口。诚如《晋书·虞预传》所说："宗庙焚为灰烬，千里无烟爨之气，华夏无冠带之人。自天地开辟，书籍所载，大乱之极未有若兹者也。"

唐天宝十三年，"安史之乱"爆发，"渔阳鼙鼓动地来"，转瞬间即席卷了大半个中国，熊熊战火烧尽了昔日的繁华，顿时成为"荒草千里""积尸如山"、烟火断绝的一片废墟。确如唐人元结所说："自经逆乱，州县残破，唐、邓两州，实为尤甚。荒草千里，是其疆畎；万室空虚，是其井邑；乱骨相枕，是其百姓；孤老寡弱，是其遗人。"真正是"杀戮净如扫，积尸若丘山……村落皆无人，萧然空桑枣。"安史之乱毁灭了大半个中国的社会经济，不仅使唐王朝一蹶不振，更把老百姓推向苦难的深渊。尤为恶劣的是，安史之乱虽然勉强平定，但遗祸并未消除，战争并未停息，紧接着便开始了藩镇的称兵割据和不断叛乱，以至最终导致唐王朝的覆亡，继之而起的是五代十国的大混战与大分裂，老百姓所受的煎熬不下于安史之乱和唐末的叛乱。这场从唐天宝年间开始的大动乱，历经安史之乱、藩镇叛乱、五代十国，直到宋初全国统一才告一段落，前后历时 200 余年。比之魏晋南北朝的那次大战乱虽然为时较短，但破坏的范围却比前次为广，几乎遍及全国。北起朔漠，南至闽粤，东连大海，西达巴蜀，无一地能置身于干戈扰攘之外，无一地不遭天灾人祸的打击和破坏。这些战争，不仅使农民饱受蹂躏、丧乱之苦。相当多的家庭或死于干戈，或毙

于饥馑，或亡于疫疠。

三

天灾人祸往往是纠结在一起的，每当战火纷飞之际，正是灾荒、疾疫纷至沓来之时。而两者汇为一流时，则为害更烈。不独如此，历次战争中所有的征役几乎全部由农民承担。军队所过的地方，动辄拉丁抓夫，勒索粮饷。大军过境之后，农业往往衰竭，"农人废南亩之务，女工停机杼之业"。军队所经"鸡犬一空，货财俱尽，农人充丁服役，百姓流亡涂地"。村落凋敝，悉为荒墟。更可怕的是战争使各种苛捐杂税陡增。以隋朝为例，炀帝继位之后像秦始皇一样，马不停蹄地展开了大规模的对外用兵，以致役烦赋重，征取无度，军民被弄得疲惫不堪。民夫往涿郡运送军需，往还于道路者数十万，"昼夜不绝，死者相枕，臭秽盈路"。炀帝又"扫地为兵"，农民大都征为兵士，致使村落"耕稼失时，天畴荒芜，百姓穷困，财力俱竭，相聚为群盗"。民户"外为盗贼所掠，内为郡县所赋，生计无着，加之饥馑无食"，只好"采树皮叶，或捣稿为末，或煮土食之"，这些东西吃光后，"乃至相食"。

明朝末期，国家内忧外患。内逢如火如荼的农民大起义，外遭满族势力的骚扰入侵。苟延残喘的明王朝虽竭尽全力，左支右绌，仍难应付。为挽救行将灭亡的命运，明朝统治者又在农民身上打起了主意，在全国采取了"加赋养战"的应急之策。于是著名的"三大征"由此产生：一是辽饷加派。辽饷加派是以辽东战事紧急，军饷不足为由而加派于农民的赋税。万历四十六年（1618年）辽东努尔哈赤向抚顺进攻，为加强防御，每亩加派3厘5毫，次年又加3厘5毫，第3年又加2厘，3年每亩加赋累计达到9厘，全国共计年增征银520万两。这还不算，到崇祯三年，边关吃紧，又增派165万两。二是剿饷加派。崇祯时农民起义遍及全国，为镇压剿灭农民起义，于崇祯十年开始加派剿饷，每亩加米6合，每石折银8两；随后每亩又加银1分4厘9丝，先后加派赋额330余万两。三是练饷加派。崇祯十二年依杨嗣昌提议，为培训官兵之用，临时向农民加派，原定为期1年，但农民起义的烽火越烧越旺，加派也便年复一年没有停息，此饷共征银730余万两，其中田赋每亩每年加赋1分。

这些繁杂的赋税，连一向与明朝为敌的清政府都不忍惨睹。清廷入关后，摄政王多尔衮曾对此作过深刻而尖锐的谴责："至于前朝弊政，厉民最甚者，莫如加派辽饷，以致民穷盗起，而复加剿饷，再为各边抽练，复加练饷。惟此三饷，数倍正供，苦累小民，剔脂利髓，远者二十余年，近者十余年，天下嗷嗷，朝不及夕。"

自古乱亡之祸，不起于四夷，而起于小民。腐败的明王朝正是在农民起义的熊熊烈火中走向灭亡。天以水旱开其机，政以暴敛驱其众，把众多无辜小民逼上造反起义的行列。据当时的河南《武安县志·崇祯十四年乞免钱粮疏》记载："本县原编户口一万三十五户，今死绝者八千二十八户；原编人丁二万三百二十五丁，今逃死者一万八千四百五十丁。通过本县正派条银、新、旧、练三饷共银四万四千七百九十五两，漕米二千三百四石，辽米豆一万二千五十三石……加以三年压欠，应征不下十余万。"以残存的 2 000 户、1 800 余丁，承担这样巨额的赋税显然是不可能的。于是便出现时人吕维祺所描写的情景："今流亡满道，骶骨盈野。阴风惨鬼燐之青，啸聚伏林莽上绿。且有阖门投缳者，有全村泥门逃者，有一日而溺河数百者，有食雁矢、蚕矢者，有食荆子、蒺藜者，有食土石者，有如鬼形而呻吟者，有僵仆于道而不能言者……有集数千数百人于城隅周道而揭竿者。"可见各地已布满干柴，待李自成的起义大军过来，很快就把这些星星之火连成一片，化作熊熊火焰，"奉天承运"的明王朝随之垮台了。

赋敛无度民常困（上）

徭役与赋税，是国家产生之后的产物。它一经问世，便与农民结下了不解之缘，成为困扰农民的锁链和绳索。

准确地说，徭役与赋税是两个不同的概念。徭役是国家凭借权力，强迫平民（主要是农民）所从事的无偿劳役。它包括力役、军役及其他杂役。赋税则是国家按照预先规定的标准，强制地、无偿地、固定地征收的一部分社会产品或收益。马克思说："赋税是喂养政府的奶娘"。一个国家要实现自己的职能，对外抵御侵略，保卫领土和主权，对内维护社会秩序、强化治安，就需要建立军队、设置官吏、招募警员、充实武备。这些都是巩固国家政权所必需的。而要实现这一目标，就必须有相应的经济、物质作保障，而赋税正是发挥这种支撑作用的。古人云："税供俸禄，赋以足兵"，说的就是这个道理。所以，赋税在国家政治生活中起着重要的作用，是维护国家机器正常运转的财力保障。至于徭役，则是提供兵源、工役，官府差役的主要来源。古代家庭中的男性成员，凡是达到国家规定年龄的，都有义务从军、服役。

一

正因为如此，历代王朝对赋税十分重视。早在夏禹时期，国家实际上就有了赋役制度，其财政收入主要来自两个方面，一是王室直接占有的土地上的收入，二是从各诸侯国征调的皮帛、绣帛、粮食、木材、珠宝等，称为"贡赋"。这样的赋徭制度一直延续到西周时期。进入春秋战国，社会经济尤其是土地关系发生重大变化，于是各诸侯国为适应土地关系的变化对旧的赋税制度进行改革。公元前685年，管仲相齐，在齐国首先废除了过去的贡纳制度，采取了"相地衰征"的措施。公元前594年，鲁国又宣布实行新的赋税制度——初税亩。国家以土地面积为依据向田主征收一定的实物税。很快中原地区各诸侯国纷纷效仿，陆续实行按亩收税之制。之后商鞅又在秦国推行了一系列改革措施，其中最有影响的是"废井田、开阡陌"，彻底革除奴隶社会的土地制度。同时他还采用征收赋税的办法，大力培植小农经济，"民有二男以上不分异者，倍其赋"，以法令形式刺激小农分家，使自耕农的数量不断增加，成为国家财政的主要税源。

秦始皇统一全国后，对赋税制度进行了改革和统一。据《秦律》记载，当时国家征收的赋税不仅有田租，还有户赋（人头税）。为保证田租的征收，秦始皇下令全国人民自报土地数量，即"令黔首自实田"。"黔首"即平民。"令黔首自实田"就是让全国平民都向政府如实呈报自己占有土地的数量，以便政府作为征收田赋的依据。这是我国历史上在全国范围内所进行的一次规模性的土地登记。私人占有的土地只要向国家登记并缴纳赋税，就取得了合法的所有权。

进入汉代我国一套完整的赋徭制度逐渐形成了。据《汉书》记载，刘邦即位后，"约法省禁，轻田租，什伍而税一"，即田税约占农业收成的十五分之一。除田赋外，还有人头税，包括口赋（儿童缴纳的税），算赋（成年男丁缴纳的税）、献赋（城镇居民缴纳的税）。田赋和人头税合称正税，另外还有附加税，总数约占田赋的四分之一。此外成年男子一生服两年兵役，每年服1个月的劳役，统称徭役。

魏晋南北朝及隋唐，赋税制不断改革。田租和人头税合并，逐步演变为以户征收的"户调税"。东汉建安九年（204年），曹操下令"田租亩四升，户出绢二匹，绵二斤"。北魏孝文帝时，规定一夫一妇的均田户，纳粟二石，绢帛一匹，另纳乡土特产丝、麻等物若干，成年男子还要为国家服徭役。进入唐代，赋税制度变化较大，由最初的"租庸调"改变为"两税制"。"租庸调"是唐高祖武德六年（624年）颁布的，即凡受田之男丁，每丁每年向国家缴租2石，是为"租"；每丁每年纳绢2丈或布2丈5尺，另加绵3两或麻3斤，称为"调"；每丁每年服徭役20日，无事折绢或绵代之，每日3尺，称作"庸"。

"租庸调"实行了150多年，到唐中叶特别是"安史之乱"后，均田制遭到破坏，土地兼并日益猖獗，户籍不实，课丁减少，"王赋所入无几"。为解决财政困难，唐德宗建中元年（780年）颁布两税法，即地税征粮，户税征钱，分夏秋两次征收。法令规定：以户为征收单位，不论主户、客户，一律以地亩、财产多少确定纳税等级。与以往的"租庸调"相比，税额并未减少，但税目简化了。"两税法"颁布后的很长时期，一直是赋税制度的基础。北宋后期，王安石任宰相时曾一度推行过"方田均税法"，但它并没有触动"两税法"的根本制度，只为避免官户、形势户隐田漏税，增加国家财政收入，采取的一项补救措施。

明朝初年，官府在普查户口、核实土地的基础上，编制了户口册（亦称黄册）和鱼鳞册，重新制定了税收标准。规定：官田每亩课赋5升3合，民田每亩课赋3升3合。进入明中叶，由于土地兼并日趋激烈，自耕农大量破产，国家税源枯竭，财政出现危机，于万历九年（1581年）开始实行"一条鞭法"。这一新税法的特点是：以州、县为单位，把所有田赋、丁役以及各种摊派，统统折成银两，实行赋役合一，计亩征银。简化了赋役的征收和差派，使赋税科目大大减少。

清承明制，最初的税制仍沿明制。雍正初年政府实行税制改革，推行"摊丁入亩"的地丁合一制度，将丁税并入田赋。摊丁入亩后，地丁合一，税种简化，丁银和田赋"悉并为一条"，按亩计征。它与"一条鞭法"大同小异，但比一条鞭法更加简便。

二

徭役也好，赋税也罢，倘能征派有度，使用合理，与国与民都有好处。如若征取无度，横征暴敛，不仅给平民百姓平添了负担，带来灾难，而且与社会也毫无补益。从历史上看，哪位皇帝爱惜民力，能做到轻徭薄赋，哪位皇帝任上便会国泰民安，不但社会繁荣稳定，百姓也能安居乐业。这样的皇帝历史上有过，但不多见。西汉时期的文、景二帝，算得上两位杰出的代表。他们在位期间，"躬修节俭，思安百姓"，实行"与民休息"的政策，一再减轻田赋和徭役，最少减至"三十税一"。因此西汉前期农业生产高度发展，人口倍增，社会安定，国库充盈，史家誉为"文景之治"。然而纵观历史，这样的好皇帝并不多见，更多的是昏庸无能、贪欲无度的皇帝，他们根本不顾惜民情民力，"竭天下之财以奉其政，犹未足以澹其欲也"。往往是海内愁怨，民不聊生，盗贼四起，战乱频仍，最后导致江山社稷覆亡。法国大思想家孟德斯鸠曾对中国的朝政做过这样的评价：在中国，为政者真能做到勤劳、俭约这点的，往往都是开国或开国不久的皇帝，他们"是在战争的艰苦中成长起来的，他们推翻了耽于逸乐的皇帝，当然是尊崇品德，害怕淫佚"。但是三四代之后，"继位的君主便成为腐化、懒惰、逸乐的俘虏"。于是，腐化引发了战乱，奢侈导致了覆亡，然后又起来一个新的皇室，如此循环不已。

公元221年，秦朝在先后灭亡6国之后，建立了全国一统的中央集权制王朝，秦王嬴政称始皇帝，他志得意满，好大喜功，广征天下夫役，筑长城，修驰道，建阿房，营茔陵，使无数农家妻离子散，家破人亡，多少青壮丧身荒郊野岭，埋骨山涧路旁。不但戍役频发，赋税也很沉重。史书说："赋税田租二十倍于古"。"男子疾耕，不足以粮饷；女子纺绩，不足以帷幕。百姓靡弊，孤寡老弱不能相养……盖天下始叛秦也"。短命的秦王朝就在这样的凄风苦雨中破灭了。

汉兴，曾出现文帝、景帝这样"躬修玄默，减省租赋""从民之欲而不扰乱"的好皇帝。然而好景不长，武帝上任后，很快颁布了"告缗令"，许多商贾、富室因违反法令而被没收土地财产，遂使官田（国家控制的土地）的数量大大增加。一些豪权地主乘机从国家那里假得大量官田，然后转手出租给无地少地的农民。官府的租税为"三十税一"，而豪权地主转租给小农通常是"见税什五"。造成了"豪民侵陵，分田劫假，厥名三十，实什税五也"的情景。使土地兼并越演越烈，贫富分化日益突出，成为困扰两汉政权的一个重要成因。

公元581年，杨坚接受北周静帝禅让，建立隋朝，他成为隋朝开国皇帝，史称隋文帝。隋文帝在位期间"薄赋役、轻刑罚"，把男子负担徭役的年龄由18改为22岁，将妇女、奴婢等人的赋税全部免除……很快出现了"库藏皆满、户口岁增"的升平气象。据《隋书·地理志》载：这一时期人民安居乐业，人口出现恢复性增长。人丁户口"远过魏晋，几同汉世"。然而隋炀帝继位后，穷兵黩武，征调天下兵丁，三征高丽，最多时举兵100多万（号称200万），粮草运夫更是不计其数。他还征集上百万民夫，延年累月修国都，筑长城，通驰道，挖运河。工役不断，民不得息，连妇女儿童也被抓来服徭役。农民走投无路，揭竿而起，于是烽烟遍地，盛极一时的隋王朝，仅存38年便宣告覆亡。

后世几代，或唐宋，或明清，虽然不像秦、隋那样短命，但也未能逃脱其相同的命运。值得指出的是，在封建王朝，把原本软弱无助的农民推入苦难深渊，甚至逼上绝路的，首先是那些无德的皇帝和倚仗权势的皇亲国戚。他们把个人的私利与天下人的利益对立起来，把天下国家的财产当做自己的私有财产。政治上独裁，人格上独尊，财富上独占，权益上独享，驭天下臣民为自己一家一姓服务。远的不说，以朱明皇朝为例，恨不能把全天下变为己有。不但皇帝在畿辅地区设立了许多皇庄，连宗室诸王、勋戚也通过"乞请"和接受"投献"等方式，霸占了越府跨县的大片膏田，成了全国最大的土地占有者。据河北《玉田县志》记载，截止到明朝末期，玉田一县皇室的"宫勋地"多达13万亩，其中乾清、慈宁两宫地达633顷；寿宁公主地238顷。《东安县志》称：该县有未央宫、永清公主、永安公主、恭圣夫人、嘉祥公主、英国公、镇远侯、太宁侯、安平伯等众多宫室、勋戚的大片庄园。崇祯帝的姑母荣昌大长公主在顺天、保定、河间3府占有"赐田及自置土地"37万余亩，她还说"仅足糊口"，足见其奢靡腐化到了何种程度？这还不算，皇室每封一个亲王，朝廷都要赐予庄田，动辄万顷。而这些庄田，"尺寸皆夺于民间"。更为离奇的是，朝廷为不减少财政收入，将这些庄田上的赋税转嫁、分摊到农民头上。据《汝宁府志》记载，额派河南息县福王府的1 157顷土地上的赋税，全部"在本县条鞭内一例派征"。分封陕西汉中的瑞王，其20 000顷赡田，由陕西、河南、山西、四川各省分担。真谓是"田连阡陌者赋止勺圭，地无立锥者输且关石。"无怪两晋时期的思想家鲍敬言认为君主制是社会动乱的根源，他把君主与朝廷同人民的关系，比作獭和鱼、鹰和鸟的关系，"夫獭多则鱼扰，鹰众则鸟乱，有司设则百姓困，奉上厚则下民贫。"明末思想家黄宗羲更直言不讳地说："为天下之大害者，君而已矣"。历代乱天下者，正是专制君主。

由于统治阶级恣意享乐，导致整个社会腐败现象无处不有，奸宦猾吏比比皆是。他们勒索百姓，更是心狠手辣，比专制君主有过之而无不及。清康熙年间，一个名叫许承宣的官员曾说："今日之农，不苦于赋，而苦于赋外之赋。"而这些赋外之赋，有的出自朝廷，更多的则出自地方官府。在官府各衙门里，那些层层叠叠、大大小小的官吏们个个都是鱼肉百姓的屠夫，他们往往在正赋之后，别出心裁地"创立"许多名堂。北宋王逵任荆湖南路转用使期间（相当于省长），除了追缴正赋外，一次就非法加征粮款30余万贯，作为媚上邀宠的资本，使潭州地区700余户、万余农民倾家荡产。历史上几乎每一座衙门，都有这样一批巧取豪夺的官吏。他们"靠山吃山，靠水吃水"，权有大小，职有高低，但都是八仙过海，各显神通。古往今来，这些别出心裁，形形色色的巧取豪夺到底有多少名目，谁也说不上来。明代著名清官海瑞，在淳安知县任上，一次就取消了39种"常例"性收费。

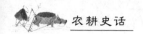

赋敛无度民常困（下）

在历代官衙中，州、县一般被视为基层的政权机关，其官员号称"亲民之官"。这是因为州、县要经常地频繁地署理民间的事务，官吏、胥役更是直接与乡村民众打交道。故而也就为他们盘剥勒索百姓提供了方便。历代官吏在农民头上打主意、办法和招数总是很多的，他们对付老百姓从来不乏智慧。

一

州、县衙门，除去牢狱词讼等刑名之事外，最大量的恐怕是钱粮赋税等事项了。那么他们是以何种手段残剥民间的？这里试举几种历代通行的做法。

一是加耗。所谓加耗，亦称补赋，清代又叫浮收。说白了它是在正赋之上的一种附加，顾名思义是用来弥补赋耗的。唐明宗时，以雀、鼠啄啮为借口，在正赋之上每石加收雀鼠耗 2 升，元代又加至 3 升。以后历代官吏不断"创新"，花样越来越多。除雀鼠耗，还有升斗耗、筛扇耗、仓场耗、铺垫耗、州用耗，等等。农民向官府缴纳赋税时，官吏们用这些名目七折八扣，每缴纳 1 石正赋，少则多收三五斗，多则成倍加码。如果在征收过程中，再搞什么淋尖、踢斛、重戥、大斗，那么农民的付出就更多了。宋代学者洪迈在《容斋随笔》中曾这样记述：古时"一个农民除去缴纳'什一之税'，便没有其他名目的杂税了。今时则大不一样，农民每缴纳一石粮食的税，义仓要另加一斗二升的折损，官仓也明确规定要额外多收六成。这中间还要根据粮食的精、粗不同，分为若干等级，有的分为七八等。收粮时，管理粮仓的人手里拿着刮平粮食斗斛的器具，下手轻重不同，量二石粮食多收二三斗也不止。"依洪迈所言，宋代农民缴赋，至少包含了这样一些附加：一是库耗折损费；二是粮食分等论级费；三是收粮过程中"淋尖、踢斛"之类的折冲费。最后算下来，农民每缴 1 石正赋实要付出至少 2 石的粮食，是正赋的 1 倍多。

清顺治元年（1644 年），户科给事中冯杰奏称：全国各地在征收钱粮时，普遍私加上许多索钱名目："多用衙役执催单，所索酒饭钱、脚力钱，又有捱限钱，常倍于本贫户之正赋。"其实除了冯杰所说之外，各地还有许多惯常性的收费名目，如浙江省嘉兴府所属各县，另立有马草敛银、宽比银、杂费银、运官酒席银。遂安县每当征收钱粮时，又有催册银、优免册籍银、比征簿银、监柜银，等等。以监柜银为例，即可看出官吏的不择手段。清人入关之初为了尽可能做到赋役公平，推行所谓民户亲身投柜缴纳赋银，为减少中间经手舞弊，特派人监柜。讵料一法立一弊生，监柜一事竟演变为另一创新的收费名目，民户反因此另加了一项负担。

二是折色。农民在缴纳赋税时，原定征收的实物为本色，改征其他实物或货币称折色。宋称它为"折变"，明称"折征"，清又叫"勒折"。不论其名称如何变化，剥夺百姓的本质没有变，其"学问"就在这个"折"字上。如以粮折钱缴纳币税，市面上1石粮食仅500文，而官府作价要1 000文，老百姓只有粜出加倍的粮食，才能够缴足官府的折钱。这一做法，从唐代后期逐渐盛行。据唐人李翱说："建中元年，初定两税，至今四十年。当时绢一匹为钱四千，米一斗为钱两百，税户输十千者，为绢二匹半而足。今绢一匹，价不过八百，米一斗不过五十。税户之输十千者，为绢十二匹。使之贱卖耶！"宋代名臣包拯也对这种"折变"予以揭露。他在《请免陈州添折见钱奏疏》中说：陈州农民纳赋，每斗麦折钱100文，脚钱20文，仓耗20文，共140文，而市价仅50文，"二倍诛剥贫民也"。

晚清名臣曾国藩在《备陈民间疾苦疏》中也说，苏、常一带农民缴纳田赋，"把米换成钱，再把钱换成银子缴纳。又因米贱银贵，要多支付。过去一两银子换钱一千，现在一两银子换二千，过去卖米三斗，可缴一亩之税，现在要六斗。皆比过去加倍，官吏日夜追缴，鞭扑满堂，血肉狼藉。贪官借口巧诛横索，民完纳愈苦，官追税愈酷。"

三是火耗。不论是田赋折银还是其他赋役更银，纳赋人在缴足正赋之外还须附加一项额外之费——火耗。有清一代，为祸尤烈。清廷继位之初，是要禁止火耗的。这可从当时的一则奏书批答中看出端倪。顺治初年，一位名叫骆养性的海漕总督曾上书朝廷，要求在其所辖之内开征火耗。他在奏书中说："火耗之加，原有每两三分旧例，盖以小民输纳零星，必至倾成大锭，以便上解，不无倾销亏折，三分火耗诚不可免者。"当时的摄政王多尔衮看后非常震怒，当即予以批驳："前有旨，官吏犯赃，审实立行处斩。这钱粮征纳，每两加耗三分，正贪婪积弊，何云旧例？况正赋尚且酌蠲。额外岂容多取？著严行禁革。如违禁加耗，即以犯赃论罪。"可见清初还是有除旧布新、整肃吏治之决心的。但是数千年来官僚政治积淀下来的消极传统，植根深厚的诸种陋习风气，顽冥凝固，顿积难化，绝非几道严峻谕旨所能攻克。有一点合适的土壤和气候，便会立即滋长蔓延。康雍之后，火耗成了最主要的陋规收入。除部分留归州县衙门使用和供给州县官吏中饱私分外，尚须为上级各衙门及官吏提供更多好处和用度。可以说火耗供着一大批"食客"，一切公私不足者，无不取之于火耗。以至形成州县之"创收"取之于百姓，道府之"用度"取之于州县。

康熙年间，曾任偏沅巡抚的赵申乔在《禁绝火耗私派以甦民困示》中直言："凡害民秕政不止一端，而惟横征私派之弊为祸尤烈。如收解钱粮，私加羡余、火耗、解费、杂徭，每浮额数，以致公私一切费用皆取给于里民。若日用米蔬、供应；新任之器具、案衣；衙署之兴修、盖造；宴会之席面、酒肴；上司之铺陈、供奉；使客之小饭、下程；提事之打发、差钱；戚友之抽丰、供给；节序之庆贺、礼仪；衙役之帮贴、工食；簿书之纸扎、心红；水陆之人夫、答应；官马之喂养、走差；与夫保甲牌籍，刊刷由单，报查灾荒，编审丈量等项，皆有使费陋规，难以更仆枚举。总之，无事不私派民间，无项不苛敛里甲，而且用一派十，用十派千，以饱赃官蠡蠧之贪腹。嗟嗟……小民膏血有几，而能满此漏卮巨壑哉？"从赵巡抚的一席话中可以看出，黎庶人等被催迫收缴的"皇粮国赋"，原来相当的一部分甚至大部分，只中饱了各级官吏的私囊。诚如清雍正皇帝所说："州县征收火耗分送上司，各上司日用之资皆取予州县，以至种种馈送名式繁多，故州县有所借口而肆其贪婪，上司有所瞻徇而曲为容隐，此从来之积弊。"州县所以能积聚如此富厚之陋费，原因就在于它亲临民事、拥有随意勒索小民的能力。

四是漕运、盐务之陋规。先说漕运。中国历代之首都多在北方，如隋唐之长安，北宋之汴京，明清之北京等。而中国的粮食又多产于南方。为给京畿部队及皇室、百官提供粮食，须从南方运送接济。这样，自隋朝修筑大运河后，就承担了南粮北运的任务，是为"漕运"。隋唐时期，京城西安远离运河，故两朝官员曾多次迁徙到东都洛阳"就食"。明清两朝建都北京，运河便承担了从南部8个省份（即山东、河南、江苏、江西、安徽、浙江、湖北、湖南）运送的漕粮。每年调运"南米"约400余万石。为此帝国设立了一大堆专门机构和管理人员，建立了一套严密的制度。然而再严密的制度时间久了也会有积弊。宋人洪迈就揭露过漕运的种种弊端，农民缴纳漕粮要遭受多项的盘剥。有清一代，漕运更是弊端屡屡，难以悉数。清人段光清在其《镜湖自撰年谱》中抨击道："自粮道、帮官、旗丁、委员及各衙门所荐收粮朋友，皆有漕规。……漕粮非一石收至两石以外，不能运至京师。"乾隆中晚之际，各省州县收漕，"有浮收一倍者，有二三倍者。山东历城县收漕，一石收至四石，……究其所揽之利，皆出于小民之脂膏。"

漕粮是"惟正之供"，"供上方玉食"，岂知收、运、兑、缴各个环节，皆为敲诈的把柄。清人魏源在《海运全案序》中曾对"漕运"作过很精辟的概括："官与民为难，丁与官为难，仓与丁为难"，即收漕的地方官为难交漕的老百姓，运送漕粮的运丁又为难收漕的地方官员，而京城收粮入仓的官吏又为难运丁。通过为难别人而拥有自己的"漕规"份额。有人猜估,每年运抵京城的400万石漕粮,民间要耗用2 000余万石的粮价,始能缴足运数。那么,这些私征滥派的"漕规"究竟落进了哪些人的腰包?湖南长沙府的《醴陵县志》为我们揭开了谜底:"分润上司,曰'漕馆';州县所得,曰'漕余';分肥劣衿,曰'漕口';酌给船划,曰'水脚'。"这段话把"漕规"的去向说得很清楚:一是"分润上司"的"漕馆",它是督、抚、司、道、府等上级官吏按例向州县的讹索;二是发给运丁的路费补贴,俗称"水脚";三是地方上有身份的读书人,或是举人、贡生,或是监生、秀才,也会为难收漕官员,或上访告状,为民请命,或阻挠民众交粮,率众哄抗,迫使州县官员把浮收上来的"漕规"分一部分给他们,称为"漕口";四是留给州县官吏自己的"漕余"。

再说盐务,自管仲相齐对盐业实行"民产官销"之后,历代政府对盐业的生产营销极为重视,把它视为国家重要的财源,大都实行"灶制、官收、商运、商销"的盐政制度。即从事盐业生产的盐户制盐,官收正盐及余盐,盐商向国家纳粮或纳银后,凭盐引(支取食盐之凭证)赴盐场支盐,而后发往指定行盐地区销售。历代政府一直以官管民用为主体,侯至清代已是天下第一等衙门,盐务官员为第一等肥缺。清初的梁章钜在其《归田琐记》中说:"顺治时,有个名叫萧震的两淮巡按盐政御史,在此署任职数年,即积累家财三十六万两。"嘉庆十年(1805年)4月,江西有一年逾七十的老监生,名叫况元礼,在其伏阙上书的条陈中说:"伏闻两淮盐库每年按卯当堂征收各商盐课银七百余万两,除四百余万两解部外,其三百余万两,盐政运司借公用名色每年开销罄尽。""自盐政以下,有一官即有一弊。盘盐之所,则有永丰坝、泰坝,南北子监四处委员,每年坝费自二三万至十二三万两;南北各场大使验引、截角、拨配,则有配费,自二三千两至一二万两;库大使管引,则有引费五六千两;盐掣、分司批验、验写、捆包则有掣费二三四万两不等。运司衙门为盐务总管,无项无费,难以偻计,统计一年不下二三十万两。……至行销各省,湖广谓之匣费,江西谓之盐规,文官自督抚以下,至州县佐杂;武官至总兵以下,至守御千把,有督销缉捕之责者,无不有费。一省文武衙门,每年通计不下二三十万两。"这些规费上不在朝,下不在野,被官吏胥役层层中饱以去了。

二

这样的例子还可以举出很多。只要是与官方打交道,就少不了这种盘剥与敲诈。清道光、咸丰年间,有个叫张集馨的官员,曾任职多个地方,先后做过知府、道台、臬台、藩台、巡抚等多种职务,他曾写过一本回忆录,取名《道

咸宦海见闻录》，书中讲过这样两则事例，就深刻揭示了官场的黑暗和官吏队伍的贪残。

一例发生在山西。说的是山西巡抚到雁北视察，路经代州时，当地百姓集伙跪于道旁，拦轿告状，反映驿站征收号草的问题。所谓号草，就是喂养驿站马匹的饲料。其实百姓们反映的问题很简单，一是说驿站收号草的大秤不准，有克扣嫌疑；二是说收号草的胥吏们索要小费，不交小费，就有意刁难、拖延，甚至拒收。巡抚责成大同道台张集馨调查此案。经过调查，张道台发现，原本由百姓无偿缴纳且又受到胥吏们任意克扣、刁难的号草，竟然在朝廷的财政支出之内，朝廷已按每斤 1 文的价格，拨付给了当地政府。地方政府理应掏钱向农民购买。但当地官员和胥吏们把此事反做了，农民不但白交了号草，而且在缴纳中还被迫交了小费。说白了，等于向农民剥了三层皮：第一层，农民在缴纳的皇粮国赋里，就已包含了号草钱，否则，朝廷不会在财政上列支；第二层，本该出钱购买的号草，变为无偿向农民摊派，农民等于又做了一次无偿奉献；第三层，农民无偿交草还不算，不使小费，不贿胥吏，居然还要刁难拒收，农民为此又掏了一次腰包。这一次农民例外地告赢了。张道台下令：重新制作收号草的大秤，并按朝廷规定，收 1 斤号草付给农民 1 文钱，不许书驿、胥吏克扣刁难。

一例发生在甘肃。这个省的一些州县，一度曾盛行一种出陈易新。所谓出陈易新，就是当地官府强迫百姓借领官仓存放已久的陈粮，待新粮收获后按本加息归还。而在开仓发放之前，各个仓场又都"掺杂秕稗丑粮"，事先做了手脚。老百姓当然拒不愿领，于是官府刑驱势逼，强迫具领。而且按村摊派任务，按户落实数量。有偿还能力的农户，直接画押认领；无偿还能力者，责令富户为其担保。秋粮收获后，役吏们又按账催收，按户索要，促其加倍还仓。老百姓 2 石新粮，不足还 1 石旧粮，这么折腾一次，地方官们额外地肥发一次，于是竞相效仿，乐此不疲。

洗净悲酸走天涯

中国古代社会，农民的最大特点是安土重迁。正如汉元帝诏书所说："安土重迁，黎民之性；骨肉相附，人情所愿也。"这里的"黎民"就包括农民。不难看出农民不仅依附于土地，而且所在的邻里乡党，多为骨肉亲情，相互间既有紧密的地缘关系，又有相同的血缘情分。因此对农民来讲没有什么比"远弃先祖，破产失业，亲戚别离，背井离乡"更悲惨的了。但是，农民作为小土地所有者，在整个封建时代又是极不稳定的阶层，任何一个很小的震荡都可能使他们丧失土地，偶然的天灾人祸都会给他们带来严重的打击，加之他们每日每时都会受到地主豪强的盘剥和挤压，多数人都可能走向"破产失业"的道路。而这些破产失业的农民，一部分在故土上作了佣佃，另一些则不得不离开土地和他们世代居住的地方，逃避他乡，走上流浪的道路。

一

在中国历史上，几乎无朝代无流民。特别是秦汉之后进入封建社会，人口增多，社会震荡加剧，天灾人祸酷烈，导致大批农民脱离自己的故土，向富庶之地和江湖市镇流动，史册上这样的例子很多：

《史记》载，汉武帝"元封四年关东流民二百万口，无名数（无户籍者）四十万。"《汉书》载："平帝元始二年秋，蝗遍天下"，"关东人相食，百姓困乏，流离道路，……流民入关者数十万，……饥死者什七八。"

西晋永嘉元年，并州刺史刘琨上书曰："臣自涉州疆，目睹困乏，流移四散，十不存二，携老扶弱，不绝于路。及其在者，鬻卖妻子，生相捐弃，死亡委危，白骨横野，哀呼之声，感伤和气。"

《南史·侯景传》载，侯景之乱后，"江南大饥，江、扬弥甚，旱蝗相系，年谷不登，百姓流亡，死者涂地。父子携手共入江湖，或兄弟相要俱缘山岳。"

两唐书《地理志》载，唐武则天与中宗在位期间，原在卢龙塞、临榆关外属于营州的一些羁縻州县，为避战乱，纷纷内迁，寄治幽州地区。

《文献通考》载，"宋庆历八年河北、京东、西大水，民饥……流民……各以远近受粮，凡活五十余万人，募为兵者，又万余人。"

《通鉴纲目三编》载："明宣宗宣德四年……山西饥民流徙南阳诸郡，不下十余万人。"

在商品经济和社会分工很不发达的社会，一旦遇到大灾大难，便会出现大量破产失业的农民。他们扶老携幼，携妻带子，汇聚成流民，在头人带领下，向富庶地区流动、讨食。流民中的绝大多数是与生产资料相脱离的穷苦老百姓，他们无钱无势，无职无业，流徙不定，靠流浪度日，很大程度上是社会不安定的因素。如果此时的王朝政府是一个负责任、有能力的政府，就会对这些流民作适当的处理，或安置他们到其他尚未开垦的地区，由政府划拨给土地，提供必要的生产、生活资料，使他们在新的家园重新开辟自己的生活；或以屯田为名，假以官田，组织他们从事农业生产；或以"开仓放粮""以工代赈"等形式，解燃眉之急，使其度过困境。

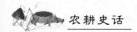

但是如果政府腐败无能，就会有相当数量的难民浪迹江湖，游走四方，自谋生计。他们或凭一些简单的技术出卖手艺；或靠两膀子力气出卖苦力；或以行乞、诈骗、偷盗、卖淫等不正当手段谋生；或啸聚山林、占据险要，成为打家劫舍的土匪；甚或结成黑暗腐朽的秘密会社，专与官府对抗。慢慢地，就会形成一股巨大的、盲目的力量，或劫掠或暴动，走上武装造反的道路。

二

中国历史上，历次大规模的农民起义几乎都是由流民首先点燃的。一般来讲，中国的乡村社会是分散孤立、缺乏组织的，特别是那些有田产的自耕农是不愿抛家舍业、铤而走险的。因而农村的反抗力量是很难聚集起来的，即使反抗也因势单力孤，很容易被镇压下去。而流民则不同，他们中的大多数是失去土地的农民，可以说他们无家无业，一贫如洗，为糊口计，他们走南闯北，奔走四方。他们中的很多人不仅见识广，阅历丰富，而且无忧无虑，好勇斗狠，为了谋生被迫汇聚在一起，在走投无路时很容易揭竿而起。西汉末年的赤眉绿林、唐末的黄巢、明末的李自成、张献忠等大规模的农民战争，无一不是由流民点燃的火种。

中国人口自古以来就是一个大问题。春秋以前，生产力低，国小人少，人们大都盼望人口繁衍，政府还会对人丁繁育予以鼓励。到了战国时代，韩非看到"大父未死而有二十五孙"的人口增殖现象，便发出"人民众而货财寡，事力劳而供养薄，故民争"的感慨。此后历代，随着社会的治乱兴替，人口呈现周期性的震荡，使这个泱泱农业大国在人口波浪式递增的同时，人均占有耕地在逐渐的递减。据史料记载，西汉元始二年（公元 2 年），全国人口 5 900 余万，耕地 830 万顷，人均占有耕地 13.8 亩，而到清嘉庆十七年（1812 年），全国人口已达 3.3 亿多，耕地 790 余万顷，人均占有量下降到 2.6 亩。在不到 2 000 年的时间里，人口增了 5 倍，耕地却净减了 40 万亩，人均减少了 11.2 亩。中国人口的繁殖是很快的，在社会安定、没有战乱和较大自然灾害的情况下，人口差不多 30 年就会翻一番，几乎是几何式的增长。而人口的大幅度增殖，便会使土地出现相对短缺，引发日益严重的土地兼并。在这种情况下，一遇灾害马上就会出现大批的农民流亡。而流民的剧增，又会形成不稳定的因素，导致社会动乱，引发战争，甚至使王朝瓦解。经过长期的动乱和战争，人口锐减，土地相对宽松，流民得到安置，动乱因素减少，历史仿佛又走了一圈，重新回到它的圆点。

最初的流民主要在农村的村际间游荡，从饱受灾荒或战乱的地区向丰沃、富庶地区流动。这是因为当时的城市工商业尚不发达，流民涌入城市很难生存。流民中以乞讨谋生者占据了很大的成分。他们中的多数，原本是拥有一定田产的农民（自耕农或半自耕农），但是在干旱、洪涝、冰雹、地震等自然灾害面前，却又无能为力。一旦家园、房屋被毁，土地、财产遭受难以抗拒的损失，就不得不拖儿带女颠沛流离，四处流浪，辗转他乡，行乞充饥，在死亡线上挣扎。至于那些无田无产、沦为地主佣佃的农民，更是常苦洪水枯旱，租徭烦剧，一遇岁荒，转先散亡，就食异乡。

随着城市的日益繁荣与不断开放，特别是唐末宋初之后，城市为大量破产农民所充斥，他们没有稳定的职业，或者从事的是当时人认为很低下的非正当职业。他们流徙不定，"游手纷于镇集，技业散于江湖"，既有为达官贵人奢侈享受提供服务的商贾及手工艺人，又有僧尼道姑、巫医相卜、倡优声伎、贩夫走卒、赌徒恶棍诸色人等。据《梦粱录》载，两宋时期的汴京、临安就有游民出卖劳动力或技艺的市场。凡需"雇觅"作匠者，可找"行老引领（即行业的头人）"。"诸行借工卖技人"在茶肆"会聚"，由"行老"向雇主推荐。多数达官贵人的家内佣人，如随从、保镖、厨子、伙夫、园丁、门子、女工、粗细婢妮等，大都是从流民中临时雇用的。雇主与被雇之人，通常都有契约，期限、报酬也很明确。但职业并不稳定，期满即行解雇或另续。被解雇后的流民，仍然混迹于城市之中，为生活所迫，会以其他面目谋生糊口。北宋张择端所画的《清明上河图》，大大小小有 500 多个人物，除少量的官吏、绅士和商人外，肩挑背负沿街叫卖的小商小贩、绾纤摇橹的船夫、背负粮包的苦役、抬轿的轿夫、赶车的车夫、测字卖卜的相士、走江湖卖膏药的巫医占了绝大部分。

三

这些人数众多、经历类似、有着大体相同命运的流民，自然而然地形成了一个阶层。他们脱离了宗法社会的正常秩序，很少受当时社会公认的道德规范约束，甚至靠不正当手段谋生。宋人周密在《武林旧事》中说："浩穰之区，人物盛伙，游手奸黠，实繁有徒。有所谓美人局（以娼优为姬妾，诱引少年为事）、柜房赌局（以博戏关扑结党手法骗钱）、水功德局（以求官觅举、恩泽迁转、给事、交易等为名，假借声势，脱漏财物），不一而足。又有买卖货物，以伪易真。以至纸为衣，铜铅为金银，土木为香药，变换如神，谓之白日贼……为市井之害。"我们读《水浒传》也常遇到此等人物，如过街鼠张三、青草蛇李四、没毛大虫牛二、白日鼠白胜，催命判官李立等，都是流民中的渣

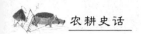

滓，既危害社会，也敢于对抗官府。

还有一部分流民被政府招募为军汉。从晚唐到五代及至宋朝，国家实行募兵制，即以雇佣形式招募兵员。因而很多兵丁不是从农民中选拔，而是在流民中招募。有宋一代更主要以流民充军。每当凶岁灾年，国家便广招破产农民中的大量流民加入军队，一方面为增强国防，另一方面用以缓和阶级矛盾，麻痹流民的反抗意识。因而往往是泥沙俱下，良莠不齐，大量市井无赖、桀骜恣肆者"收隶尺籍"。北宋仁宗时韩琦就说这种募兵之法，实际上是"收拾强悍无赖者，养之以为兵"。宋代历朝都有招收流民为兵的记载，特别是战乱时期，流民是士兵的主要来源，如宋徽宗宣和七年金兵压境时，朝廷遂"召集逃亡军人及游手人充军"。南宋绍兴六年高宗下诏，将西北流离失所的人"招填禁军缺额"。流民一旦从军，终身服役。统治者为防止士兵逃亡，将其视同囚犯，不惜辱其人格。在他们脸上刺字，以与一般平民相区别。当时流行的民谚说"做人莫做军，做铁莫做针"。加之将领经常轮换，兵不认将，将不认兵，彼此毫无感情，因之将领大多克扣军饷，大肆盘剥士兵，使士卒极度贫困，至有"衣纸而擐甲者"。

对流民处境感知最深且赋有同情心的是元代陕西行政长官张养浩，他在一首《哀流民操》的诗中写道：

> 哀哉流民，为鬼非鬼，为人非人；
>
> 哀哉流民，男子无温饱，妇女无完裙；
>
> 哀哉流民，剥树食其皮，掘草得其根；
>
> 哀哉流民，昼夜绝烟火，夜宿依星辰；
>
> 哀哉流民，朝不敢保夕，暮不敢保晨；
>
> 哀哉流民，死者已满路，生者与鬼邻；
>
> 哀哉流民，一女易半粟，一儿钱数文。

四

清乾隆年间所撰的《吴县志》说："今之为游民者，无业可入。则恐流而入于匪类，幸有豪奢之家驱使之，役用之，挥金钱以为宴乐游冶之费，而百工技能，皆可效其用，以取其财，即游民亦得赡余润以丐其生，此虽非根本之图，亦一补救之术也。"问题是这样的"补救之术"能否满足越来越多的流民需求？综观中国历代王朝，总的趋势是人口滋生愈益繁茂，可垦之地却愈来愈少，加之土地兼并越来越惨烈，破产失业的农民日甚一日。尤其是在每个朝代的衰亡阶段，社会矛盾愈聚愈多，流民之患愈演愈烈。清初学者朱泽沄在他的

《养民》一文中说："古之闲民十之一，今之闲民十之六。通都大邑之闲民十之三，穷荒州县之闲民十之六。有无田之闲民，有无业之闲民。"清嘉道年间的学者龚自珍在其《西域置行省议》一文中也说："自乾隆末年以来，官吏士民，狼奸狈蹶，不士、不农、不工、不商之人，十将五六。"这些"不士、不农、不工、不商之人"多是流民。民间和城镇容纳不了如此众多的流民，于是盗贼蜂起，民变频生，邪教、盗匪，到处皆是。

清嘉道朝乃至以后几朝，盗匪四起，杀人越货，掳人勒赎，几乎无时、无处不有。尤其是各省的交界地区，不同府州县的临界处，更是强人出没的所在。虽说盗匪问题历代都有，但在清中晚期，可谓数量最多，范围最广，其行为之残暴，更是历史所罕见。这些盗匪拉帮结伙，挣脱社会的控制，占山为王，形成自己的势力范围。河南有捻匪，匪首张开运，设立大窝子，能指挥千余人，下设小窝子，每处数百人、数十人不等，出没于豫、直、鲁、皖、鄂各省。山东、江苏有掖匪；四川有帼匪，都是百十为群，置有旗号枪炮。北京有把棍会，百十为群；天津之盗匪又名"锅伙"，神出鬼没，打家劫舍。他们不仅侵扰平民，而且抢劫官员、官衙。福建漳浦盗首杨九千，纠众四五千人，既害百姓，又残官府，曾指挥众匪徒一次烧房百余间，杀死 47 人。广州土匪聚众数万，作案 4 000 起，所过之处烧、杀、掳、掠不在话下，给社会和百姓构成巨大的危害。

从历史演变的规律来看，人民贫困无出路，是社会不稳定的根本动因。不论是流民或是盗匪以至各种秘密社团，多数是从"面朝黄土背朝天"的农民转化而来的，多如牛毛的苛捐杂税和田租差徭，使大多数农民贫困无着，再加上不期而至的旱涝之灾，更把他们抛入灾难的深渊。频繁出现的各种民变现象，正是民众有组织的反抗与斗争，它揭示了社会矛盾的尖锐性，预示着大规模的动乱即将到来。

铤而走险上梁山

中国农民是老实、本分的，低下的社会地位，培养造就了他们逆来顺受、与世无争的性格。正因为如此，他们世世代代饱受官僚、恶霸、地主、豪绅的压榨和剥削。但如同世间任何事物一样，物极必反，超度则变。当这种压榨与剥削超越极限，农民的生存空间受到严峻挑战，生命的延续面临极度威胁，生活到了无以为继、无路可走时，他们就会揭竿而起，向一切腐朽势力宣战。可见，农民的暴动是官逼民反的结果，是社会极度腐朽所导致的一种必然现象。

纵观历史，历代王朝的更替大都出自农民之手。一部悠久的中国历史，其实就是一部压迫与反抗的较量史。历史上第一次农民大起义，发生在秦朝末年（前209年），领导这次农民大起义的领袖，是两个普通的农民，一个叫陈胜，一个叫吴广。他们率领起义军"伐无道、诛暴秦"，所到之处杀贪官、灭酷吏、惩豪强、除腐恶，势如破竹，横扫天下。虽然起义军遭到秦王朝的反扑与残酷镇压，最终以失败告终。但他们之后的农民起义风起云涌，席卷全国。不久，腐败残忍的秦王朝便葬身于农民战争的汪洋大海之中。后继的刘邦取得了政权，建立了一个新的封建王朝，这就是历史上延续了200多年的西汉王朝。

其实，在这场大起义中，把农民逼上铤而走险、扯旗造反境地的，正是残暴的秦王朝。秦朝皇帝秦始皇原本是一个很有作为的封建帝王，从公元前230年起，到公元前221年止，他用了整整10年，灭掉6国，统一了天下，结束了200多年诸侯混战的动乱局面，建立起一个专制的中央集权国家。老百姓都以为从此可以摆脱战乱，过上太平日子了。没想到，秦始皇的统治更加残暴苛刻。

首先是徭役无比繁重。据史书记载，秦始皇征调全国百姓修阿房、建陵园、筑长城、戍五岭，役使的人数达300万以上，约占当时全国总人口的15％左右，大大超过了农民所能负担的程度。由于青壮劳力都去服役，致使大量农田荒废，农业遭到严重破坏，出现了"男子力耕不足粮饷，女子纺绩不足帷幕"的凄凉景象。被征服役之人，不是死于劳役，便是亡于道旁，甚或转死沟壑。谁摊上了徭役，就如同被判了死刑，不屠自亡。

其次是地租杂赋十分沉重。《汉书·食货志》记载："……收秦半之赋"。意思是与农民进行实物分成，大约农家收获物的三分之二用于上缴。此外，秦还有"舍地而税人"的做法，即不问农民有无土地，均要按口计征，故称口赋，亦即人头税。可见秦代实行的是"两税制"，既按亩计征，又按口纳税，农民承担着双重的负担。汉代大儒董仲舒说，秦田租、口赋、盐铁之税"二十倍于古"。在如此沉重的赋税重压下，农民惨状难闻，苦情难诉，困不聊生，啼饥号寒，孤寡老弱不能相养，道路死者相望。很多庐舍村落既无生苗立树，也无鸡鸣犬吠之声。

戍徭无已，赋敛不时，政治的黑暗已达极点，终于引发了农民的大起义，导致了自身的覆亡。从此以后中国的历史几乎循着一种模式向前滚动：天下乱治交替，朝代频繁更迭。一个腐朽的王朝刚刚被农民打碎，又一个王朝便应运而生，趁势崛起。新王朝建立之初，摄于农民的力量，不得不采取一些宽松的政策，给农民一点休养生息的机会。但它的后继者们，那些耽于逸乐的皇帝子孙以及那些靠吸吮农民膏脂才能发达致富的大小官吏、土豪劣绅，绝不会让这种光景持续太久，他们贪婪的本性与变本加厉的剥夺，再次把农民逼入苦难的深渊，陷入走投无路的境地。于是再次引发农民的反抗或起义，社会重新陷入战乱。

自陈胜、吴广起义之后，历史上相继出现西汉的绿林、赤眉，东汉的黄巾，隋末的王薄、窦建德，唐末的黄巢，北宋的方腊，元末的朱元璋，明末的李自成、张献忠，清代的洪秀全等大小数百次的农民起义。这些起义有的成功，有的失败，而每一次起义，都是皇朝贵族、豪强地主把农民逼向走投无路的死亡边缘：名目繁多的苛捐杂税，不断激增的田赋与地租，无休止的徭课兵役，尤其是愈益剧烈的土地兼并，把广大农民推向破产失业的境地。丧失土地的农民，有的成为依附豪强地主的"佣佃"，有的变成一无所有的"流民"。

可以说，在 2 000 多年的封建皇权专制社会中，中国农民起义次数之多、规模之大、作用之强、影响之广，是世界历史上罕见的。他们推翻了一个个腐朽黑暗的封建王朝，给皇朝贵族、封建地主以无情的打击，有的甚至还建立了短暂的农民政权。虽然每一次大规模的农民起义斗争停息之后，统治者可能会对农民作稍许让步，但这种让步是十分有限而短暂的，随之而来的则是更加疯狂和残酷的剥夺与压榨。

这些农民起义军可以说各有各的结局，但最终又多以悲剧结局收场。其实，中国的历史就是这么走过来的，农民受压迫最重，反抗也最烈。但这种反抗不论其成功与否，都不会给农民带来任何利益，他们的社会地位及其生存环境依然如故。因而，他们总是不断地反抗，不断地挣扎，但每次的反抗、挣扎，除了付出生命的代价总是一无所获。仿佛永远陷于一个没有出路的封闭循环圈，鬼打墙似的基本上在原地徘徊、踯躅。

参 考 文 献

《文史精华》编辑部，1997. 近代中国大案纪实［M］. 石家庄：河北人民出版社.

白寿彝，2015. 中国通史（全22册）［M］. 上海：上海人民出版社，江西教育出版社.

陈心想，2017. 走出乡土［M］. 北京：生活·读书·新知三联书店.

崔高雄，等，1985. 历代农民起义史话［M］. 北京：中华书局.

邓善来，吴全衍，1980. 农业气象知识［M］. 北京：科学出版社.

邓云特，1993. 中国救荒史［M］. 北京：商务印书馆.

丁守和，1994. 中国历代治国策选粹［M］. 北京：高等教育出版社.

丁永齐，等，1992. 山西旱作农业［M］. 太原：山西科学技术出版社.

杜家骥，1996. 中国古代人际交往礼俗［M］. 北京：商务印书馆.

方如康，1995. 中国的地形［M］. 北京：商务印书馆.

冯尔康，1999. 古人生活剪影［M］. 北京：中国社会出版社.

冯尔康，1999. 清人生活漫步［M］. 北京：中国社会出版社.

冯尔康，1996. 中国古代的宗族与祠堂［M］. 北京：商务印书馆.

傅筑夫，1981. 中国古代经济史概论［M］. 北京：中国社会科学出版社.

葛晨虹，1999. 中国古代的风俗礼仪［M］. 太原：希望出版社.

顾成，2012. 明末农民战争史［M］. 北京：光明日报出版社.

郭沫若，1973. 奴隶制时代［M］. 北京：人民出版社.

韩非，2002. 韩非子［M］. 北京：华龄出版社.

韩湘玲，等，1991. 二十四节气与农业生产［M］. 北京：金盾出版社.

何莉萍，2015. 民国时期永佃权研究［M］. 北京：商务印书馆.

和文军，1998. 人文地理与中华伟人［M］. 天津：天津人民出版社.

洪振快，2014. 亚财政［M］. 北京：中信出版社.

胡阿祥，宋艳梅，2008. 中国国号的故事［M］. 济南：山东画报出版社.

冀朝鼎，朱时鳌，1981. 中国历史上的基本经济区与水利事业的发展［M］. 北京：中国社
    会科学出版社.

姜涛，1998. 人口与历史［M］. 北京：人民出版社.

雷家宏，1997. 中国古代的乡里生活［M］. 北京：商务印书馆.

李根蟠，2010. 中国古代农业［M］. 北京：中国国际广播出版社.

李衡眉，1996. 中国史前文化［M］. 广州：广东人民出版社.

林冠夫，2016. 中国科举［M］. 北京：东方出版社.

令平，2012. 中国史前文明［M］. 北京：中国文史出版社.

刘军，莫福山，吴雅芝，1995. 中国古代的酒与饮酒［M］. 北京：商务印书馆.

刘更另，1991. 中国有机肥料［M］. 北京：农业出版社.

刘修明，1995. 中国古代的饮茶与茶馆 [M]. 北京：商务印书馆.

马学思，2004. 国粹百品 [M]. 郑州：中州古籍出版社.

倪民，2013. 三皇五帝 [M]. 郑州：河南文艺出版社.

宁业高，桑传贤，1988. 中国历代农业诗歌选 [M]. 北京：农业出版社.

潘强恩，俞家宝，1999. 中国农村学 [M]. 北京：中共中央党校出版社.

钱斌，2012. 千年一笔谈 [M]. 北京：商务印书馆.

钱穆，2001. 中国历代政治得失 [M]. 北京：生活·读书·新知三联书店.

桥继堂，2010. 民间节日 [M]. 天津：天津人民出版社.

全国干部培训教材编审指导委员会，2002. 从文明起源到现代化 [M]. 北京：人民出版社.

任乃荣，2011. 三皇五帝探源 [M]. 北京：新华出版社.

任寅虎，1996. 中国古代的婚姻 [M]. 北京：商务印书馆.

邵秦，1996. 中国名物特产集萃 [M]. 北京：商务印书馆.

石声汉，1979. 两汉农书选读 [M]. 北京：农业出版社.

孙机，2014. 中国古代物质文化 [M]. 北京：中华书局.

孙维昌，黄海，徐坚，1999. 中华文明的历史足迹 [M]. 上海：上海远东出版社.

陶希圣，1998. 中国社会之史的分析 [M]. 沈阳：辽宁教育出版社.

田学斌，2015. 传统文化与中国人的生活 [M]. 北京：人民出版社.

佟屏亚，1983. 果树史话 [M]. 北京：农业出版社.

王力，2014. 中国古代文化常识 [M]. 北京：北京联合出版公司.

王宝库，王鹏，2005. 晋商文化之旅 [M]. 北京：中国建筑工业出版社.

王俊麟，1996. 中国农业经济发展史 [M]. 北京：中国农业出版社.

王维敏，1994. 中国北方旱地农业技术 [M]. 北京：中国农业出版社.

王修筑，2013. 中华二十四节气 [M]. 北京：气象出版社.

王学泰，2012. 中国游民 [M]. 上海：上海远东出版社.

王夷典，2013. 百年沧桑日昇昌 [M]. 太原：山西经济出版社.

王玉波，1995. 中国古代的家 [M]. 北京：商务印书馆.

吴慧，1985. 中国历代粮食亩产研究 [M]. 北京：农业出版社.

吴存浩，1996. 中国农业史 [M]. 北京：警官教育出版社.

闫爱民，1997. 中国古代的家教 [M]. 北京：商务印书馆.

严华英，2002. 朱子家训 [M]. 北京：中国戏剧出版社.

叶国良，2017. 中国传统生命礼俗 [M]. 上海：上海书店出版社.

伊永文，1999. 古代中国札记 [M]. 北京：中国社会出版社.

易明晖，1990. 气象学与农业气象学 [M]. 北京：农业出版社.

尹钧科，2001. 北京郊区村落发展史 [M]. 北京：北京大学出版社.

袁行霈，1999. 中华文明之光 [M]. 北京：北京大学出版社.

袁行霈，等，2006. 中华文明史 [M]. 北京：北京大学出版社.

张程，2015. 江山的来历 [M]. 北京：群言出版社.

张光直，2016. 艺术·神话与祭祀 [M]. 北京：北京出版社.

张国凤，1999. 中国古代的经济 [M]. 太原：希望出版社.

张宏杰，2013. 中国国民性演变历程 [M]. 湖南人民出版社.

张集馨，1981. 道咸宦海见闻录［M］. 北京：中华书局.

张捷夫，2001. 山西历史札记［M］. 太原：书海出版社.

张俊民，等，1995. 中国的土壤［M］. 北京：商务印书馆.

张舜徽，2011. 中国文明的历程［M］. 北京：中华书局.

赵荣光，1997. 中国古代庶民饮食生活［M］. 北京：商务印书馆.

郑肇经，1993. 中国水利史［M］. 北京：商务印书馆.

中国科普创作研究所，1988. 农业科普佳作选［M］. 北京：农业出版社.

中国农业百科全书总编辑委员会，1986. 中国农业百科全书·农业气象卷［M］. 北京：农业出版社.

中国农业百科全书总编辑委员会，1991. 中国农业百科全书·农业经济卷［M］. 北京：农业出版社.

中国农业百科全书总编辑委员会，1991. 中国农业百科全书·农作物卷［M］. 北京：农业出版社.

中国农业百科全书总编辑委员会，1993. 中国农业百科全书·果树卷［M］. 北京：农业出版社.

中国农业百科全书总编辑委员会，1990. 中国农业百科全书·蔬菜卷［M］. 北京：农业出版社.

中国农业百科全书总编辑委员会，1991. 中国农业百科全书·中兽医卷［M］. 北京：农业出版社.

中国农业百科全书总编辑委员会，1995. 中国农业百科全书·农业历史卷［M］. 北京：农业出版社.

中国农业科学院，南京农学院，中国农业遗产研究室，1959. 中国农学史初稿［M］. 北京：科学出版社.

中国社会科学院历史研究所资料编纂组，1988. 中国历代自然灾害及历代盛世农业政策资料［M］. 北京：农业出版社.

周怀宇，1989. 廉吏传［M］. 郑州：河南人民出版社.

周简段，1998. 神州轶闻录［M］. 北京：华文出版社.

周良霄，1999. 皇帝与皇权［M］. 上海：上海古籍出版社.

周溯源，2009. 千年忧思［M］. 上海：上海人民出版社.

朱剑农，1981. 土壤经济原理［M］. 北京：农业出版社.

邹绍志，桂胜，2002. 中国状元趣话［M］. 武汉：武汉大学出版社.

后　记

　　我一生与"农"有不解之缘，不仅生在农村，长在农村，稍长又一度务农。不但对犁、耧、锄、耙相当熟悉，还先后当过生产队的记工员、保管员，后又做了三年的大队党支部书记；以后上了农校，学的仍是农学。学校出来，分配到吕梁行署农业局，从普通干事做起，直到农业局副局长，一晃三十余年直至退休。此间，推农技、抓农管、办农刊、著农书，言必称"农"，可算得上一生务"农"了。

　　显然当今农业已经不能与草创伊始的农业同日而语，农业正在向现代化迈进。然而，最初的农业是什么样子？它经历了哪些变化？有哪些技术突破？取得了哪些文明成果？中国农民又是怎样走过来的？经历了哪些世事变迁？尝受了哪些酸甜苦乐？与当代农民又有何关联？这一连串的问题常常萦绕在我的脑际。好在当今社会信息渠道畅通，考古界所取得的辉煌成就，历代文人、学士留下的大量学术著作与文献资料，加之出版界不断推陈出新，普及性的历史读物日渐增多，为我解开这些谜团提供了很大的帮助，于是斗胆写出了这本拙作。

　　本书试图系统完整地反映农业从洪荒初辟到繁盛文明的发展历程，使读者真切感受到农业发展进程的曲折与凝重；力求把农业、农村、农民放在同一历史平台上加以探求与研读，从中见识和把握"三农"的内在因果与共存共荣关系。文中相当多的内容不止一次地被人叙述过，不同之处在于：通过归纳整理，使零乱的史实变得系统；通过思辨分析，使斑驳的历史变得理性而有序。但由于自己才疏学浅、学识有限，加上孤陋寡闻，很难如愿以偿达到最初设想的目的，只能挂一漏万地作些肤浅之谈。我们常说，历史使人明智，使人增德，农业包含的历史最为广泛、深刻。在日新月异、变化万千的当今时代，我们切不可忘记一贯赖以生存的农业，不可忘记广袤无垠的乡村大地，更不可忘记一直养育我们的衣食父母——农民。凡是关心国家富强、民族兴旺者，首先应关心"三农"。这是因为农业、农村、农民自古就是关系国家兴衰存亡的大事。人类只要吃饭，就会有农业；只要农业存在，就会有农民；只要有农民，就会有田园、土地与村落。不可否认，当今的农业仍是社会各行业中的弱质产业，农村仍是相对发展滞后的地方，农民仍是脱贫致富的重点。这是一个宏大的历史和现实命题，本书显然很难达到这一要求，只能起到抛砖引玉的作用，希望得到专家、学者以及长期从事农业的行家里手们的指教。

本书在行文体例上，所引用的文献资料全部排列在正文之后，所参考的前贤论著及史料，未出注脚，大多随文引用，引用中尽量将书名或文献名称、作者姓名直接书写明白，以求连贯整洁，文体畅顺。本书在编写过程中，还得到亲朋好友的大力帮助，特别是四弟云光及刘军等人帮我查找资料、编排整理；年届七十的妻子又将书稿一字一字输入电脑。在此，特向他们致以深切谢意！

张建树

2019 年 3 月于山西离石